民族文字出版专项资金资助项目

羚羚带你看科技（汉藏对照）

ལིན་ལིན་གྱིས་ཁྱོད་རང་སྣེ་ཁྲིད་ནས་ཚན་རྩལ་ལ་ལྟ་རུ་འགྲོ་བ།（རྒྱ་བོད་ཤན་སྦྱར）

卞曙光 主编

པན་ཧྲུའུ་ཀོང་གིས་གཙོ་སྒྲིག་བྱས།

生物与医学

སྐྱེ་དངོས་དང་གསོ་རིག

杨义先 钮心忻 编著

དབྱང་དབྱི་ཞན་དང་ཉིའུ་ཞིན་ཞིན་གྱིས་སྒྲིག་རྩོམ་བྱས།

索南扎西 译

བསོད་ནམས་བཀྲ་ཤིས་ཀྱིས་བསྒྱུར།

青海人民出版社

图书在版编目（CIP）数据

生物与医学 : 汉藏对照 / 杨义先，钮心忻编著 ; 索南扎西译. -- 西宁 : 青海人民出版社，2023.10
（羚羚带你看科技 / 卞曙光主编）
ISBN 978-7-225-06550-2

Ⅰ. ①生… Ⅱ. ①杨… ②钮… ③索… Ⅲ. ①生物学—青少年读物—汉、藏②医学—青少年读物—汉、藏 Ⅳ. ①Q-49②R-49

中国国家版本馆CIP数据核字(2023)第126565号

总 策 划　王绍玉
执行策划　田梅秀
责任编辑　田梅秀　梁建强　索南卓玛　拉青卓玛
责任校对　马丽娟
责任印制　刘　倩　卡杰当周
绘　　图　安　宁　等
设　　计　王薯聿　郭廷欢

羚羚带你看科技
卞曙光　主编
生物与医学（汉藏对照）
杨义先　钮心忻　编著
索南扎西　译

出 版 人　樊原成
出版发行　青海人民出版社有限责任公司
西宁市五四西路 71 号　邮政编码：810023　电话：（0971）6143426（总编室）
发行热线　（0971）6143516/6137730
网　　址　http://www.qhrmcbs.com
印　　刷　青海雅丰彩色印刷有限责任公司
经　　销　新华书店
开　　本　880mm × 1230mm　1/16
印　　张　6.5
字　　数　100 千
版　　次　2023 年 10 月第 1 版　2023 年 10 月第 1 次印刷
书　　号　ISBN 978-7-225-06550-2
定　　价　39.80 元

《羚羚带你看科技》编辑委员会

目录

དཀར་ཆག

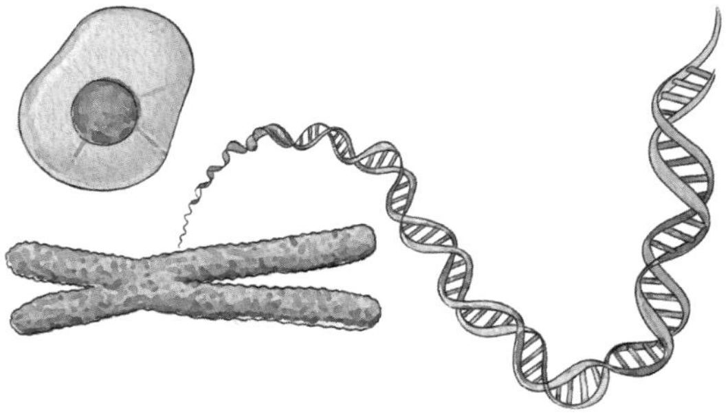

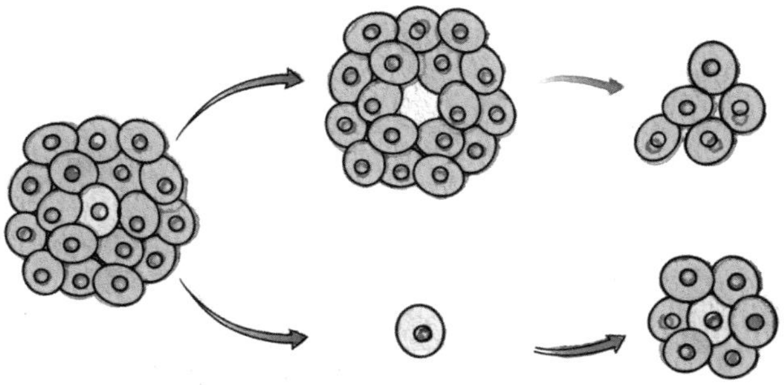

引　言
སྙིང་གཞི།

从DNA双螺旋结构的解析，到“人造生命”、基因组编辑研究取得突破性进展，再到脑机接口、神经芯片等交叉融合应用的出现，生物医药领域也正在以突飞猛进的速度占据着每年年度科技突破主流。我国的生物医药领域经过20多年的发展，在全球产业竞争格局中已占据重要地位。比如：全球首例人猴嵌合体胚胎，为体外大量制备人类多功能干细胞提供了新的可能；历经4年攻关，我国科学家首次人工创建了单条染色体的真核细胞，这是合成生物学中具有里程碑意义的重大突破；将病毒直接转化成活疫苗及治疗性药物，颠覆了病毒疫苗研发的理念，成就了活病毒疫苗的重大突破；在国际上率先开展成年人肺干细胞移植手术，在临床上成功实现了肺脏再生；首次发现了细胞焦亡的关键分子机制，为治疗痛风和败血症等免疫性疾病提供了理论指导，破解了悬疑20余年的重要科学难题，也开辟了天然免疫研究的新领域；在国际上率先研制出能有效预防戊肝的疫苗，将保护大部分成年人免受戊肝困扰；成功测定了光合膜蛋白晶体结构，率先破解了这一国际公认的颇具挑战性的科技前沿难题，使中国在高等植物光合膜蛋白三维结构测定方面后来居上，成功超越了许多发达国家的实验室……新技术的发展正在改变科学

发现的方式，这一项项成果，是当前全球新一轮科技革命和产业革命加速发展过程中，我国生物医药领域实现自主创新、技术突破的骄人成绩。一项项科研成果精彩亮相的背后，是科学家日复一日、年复一年的努力，也是中国独有的沃土汇聚起的最持久、最深层的创新力量。

DNAདུང་འཁྱིལ་ཟུང་གི་སྒྲིག་གཞིའི་དབྱེ་འགྲེལ་བྱས་པ་ནས“མིས་བཟོས་ཆེ་སྲོག”དང་། རྒྱུད་རྒྱུའི་ཚོགས་པའི་རྫོམ་སྒྲིག་ཞིབ་འཇུག་བཅས་ལ་ཐོབ་རྒྱལ་རང་བཞིན་གྱི་འཕེལ་རྒྱས་བྱུང་བ་དང་། དེ་ནས་ཀླད་འཁྲུལ་མཐུད་ཁ་དང་དབང་རྩའི་ཉིང་ལྷེབ་སོགས་སྤེལ་འདྲེས་བེད་སྤྱོད་བྱུང་བའི་དབང་གིས། སྐྱེ་དངོས་དང་གསོ་རིག་ཁྱབ་ཁོངས་ཀྱང་བྱ་འཕུར་བ་ལྟ་བུའི་འཕེལ་རྒྱས་མྱུར་ཚད་ཀྱིས་ལོ་རེའི་ལོ་འཁོར་ཚན་རྩལ་འགག་སྒྲོལ་གྱི་གཙོ་ཕྱོགས་སྒྱུར་ཡོད། རང་རྒྱལ་གྱི་སྐྱེ་དངོས་དང་གསོ་རིག་ཁྱབ་ཁོངས་ནི་ལོ་ངོ20ལྷག་གི་འཕེལ་རྒྱས་བརྒྱུད་དེ་འཛམ་གླིང་སྟེང་གི་ཐོན་ལས་འགྲན་རྩོད་གནས་བབ་ཁྲིད་དུ་གོ་གནས་གལ་ཆེན་བཟུང་ཡོད་དེ། དཔེར་ན། འཛམ་གླིང་སྟེང་གི་མི་སྤྲེའུ་འདྲེས་གཟུགས་ཀྱི་སྦྲུམ་རྗེན་ཐོག་མ་དེས་ལུས་ཕྱིར་མིའི་རིགས་ཀྱི་ནུས་མང་རྩ་བའི་ཕྲ་ཕུང་འབོར་ཆེན་བཟོས་ཐོབ་བྱེད་པར་རེ་བ་གསར་བ་མགོ་སྤྲོད་བྱས་པ་དང་། ལོ་ངོ4འགག་སྒྲོལ་བྱས་པ་བརྒྱུད་དེ་རང་རྒྱལ་གྱི་ཚན་རིག་པས་མིའི་ཐབས་ལ་བརྟེན་ནས་ཚོས་གཟུགས་རྐྱང་པའི་སྨར་ཉིང་ཕྲ་ཕུང་ཐོག་མར་གསར་འཛུགས་བྱས། དེ་ནི་འདྲེས་གྲུབ་སྐྱེ་དངོས་རིག་པའི་ཁྲིད་ཀྱི་ལམ་ཚད་རྗེ་རིང་གི་དོན་སྙིང་ལྡན་པའི་ཐོབ་རྒྱལ་གལ་ཆེན་ཞིག་ཡིན་པ་དང་། ནད་དུག་ཐད་ཀར་གསོན་པོའི་རིམས་འགོག་སྨན་ཁབ་དང་སྨན་བཅོས་རང་བཞིན་

གྱི་སྨན་རྫས་སུ་བསྒྱུར་ཏེ་ནད་དུག་རིམས་འགོག་སྨན་ཁབ་ཞིབ་སྤེལ་གྱི་འདུ་ཤེས་མགོ་རྩིང་བསྐྲོགས་ནས་གསོན་པོའི་ནད་དུག་རིམས་འགོག་སྨན་ཁབ་ཀྱི་ཐོད་རྒལ་གལ་ཆེན་གྱི་གྲུབ་འབྲས་ཐོབ། རྒྱལ་སྤྱིའི་སྟེང་དུ་ཐོག་མར་མི་དར་མའི་གློ་བའི་རྩ་བའི་ཕྲ་ཕུང་སྤོ་འཛུགས་གཤགས་བཅོས་བྱས་པས་ནད་ཐོག་ཏུ་གློ་བ་བསྒྱུར་སྐྱེས་ལེགས་གྲུབ་བྱུང་། ཐེངས་དང་པོར་ཕྲ་ཕུང་འཚོག་ཤའི་འགག་རྩའི་ཆ་རྫུལ་གྱི་ནང་རྒྱུན་ཤེས་རྟོགས་བྱུང་སྟེ་དྲེག་ནད་དང་ཁྲག་སྲིན་ནད་ཀྱི་སྨན་བཅོས་སོགས་རིམས་ཐར་རང་བཞིན་གྱི་ནད་བཅོས་ལ་རིགས་པའི་གཞུང་ལུགས་ཀྱི་མཇུབ་སྟོན་མགོ་སྒྲོད་བྱས་ཏེ། ལོ་ངོ20ལྷག་གི་ཚན་རིག་དཀའ་གནད་གལ་ཆེན་གྱི་དོགས་གཞི་སེལ་བར་མ་ཟད། རང་བྱུང་རིམས་ཐར་ཞིབ་འཇུག་གི་ཁྱབ་ཁོངས་གསར་བ་ཞིག་ཀྱང་བཏོད། རྒྱལ་སྤྱིའི་སྟེང་དུ་ཐོག་མར་མཆིན་པ་ཙ་པ་སྔོན་འགོག་ནུས་ལྡན་བྱེད་ཐུབ་པའི་རིམས་འགོག་སྨན་ཁབ་ཞིབ་བཟོ་བྱས་ཏེ། མི་དར་མ་མང་ཆེ་བར་མཆིན་པ་ཙ་པའི་དཀའ་ངལ་མི་འབྱུང་བར་སྲུང་སྐྱོབ་བྱས། འོད་འདྲིས་སྐྱི་མོའི་སྤྲི་དཀར་བདར་གཟུགས་སྤྲིག་གཞིར་ཚད་ལེན་ལེགས་གྲུབ་བྱུང་སྟེ། རྒྱལ་སྤྱིའི་སྟེང་དུ་ཐོག་མར་ཁས་ལེན་པའི་འགྲན་སློང་རང་བཞིན་ཆེས་ཆེར་ལྡན་པའི་ཚན་རྩལ་མདུན་གྲལ་གྱི་དཀའ་གནད་སེལ་ནས། ཀྲུང་གོས་མཐོ་རིམ་རྩེ་ཤིང་གི་འོད་སྒྱུར་སྐྱི་མོའི་སྤྲི་དཀར་གྱི་རྩ་གསུམ་སྤྲིག་གཞི་ཚད་འཛལ་གཏན་ཁེལ་ཐད་ནས་རྗེས་ཡོང་སྔོན་སླེབས་བྱུང་བ་དང་། དར་རྒྱས་ཆེ་བའི་རྒྱལ་ཁབ་མང་པོའི་ཚོད་ལྟ་ཁང་ལས་ཐོད་རྒལ་བྱུང་ཡོད།……ལག་རྩལ་གསར་བའི་འཕེལ་རྒྱས་ཀྱིས་ཚན་རིག་ཤེས་རྟོགས་ཀྱི་རྣམ་པ་འགྱུར་བཞིན་ཡོད། གྲུབ་འབྲས་འདི་དག་གིས་མིག་སྔར་འཛམ་གླིང་གི་ཚན་རྩལ་གསར་བརྗེ་དང་ཐོན་ལས་གསར་བརྗེ་མགྱོགས་མྱུར་ངང་འཕེལ་རྒྱས་བྱུང་བའི་གོ་རིམ་ཁྲོད་དུ། རང་རྒྱལ་གྱི་སྐྱི་དངོས་དང་གསོ་རིག་ཁྱབ་ཁོངས་ཀྱིས་རང་བདག་གསར་གཏོད་དང་ལག་རྩལ་ཐོད་རྒལ་མངོན་འགྱུར་ཐད་ཀྱི་ངོམ་རི་བའི་གྲུབ་འབྲས་ཡིན། ཚན་རིག་ཞིབ་འཇུག་གི་གྲུབ་འབྲས་ངོ་མཚར་ལྡན་པ་རེ་རེར་མངོན་པའི་རྒྱབ་ཏུ། ཚན་རིག་པས་ཉིན་རེའི་སྟེང་ལོ་རེ་བཞག་པའི་འབད་བརྩོན་བྱས་ཡོད་ལ། ཀྲུང་གོའི་ཐུན་མོང་མ་ཡིན་པའི་ས་རྒྱུ་གཤིན་པོར་འདུས་པའི་ཆེས་རྒྱུན་རིང་དང་ཆེས་གཏིང་ཟབ་པའི་གསར་གཏོད་སྟོབས་ཤུགས་ཤིག་ཀྱང་ཡོད་དོ། །

01 抑郁发生及抗抑郁机制

ཡིད་སྨུག་འབྱུང་བ་དང་ཡིད་སྨུག་འགོག་པའི་སྒྲིག་གཞི།

据2021年7月28日的《自然》杂志报道，我国科学家终于在抑郁症的发生机制及抗抑郁机制的探索方面取得了重要突破，成功解析了快速抗抑郁药氯胺酮的三维结构及抗抑郁作用的分子机制，这就为研发更多、更好的抗抑郁药物或干预技术提供了崭新思路，对最终战胜抑郁症具有重大意义。

抑郁症是一种最常见的精神疾病，不是心理疾病，也非很多人认为的内心脆弱，而是患者的脑区内部发生了变化，是大脑突触受损所致。全球有近3亿人患有不同程度的抑郁症，但长期以来，针对抑郁症治疗却缺乏快速有效的药物。2019年，新型抗抑郁药物氯胺酮正式启用，它也是抗抑郁领域近几十年来最重要的发现。但是，除了较好的疗效之外，氯胺酮也有不少副作用，比如，分离性幻觉和成瘾等。由此，研发副作用更小且能快速起效的新型抗抑郁药，就成为全球科学家努力的新目标。本成果便是在冲向新目标方面的一次新突破，为新型抗抑郁药物的研发提供了重要基础。

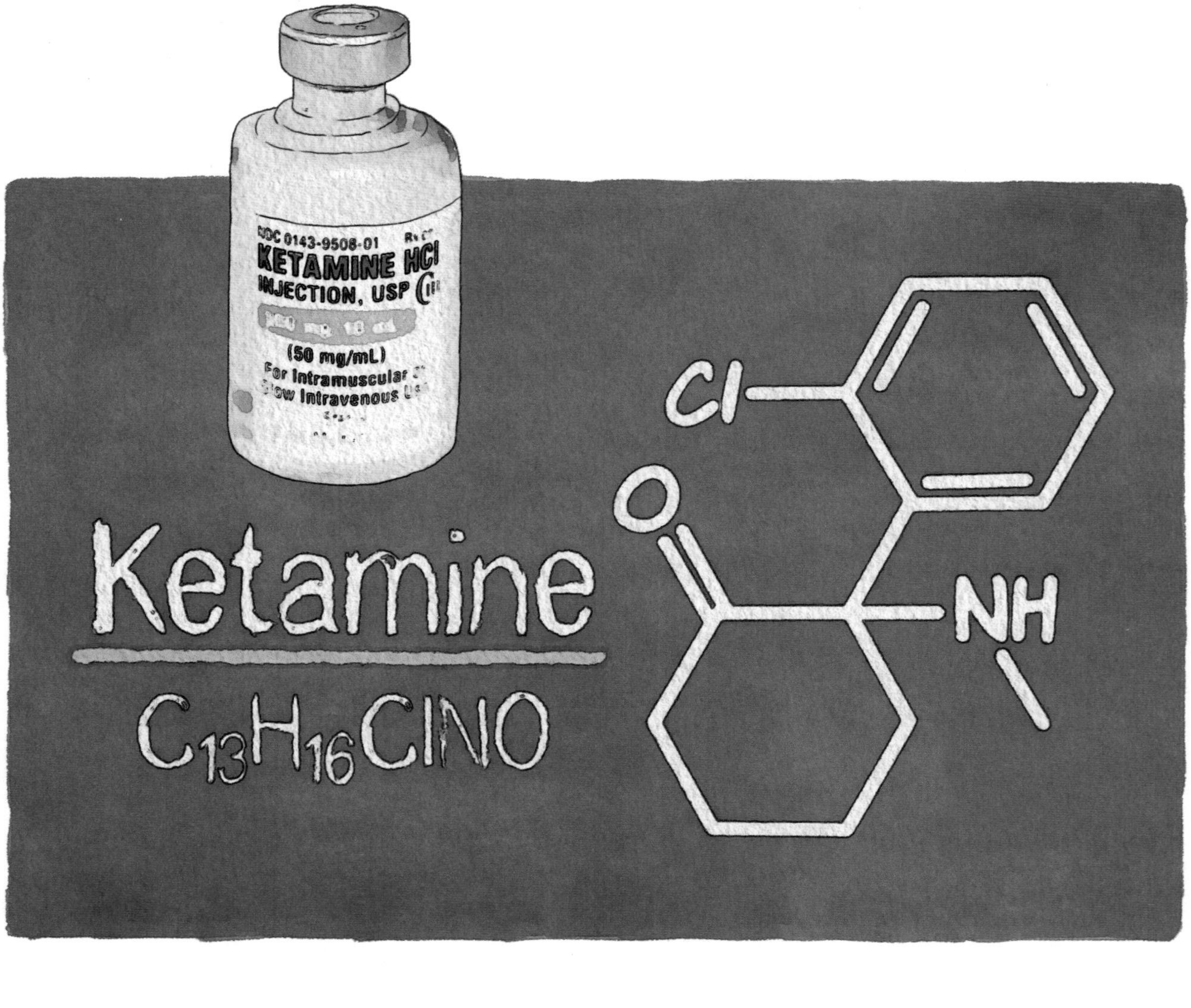
KETAMINE HCl
INJECTION, USP
(50 mg/mL)
Ketamine
C13H16ClNO
Cl
O
NH

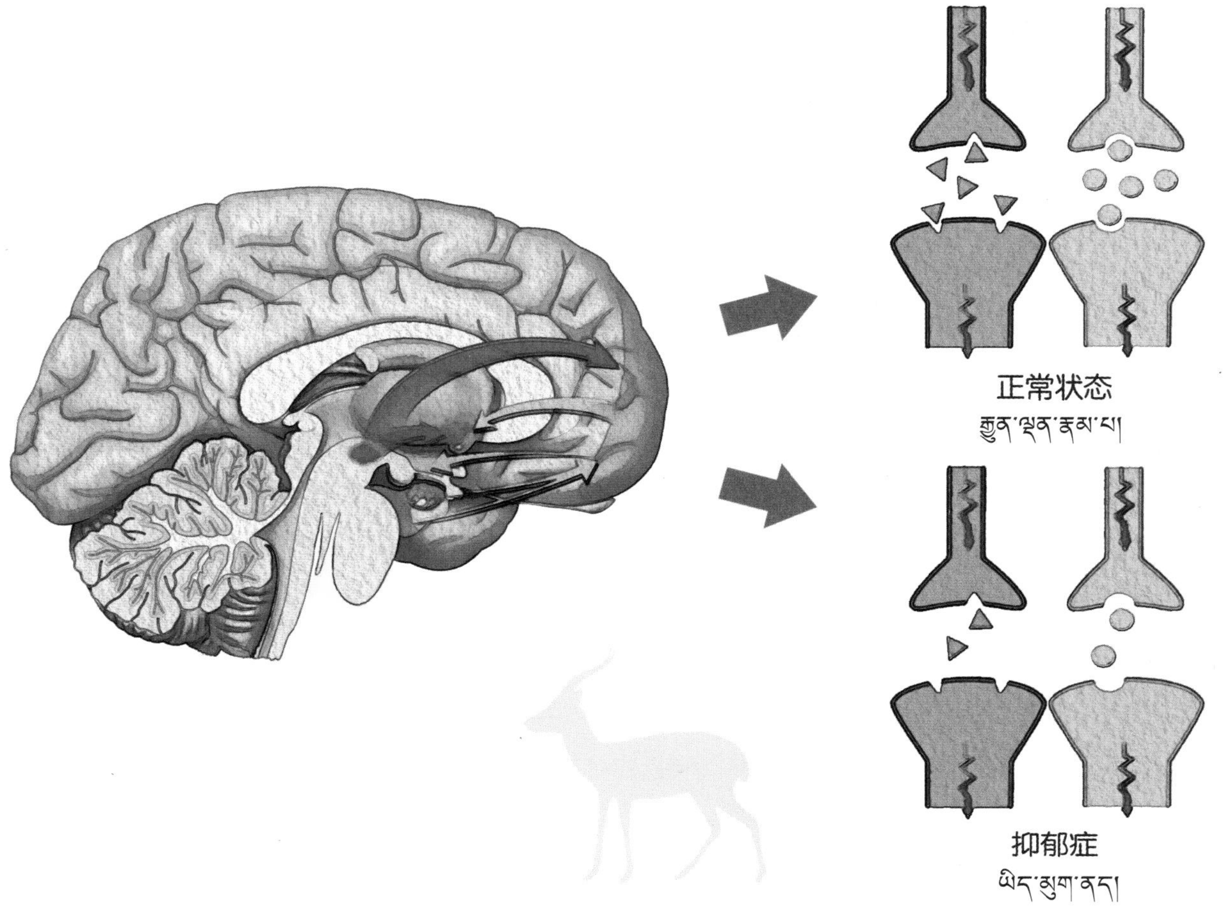
正常状态
རྒྱུན་ལྡན་རྣམ་པ།
抑郁症
ཡིད་སྨུག་ནད།

2021ལོའི་ཟླ7པའི་ཚེས28ཉིན་གྱི《རང་བྱུང》དུས་དེབ་སྟེང་དུ་སྤེལ་བའི་གནས་ཚུལ་ལྟར་ན། རང་རྒྱལ་གྱི་ཚན་རིག་པས་ཡིད་སྨུག་ནད་འབྱུང་བའི་སྒྲིག་གཞི་དང་ཡིད་སྨུག་འགོག་པའི་སྒྲིག་གཞི་འཚོལ་ཞིབ་ཐད་ཐོད་རྒལ་གལ་ཆེན་བྱུང་སྟེ། མགྱོགས་མྱུར་དང་ཡིད་སྨུག་འགོག་པའི་སྨན་ཁེལ་ཨན་ཐོན་གྱི་རྩ་གསུམ་སྒྲིག་གཞི་དང་ཡིད་སྨུག་འགོག་ནུས་ལྡན་པའི་ཆ་རྐྱལ་སྒྲིག་གཞིར་དབྱེ་ཞིབ་ལེགས་གྲུབ་བྱུང་བས། ཡིད་སྨུག་འགོག་པའི་སྨན་རྫས་སམ་ཐེ་གཏོགས་ལག་རྩལ་མང་ཞིང་ལེགས་པོ་ཞིབ་སྤེལ་བྱེད་པར་བསམ་ཕྱོགས་གསར་བ་ཞིག་མགོ་སྤྲོད་བྱས་ཤིང་། མཇུག་མཐར་ཡིད་སྨུག་ནད་ལས་རྒྱལ་བར་དོན་སྙིང་གལ་ཆེན་ལྡན་ནོ། །

ཡིད་སྨུག་ནད་ནི་ཆེས་རྒྱུན་མཐོང་གི་སྨྱོ་ནད་ཅིག་ཡིན་པ་ལས་སེམས་ཁམས་ཀྱི་ནད་རིགས་ཤིག་མིན། མི་མང་པོའི་འདོད་ཚུལ་ལྟར་གྱི་བསམ་པའི་ཉམས་ཞན་ཡང་མིན་པར། ནད་པའི་ཀླད་པའི་ནང་ཁུལ་དུ་འགྱུར་ལྡོག་བྱུང་སྟེ་ཀླད་པར་སློ་བུར་གནོད་སྐྱོན་བྱུང་བ་ཞིག་གོ །འཛམ་གླིང་ཡོངས་སུ་མི་དུང་ཕྱུར3ཙམ་ལ་ཚད་མི་འདྲ་བའི་ཡིད་སྨུག་ནད་ཐོག་ཡོད་མོད། འོན་ཀྱང་དུས་ཡུན་རིང་པོའི་ནང་དུ་ཡིད་སྨུག་ནད་ཀྱི་སྨན་བཅོས་ལ་དམིགས་པའི་མགྱོགས་མྱུར་ནུས་ལྡན་གྱི་སྨན་རྫས་ཡོད་པ་མ་རེད། 2019ལོར་ཡིད་སྨུག་འགོག་པའི་སྨན་རྫས་གསར་བ་ཁེལ་ཨན་ཐོན་དངོས་སུ་སྤྱོད་མགོ་ཚུགས། དེ་ནི་ཡིད་སྨུག་འགོག་པའི་ཁྱབ་ཁོངས་ཀྱི་ལོ་ངོ་བཅུ་ཕྲག་ཁ་ཤས་རིང་གི་ཉེས་རྟོགས་གལ་ཆེ་ཤོས་ཤིག་ཡིན། ཡིན་ཡང་ཕན་ནུས་ཙུང་ལེགས་པོ་ཡོད་པ་ལས་གཞན། ཁེལ་ཨན་ཐུང་ལའང་ཞོར་སྐྱོན་མང་པོ་ཡོད་དེ། དཔེར་ན། དབྱེ་འབྱེད་རང་བཞིན་གྱི་འཕྲུལ་སྣང་དང་དབྱིངས་ཞུགས་པ་སོགས་ལྟ་བུ། དེ་བས། ཞོར་སྐྱོན་ཆུང་ཞིང་མགྱོགས་མྱུར་ནུས་ཐོན་གྱི་ཡིད་སྨུག་འགོག་སྨན་གསར་བ་ཞིག་ཞིབ་སྤེལ་བྱ་རྒྱུ་ནི་གོ་ལ་ཧྲིལ་པོའི་ཚན་རིག་པས་འབད་བརྩོན་བྱེད་པའི་དམིགས་ཚད་གསར་བར་གྱུར་ཡོད། གྲུབ་འབྲས་འདི་ནི་དམིགས་ཚད་གསར་བའི་ཕྱོགས་སུ་བསྐྱོད་པའི་ཐོད་རྒལ་གསར་བ་ཞིག་ཡིན་པས། ཡིད་སྨུག་འགོག་པའི་སྨན་རྫས་གསར་བ་ཞིབ་སྤེལ་བྱེད་པར་རྨང་གཞི་གལ་ཆེན་ཞིག་མགོ་འདོན་བྱས་ཡོད་དོ། །

02 人猴嵌合体胚胎
མི་སྤྲེའུ་འདྲེས་གཟུགས་ཀྱི་སྦྲུམ་ཧེན།

据2021年4月15日的《细胞》杂志报道，我国科学家成功构建了全球首例人猴嵌合体胚胎，即同时具有人源细胞和猴源细胞的胚胎，为体外大量制备人类多功能干细胞提供了新的可能。这将有助于研究早期人类发育，有助于设计疾病模型，还有助于发现某些新方法来产生可移植的细胞、组织或器官等。

嵌合体原指希腊神话中一种狮头、羊身、蛇尾的恐怖怪物。在现实生活中，科学家为何要制造这种拼图式的怪物，特别是还要制造人与猴“拼接”的怪物呢？原来，这其实是大家的一种误会，因为，这项研究不但不是科学家的恶作剧，反而是一项很有现实意义的工作。

比如，全球每年都有约两百万人亟待器官移植，而器官缺口相当巨大，很多病人都会在等待中无奈地去世。目前主要有三种思路来获得更多的备用器官，一是异种器官移植，二是类器官及3D打印，三就是本成果中的异种嵌合体。因此，今后的理想前景就是，让动物身上长出真正可供移植的人类器官。哪种动物最适合担任这种角色呢？经多年探索后人们发现，人猴嵌合体最适合。

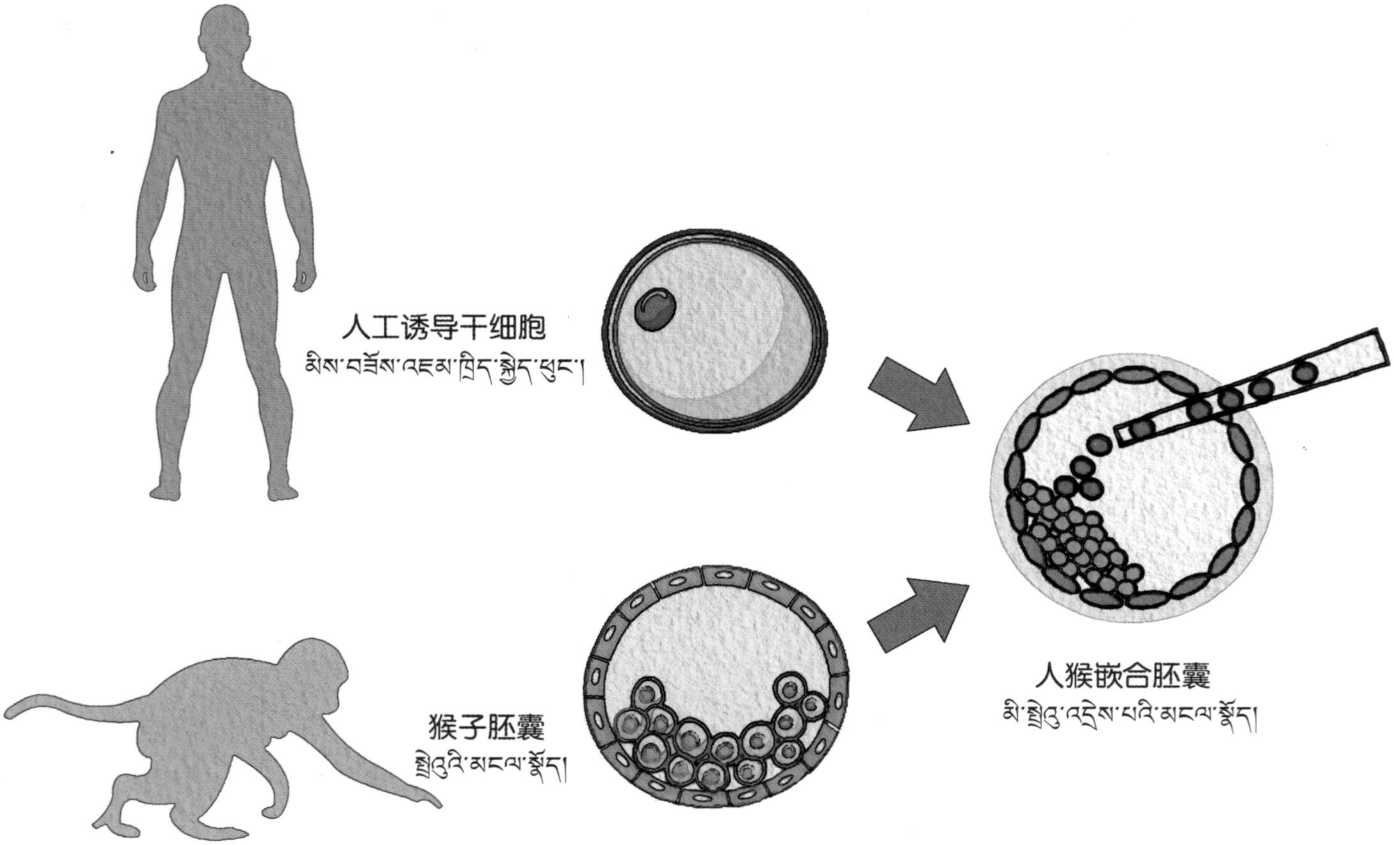
人工诱导干细胞
མིས་བཟོས་འཇམ་ཁྲིད་སྐྱེད་ཕུང་།
猴子胚囊
སྤྲེའུའི་མངལ་སྦོད།
人猴嵌合胚囊
མི་སྤྲེའུ་འདྲེས་པའི་མངལ་སྦོད།

2021ལོའི་ཟླ4པའི་ཚེས15ཉིན་གྱི《ཕྲ་ཕུང》དུས་དེབ་ཀྱི་སྟེང་དུ་སྤེལ་བའི་གནས་ཚུལ་ལྟར་ན། རང་རྒྱལ་གྱི་ཚན་རིག་པས་འཛམ་གླིང་སྟེང་གི་མི་སྤྲེའུ་འདྲེས་གཟུགས་ཀྱི་སྦྲུམ་རྗེན་ཐོག་མ་གསར་འཛུགས་ལེགས་གྲུབ་བྱུང་། དེ་ནི་མིའི་ཁྱུངས་ཕྲ་ཕུང་དང་སྤྲེའུ་ཁྱུངས་ཕྲ་ཕུང་གི་སྦྲུམ་རྗེན་ཡོད་པས་ལུས་ཕྱིར་མིའི་རིགས་ཀྱི་ནུས་མང་སྐྱེད་ཕུང་འཕོར་ཆེན་བཟོས་ཐོབ་བྱེད་པར་རེ་བ་གསར་བ་མཐོ་འདོན་བྱས་ཡོད། དེས་སྔ་དུས་མིའི་རིགས་ཀྱི་འཚར་སྐྱེ་ཞིབ་འཇུག་བྱེད་པ་དང་། ནད་རིགས་ཀྱི་དཔེ་དབྱིབས་འཆར་འགོད་ལ་ཕན་པར་མ་ཟད། ད་དུང་བྱེད་ཐབས་གསར་བ་ཁ་ཤས་སྤྱད་དེ་སྐྱོ་འཛུགས་བྱེད་ཆོག་པའི་ཕྲ་ཕུང་དང་རྩ་འཛུགས་སམ་དབང་པོ་སོགས་འབྱུང་བའང་ཕན་ཐོགས་ཡོད།

འདྲེས་གཟུགས་ཞེས་པ་ཐོག་མར་ཀེ་རི་སེའི་ལྷ་སྒྲུང་ཁྲོད་ཀྱི་སེང་གེའི་མགོ་དང་། ལུག་ལུས། སྦྲུལ་མཇུག་བཅས་ཀྱི་འཛིགས་སུ་རུང་བའི་གདོན་འདྲེ་ལ་གོ །དངོས་ཡོད་འཚོ་བའི་ཁྲོད་དུ་ཚན་རིག་པས་ཅིའི་ཕྱིར་རི་མོ་སྲིག་ཚུལ་ལྡན་པའི་གདོན་འདྲེ་འདི་དག་བཟོས་པ་དང་། ལྷག་པར་དུ་མི་དང་སྤྲེའུ་གཉིས"སྦྲེལ་མཐུད"ཀྱི་གདོན་འདྲེ་ཞིག་བཟོ་དགོས་དོན་ཅི་ཡིན་ནམ་ཞེ་ན། དོན་དངོས་སུ་འདི་ནི་ཚང་མའི་གོ་ནོར་ཐེབས་པ་ཞིག་ཡིན། རྒྱུ་མཚན་ནི་ཞིབ་འཇུག་འདི་ནི་ཚན་རིག་པའི་བརྙས་རྩེད་མིན་པར་དེ་ལས་ལྷོག་སྟེ་དངོས་ཡོད་ཀྱི་དོན་སྙིང་ལྡན་པའི་བྱ་བ་ཞིག་ཡིན་པའི་རྐྱེན་གྱིས་རེད།

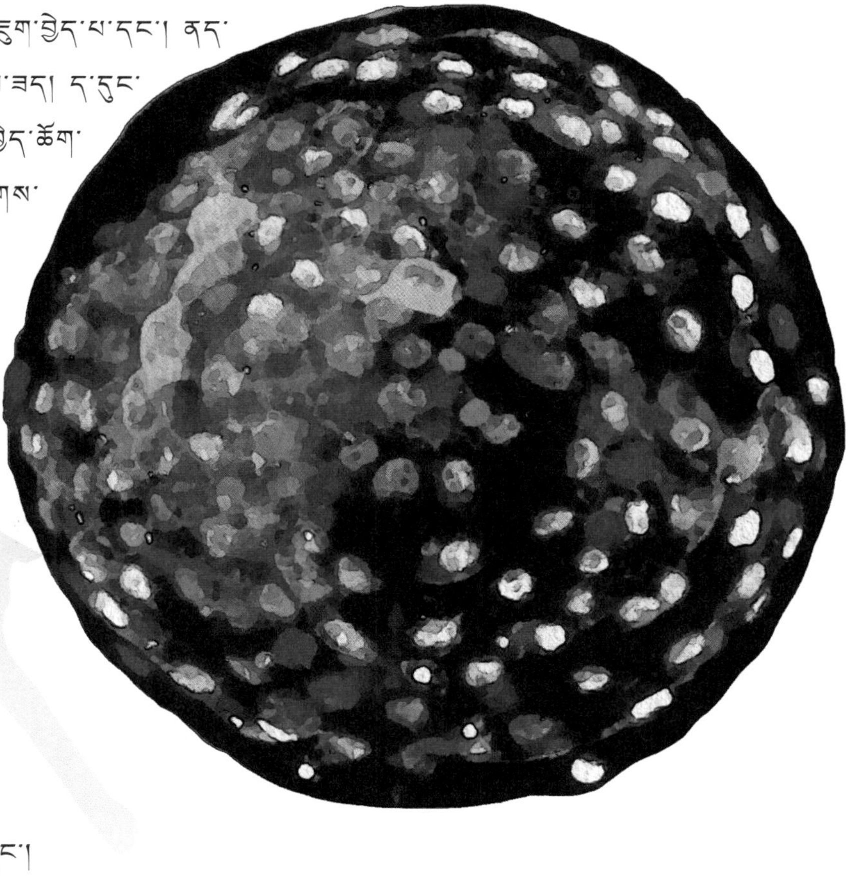

人猴嵌合体胚胎

མི་སྤྲེའུ་འདྲེས་གཟུགས་ཀྱི་སྦྲུམ་རྗེན།

དཔེར་ན། འཛམ་གླིང་ཡོངས་སུ་ལོ་རེར་མི་ཁྲི་ཉིས་བརྒྱ་ཙམ་དབང་པོ་སྐྱོ་འཛུགས་བྱེད་དགོས་ཀྱི་ཡོད་པ་དང་། དབང་པོ་མི་འདང་བའི་གནས་ཚུལ་ཧ་ཅང་ཚབས་ཆེན་ཡིན་པས་ནད་པ་མང་པོ་ཞིག་རེ་སྒུག་བྱེད་སྐབས་ཚེ་ལས་འདས། མིག་སྔར་བསམ་ཕྱོགས་གསུམ་ལ་བརྟེན་ནས་སྤྱད་གྲུབ་དབང་པོ་མང་པོ་ཐོབ་ཀྱི་ཡོད་པ་སྟེ། གཅིག་ནི་རིགས་གཞན་དབང་པོ་སྐྱོ་འཛུགས་དང་། གཉིས་ནི་རིགས་ཀྱི་དབང་པོ་དང3Dཔར་འདེབས་བྱེད་པ། གསུམ་ནི་གྲུབ་འབྲས་འདིའི་ཁྲོད་ཀྱི་རིགས་གཞན་འདྲེས་གཟུགས་ཡིན། དེ་བས། མ་འོངས་པའི་ཕྱུགས་བསམ་གྱི་མདུན་ལྫོངས་ནི་སྲོག་ཆགས་ཀྱི་ལུས་སྟེང་དུ་དངོས་འབྲེལ་སྐྱོ་འཛུགས་བྱེད་ཆོག་པའི་མིའི་རིགས་ཀྱི་དབང་པོ་སྐྱེས་སུ་འཇུག་རྒྱུ་དེ་ཡིན། སྲོག་ཆགས་གང་ཞིག་འོས་འཚམ་པ་ཡིན་ནམ་ཞེ་ན། ལོ་མང་རིང་འཚོལ་ཞིབ་བྱས་པ་བརྒྱུད་དེ་མི་རྣམས་ཀྱིས་མི་སྤྲེའུ་འདྲེས་གཟུགས་འཚམ་པོར་ཡིན་པ་ཤེས་རྟོགས་བྱུང་།

03 抗结核药物的精确机制

འདུས་འདྲིལ་འགོག་པའི་སྨན་རྫས་ཀྱི་ཞིབ་གཅིགས་འགྲུལ་བཟོས།

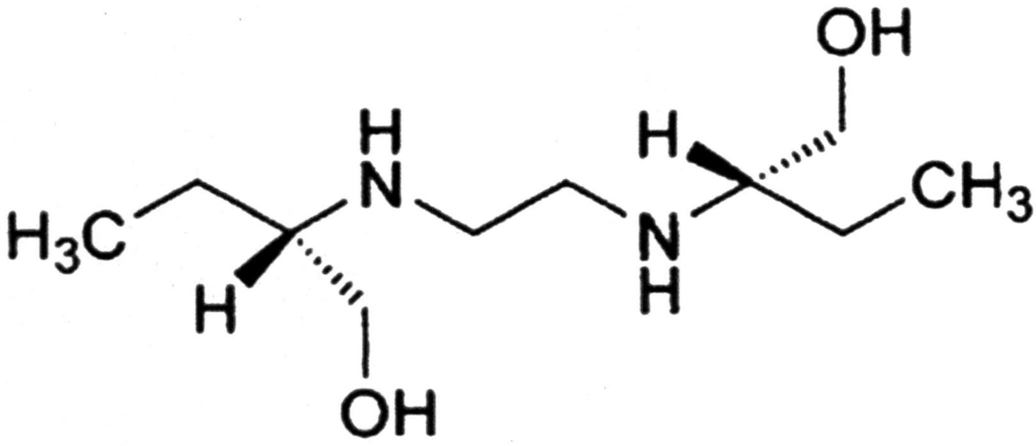
OH
H
N
H
CH3
H3C
H
N
H
OH

乙胺丁醇

དབྱི་ཨན་དིང་ཁྱུས།

据2020年4月24日的《科学》报道，中国科学家在国际上首次成功解析了结核分枝杆菌的两类关键“药靶-药物”三维结构，首次揭示了一线抗结核病药物乙胺丁醇作用于该靶点的精确分子机制，为解决结核病耐药问题奠定了重要基础，为新型抗结核药物的研制提供了新思路。

取得该成果有多难呢？这样说吧，历经6年不懈努力，科研团队相继克服了蛋白样品不表达、晶体衍射分辨率差、相位解析困难、底物难以合成、活性检测体系缺失等诸多难题，最终利用X射线晶体学技术和冷冻电镜三维重构技术，才破解了困扰人类长达半个多世纪的抗结核药物机制难题。

该项成果的价值怎样呢？这样说吧，结核病是当今全球致死率最高的严重传染性疾病。感染人群基数大，影响范围广。目前，治疗结核病的一线药物均已使用了半个多世纪，耐药性问题日趋严重，甚至达到无药医治的地步，给结核病防治带来了前所未有的压力。因此，像本成果这样针对抗结核药物靶点的研究以及新药的研发，迫在眉睫。

2020ལོའི་ཟླ4པའི་ཚེས24ཉིན་གྱི《ཚན་རིག》སྟེང་དུ་སྤེལ་བའི་གནས་ཚུལ་ལྟར་ན། ཀྲུང་གོའི་ཚན་རིག་པས་ཐོག་མར་རྒྱལ་སྤྱིའི་སྟེང་གི་འདུས་འདྲིལ་ཡན་ལག་དབྱུག་སྲིན་གྱི་འགག་རྩའི་རིགས་གཉིས་ཀྱི“སྨན་འབེན–སྨན་རྫས”ཀྱི་རྩ་གསུམ་སྒྲིག་གཞིའི་དབྱེ་འགྲེལ་ལེགས་གྲུབ་བྱུང་བ་དང་། ཐོག་མར་རིམ་པ་དང་པོའི་འདུས་འདྲིལ་ནད་འགོག་པའི་སྨན་རྫས་དབྱེ་ཨན་ཏིང་ཁྲུན་འབེན་གནས་དེའི་ཞིབ་གཙིགས་ཆ་རྟུལ་འཕྲུལ་བཟོས་ཀྱི་སྟེང་དུ་ནུས་པ་ཐོན་པར་གསལ་སྟོན་བྱས་ཏེ། འདུས་འདྲིལ་ནད་ཀྱི་སྨན་བཟོད་པའི་གནད་དོན་ཐག་གཅོད་བྱེད་པར་རྨང་གཞི་གལ་ཆེན་བཏིང་བ་དང་། འདུས་འདྲིལ་འགོག་པའི་སྨན་རྫས་གསར་པ་ཞིབ་བཟོ་བྱེད་པར་བསམ་ཕྱོགས་གསར་པ་ཞིག་མགོ་འདོན་གནང་འདུག

གྲུབ་འབྲས་འདིར་འཐོབ་པ་ཇི་ལྟར་དཀའ་ཞེ་ན། བཤད་ཡོང་ན་ཚན་ཞིབ་ཚོགས་པས་ལོ་ངོ6གི་རིང་ལ་འབད་བརྩོན་ལྷོད་མེད་བྱས་པ་བརྒྱུད་དེ་སྤྲི་དཀར་གྱི་མ་དཔེ་མི་མཚོན་པ་དང་། བདར་གཟུགས་ཀྱི་འཕྲོ་དབྱེ་འབྱེད་ཚད་ཞན་པ། མཚན་གནས་དབྱེ་ཞིབ་དཀའ་བ། ཞབས་དངོས་འདྲེས་སྦྱོར་དཀའ་བ། ཀྲུང་གཤིས་ཞིབ་དཔྱད་མ་ལག་མི་འདང་བ་སོགས་ཀྱི་དཀའ་གནད་མང་པོ་སྟེ་རྗེས་སུ་ཁྲིད་གསོད་བྱས་མཐར། Xའཕྲོ་འོད་ཀྱི་བདར་གཟུགས་རིག་པའི་ལག་རྩལ་དང་འཕྲུག་སྒྲིག་ཤེལ་གྱི་རྩ་གསུམ་བསྐྱར་གྲུབ་ལག་རྩལ་སྤྱད་ནས། མིའི་རིགས་ལ་དུས་རབས་ཕྱེད་ལྷག་གི་དཀའ་གནད་དེ་འདུས་འདྲིལ་འགོག་པའི་སྨན་རྫས་ཀྱི་ཞིབ་གཙིགས་འཕྲུལ་བཟོས་ཐག་གཅོད་བྱས་སོང་།

གྲུབ་འབྲས་འདིར་རིན་ཐང་ཅི་འདྲ་ཡོད་ཅེ་ན། བཤད་ཡོང་ན་འདུས་འདྲིལ་ནད་ནི་དེང་སྐབས་འཛམ་གླིང་སྟེང་དུ་ཤི་ཚད་ཆེས་མཐོ་བའི་འགོས་ནད་རང་བཞིན་གྱི་ནད་རིགས་ཤིག་ཡིན། འགོས་པའི་མི་ཚོགས་ཀྱི་གཞི་གྲངས་ཆེ་ལ་ཤུགས་རྐྱེན་ཐེབས་རྒྱ་ཆེ། མིག་སྔར། འདུས་འདྲིལ་ནད་ཀྱི་སྨན་བཅོས་བྱེད་པའི་སྨན་རྫས་རིམ་པ་དང་པོར་དུས་རབས་ཕྱེད་ལྷག་བཀོལ་ཡོད་ལ། སྨན་བཟོད་རང་བཞིན་གྱི་གནད་དོན་ཉིན་རེ་བཞིན་ཚབས་ཇེ་ཆེར་འགྲོ་བཞིན་ཡོད་པ་དང་། ཐ་ན་སྨན་མེད་པའི་སྨན་བཅོས་ཀྱི་ཚོད་ལ་སླེབས་ཡོད་པས། འདུས་འདྲིལ་ནད་འགོག་བཅོས་བྱེད་པར་སྔར་བྱུང་མ་མྱོང་བའི་གནོན་ཤུགས་ཐེབས་ཡོད། དེ་བས་གྲུབ་འབྲས་འདི་དང་མཚུངས་པར་འདུས་འདྲིལ་འགོག་པའི་སྨན་རྫས་འབེན་གནས་ཀྱི་ཞིབ་འཇུག་དང་དེ་བཞིན་སྨན་གསར་པ་ཞིབ་སྤེལ་བྱེད་པ་ནི་ཁ་ཚ་དགོས་གཏུགས་ཤིག་ཏུ་གྱུར།

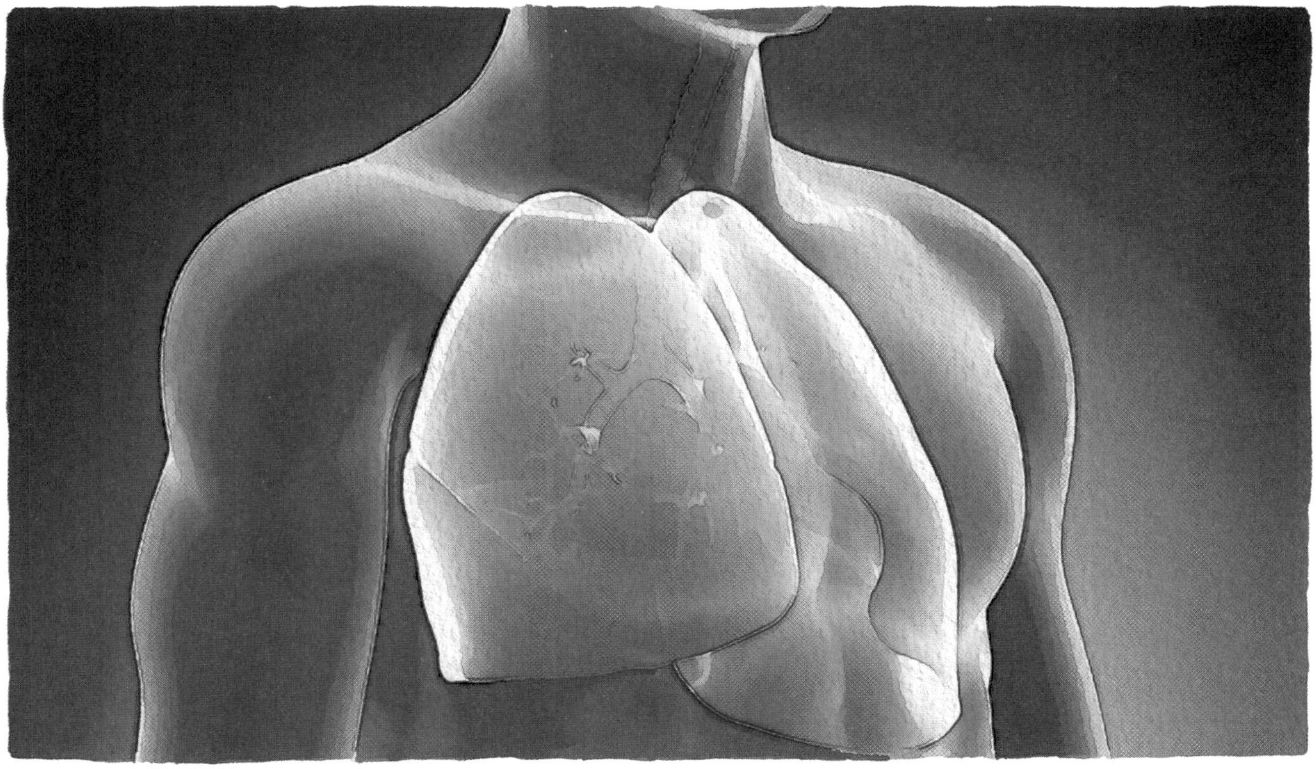

04 多器官衰老的标记物
དབང་པོ་མང་པོ་རྒས་པའི་རྟགས་དངོས།

据国家科技部公布的“2020年中国十大科学进展”报道，我国科学家经过多年不懈努力，终于在系统水平上揭示了哺乳动物多器官衰老的新型生物学标记物和可调控靶标，从而加深了对器官衰老异质性和复杂性的理解，为建立针对衰老及相关老年疾病的早期预警和科学应对策略奠定了重要基础。

众所周知，衰老是一个基本的生物学过程，它与癌症和心血管疾病等许多常见疾病密切相关。随着人口老龄化程度的日益加剧，深入研究衰老、科学应对人口老龄化是我国新时代的重大课题。幸好，本项研究及时取得了若干重要成果。比如，在衰老机制解析方面，发现了灵长类卵巢衰老的主要分子特征，从而为评价卵巢衰老及女性生殖力下降提供了新型生物学标志物，也为寻找延缓卵巢衰老的措施及开发相关疾病的干预策略提供了新思路；在衰老干预方面，阐明了热量限制（即，俗话说的“老人七分饱”）等延缓多器官衰老的新型分子机制，从而揭示了代谢干预、免疫反应与健康寿命之间的科学联系。

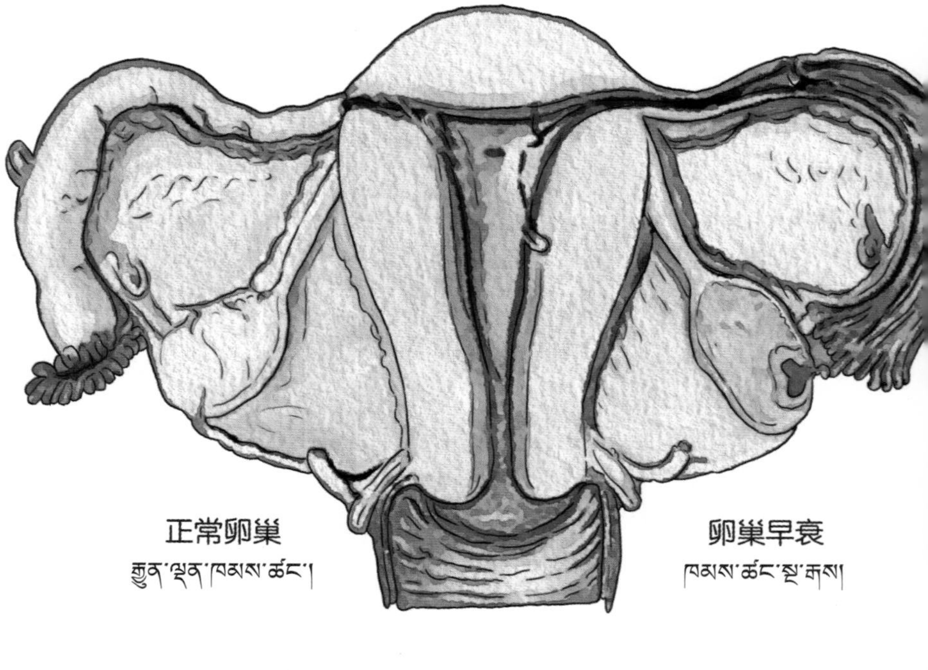
正常卵巢
རྒྱུན་ལྡན་ཁམས་ཚང་།
卵巢早衰
ཁམས་ཚང་སྔ་རྒས།

རྒྱལ་ཁབ་ཚན་རྩལ་སྤུས་ཁྱབ་བསྒྲགས་བྱས་པའི“2020ལོའི་ཀྲུང་གོའི་ཚན་རིག་གོང་འཕེལ་ཆེན་པོ་བཅུ”ཡི་གནས་ཚུལ་ལྟར་ན། རང་རྒྱལ་གྱི་ཚན་རིག་པས་ལོ་མང་འབད་བརྩོན་སྐྱོད་མེད་བྱས་པ་བརྒྱུད་མཐར་མ་ལག་ཆུ་ཚད་སྙིང་དུ་འོ་གསོས་སྲོག་ཆགས་ཀྱི་དབང་པོ་མང་པོ་རྣམས་པའི་སྐྱེ་དངོས་རིག་པའི་རྟགས་དངོས་གསར་བ་དང་ཚོད་འཛིན་ཐུབ་པའི་འབེན་རྟགས་གསལ་སྟོན་བྱས་པས། དབང་པོ་རྣམས་པའི་གཞན་རྒྱུད་རང་བཞིན་དང་རྟོག་འཛིང་རང་བཞིན་ལ་གོ་བ་ལེན་ཚད་ཟབ་ཏུ་ཕྱིན་ཏེ། དབང་པོ་རྣམས་པའམ་འབྲེལ་ཡོད་རྣན་པའི་ནད་རིགས་ཀྱི་སྔ་མོར་སྔོན་འགོག་དང་ཚན་རིག་གིས་གཏོང་ལེན་ཐབས་ཇུས་འཛུགས་པར་རྨང་གཞི་གལ་ཆེན་བཞག་གོ །

ཀུན་གྱིས་ཤེས་གསལ་ལྟར། རྣམས་པ་ནི་གཞི་རྩའི་སྐྱེ་དངོས་རིག་པའི་བརྒྱུད་རིམ་ཞིག་ཡིན་ལ། དེ་ནི་འབྲས་སྐྲན་དང་སྙིང་ཁམས་ཁྲག་རྩའི་ནད་སོགས་རྒྱུན་མཐོང་གི་ནད་རིགས་མང་པོ་དང་འབྲེལ་བ་དམ་པོ་ཡོད། མི་འབོར་རྣན་གྲོན་ཅན་དུ་འགྱུར་ཚད་ཉིན་རེ་བཞིན་ཛ་དྲག་ཏུ་འགྲོ་བ་དང་བསྟུན་ནས་རྣམས་པ་ཞིབ་འཇུག་གཏིང་ཟབ་དང་མི་འབོར་རྣན་གྲོན་ཅན་དུ་འགྱུར་བར་ཚན་རིག་དང་མཐུན་པའི་སྒོ་ནས་ཁ་གཏད་རྒྱུ་ནི་རང་རྒྱལ་གྱི་དུས་རབས་གསར་བའི་ཞིབ་འཇུག་བྱ་གཞིར་གལ་ཆེན་ཞིག་ཡིན། སྐབས་ལེགས་པ་ཞིག་ལ་ཞིབ་འཇུག་འདི་ལ་དུས་ཐོག་ཏུ་གྲུབ་འབྲས་གལ་ཆེན་འགའ་ཐོབ་ཡོད་དེ། དཔེར་ན། རྣམས་པར་གྲུབ་ཚུལ་དབྱེ་ཞིབ་བྱེད་པའི་ཐད་དུ། རྣམ་ཤེས་རིགས་ཀྱི་ཁམས་ཚང་རྣམས་པའི་ཆ་རྐྱལ་གྱི་ཁྱད་ཆོས་ཤེས་རྟོགས་བྱུང་སྟེ། ཁམས་ཚང་རྣམས་པ་དང་བྱུད་མེད་ཀྱི་སྐྱེ་འཕེལ་ནུས་ཤུགས་ཇེ་ཞན་དུ་འགྲོ་བར་གདེང་འཛོག་བྱེད་པར་སྐྱེ་དངོས་རིག་པའི་རྟགས་དངོས་གསར་བ་འདོན་སྤྲོད་བྱས་ཡོད་ལ། ཁམས་ཚང་རྣམས་འགྲོ་བ་ཕྱིར་འགྱངས་བྱེད་ཐབས་འཚོལ་བ་དང་དེ་བཞིན་འབྲེལ་ཡོད་ནད་རིགས་ལ་ཐེ་གཏོགས་བྱེད་པའི་ཐབས་ཇུས་གསར་སྤེལ་བྱེད་པར་བསམ་ཕྱོགས་གསར་བ་ཞིག་འདོན་སྤྲོད་བྱས་ཡོད། རྣམས་པར་ཐེ་གཏོགས་བྱེད་པའི་ཐད་དུ། ཚ་ཚད་ཚོད་འཛིན(ངག་རྒྱུན་དུ“རྣན་གྲོན་བཅུ་ཆའི་བདུན་གྱིས་འགྲངས་པ”ཞེས་པ)སོགས་ཕྱིར་འགྲངས་དབང་པོ་མང་པོ་རྣམས་པའི་ཆ་རྐྱལ་གྲུབ་ཚུལ་གསར་བ་གསལ་བཤད་བྱས་པས། སྙིང་ཚབ་གསར་བྱེད་ཀྱི་ཐེ་གཏོགས་དང་རིམས་ཐར་འགྱུར་འབྱུང་། བདེ་ཐང་ཆེ་ཚད་བཅས་བར་གྱི་ཚན་རིག་གི་འབྲེལ་བ་གསལ་སྟོན་བྱས་ཡོད་དོ། །

05 人类遗传物质传递
མིའི་རིགས་ཀྱི་རྒྱུད་འདེད་དངོས་པོ་བརྒྱུད་སྒྲོད།

“2020年度中国科学十大进展”揭榜，一项名为“揭示人类遗传物质传递的关键步骤”的成果不但入榜，还额外引人注目。因为，该成果阐述了一个新颖的由DNA复制所表现的遗传调控机制，它给理解高等生物DNA复制的调控机制提供了全新视角，特别是对理解癌症的发生和治疗提供了坚实的理论基础。

什么是DNA复制，它又有什么用呢？原来，DNA复制是人类遗传物质在细胞之间得以精确传递的基础。在细胞增殖过程中，通过DNA复制，一套亲本遗传物质将产生两套完全一样的子代遗传物质，并被分配到两个子代细胞中。不准确或不完整的DNA复制将可能诱发癌症。在DNA复制时，首先识别出DNA复制的起始点，只有起始点被准确定位后，才能在细胞需要增殖时，及时、高效地开始进行DNA复制，从而保证遗传物质的完整性。

可惜，过去人们一直无法精准识别DNA复制的起始点，这就阻碍了人们对癌症机制的深刻理解。幸好，本成果在起始点的识别方面取得了重大突破。

“2020ལོའི་ཀྲུང་གོའི་ཚན་རིག་གི་གོང་འཕེལ་ཆེན་པོ་བཅུ”ཞེས་པར“མིའི་རིགས་ཀྱི་རྒྱུད་འདེད་དངོས་པོ་བརྒྱུད་སྒྲོད་བྱེད་པའི་འགག་རྩའི་གོ་རིམ་གསལ་སྟོན་བྱས་པའི”གྲུབ་འབྲས་མིང་ཐོའི་ནང་ཚུད་པར་མ་ཟད། ད་དུང་མི་རྣམས་ཀྱིས་དོ་སྣང་ཆེན་པོ་བྱེད་བཞིན་ཡོད། རྒྱུ་མཚན་ནི་གྲུབ་འབྲས་

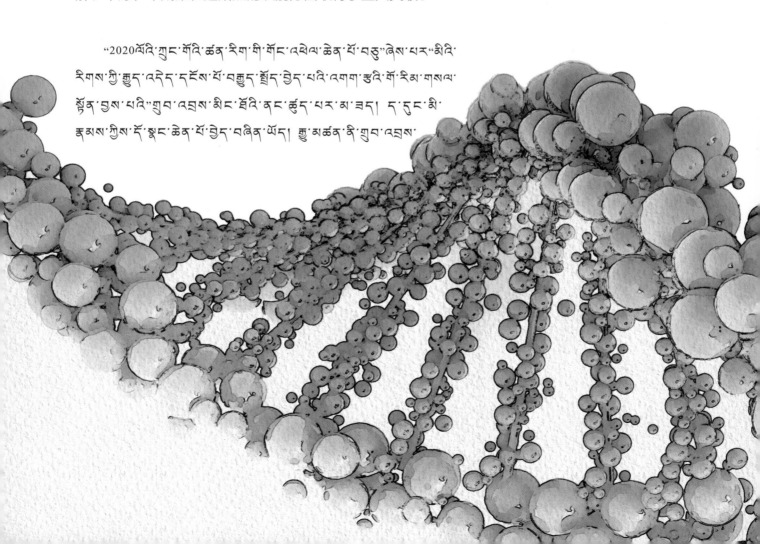

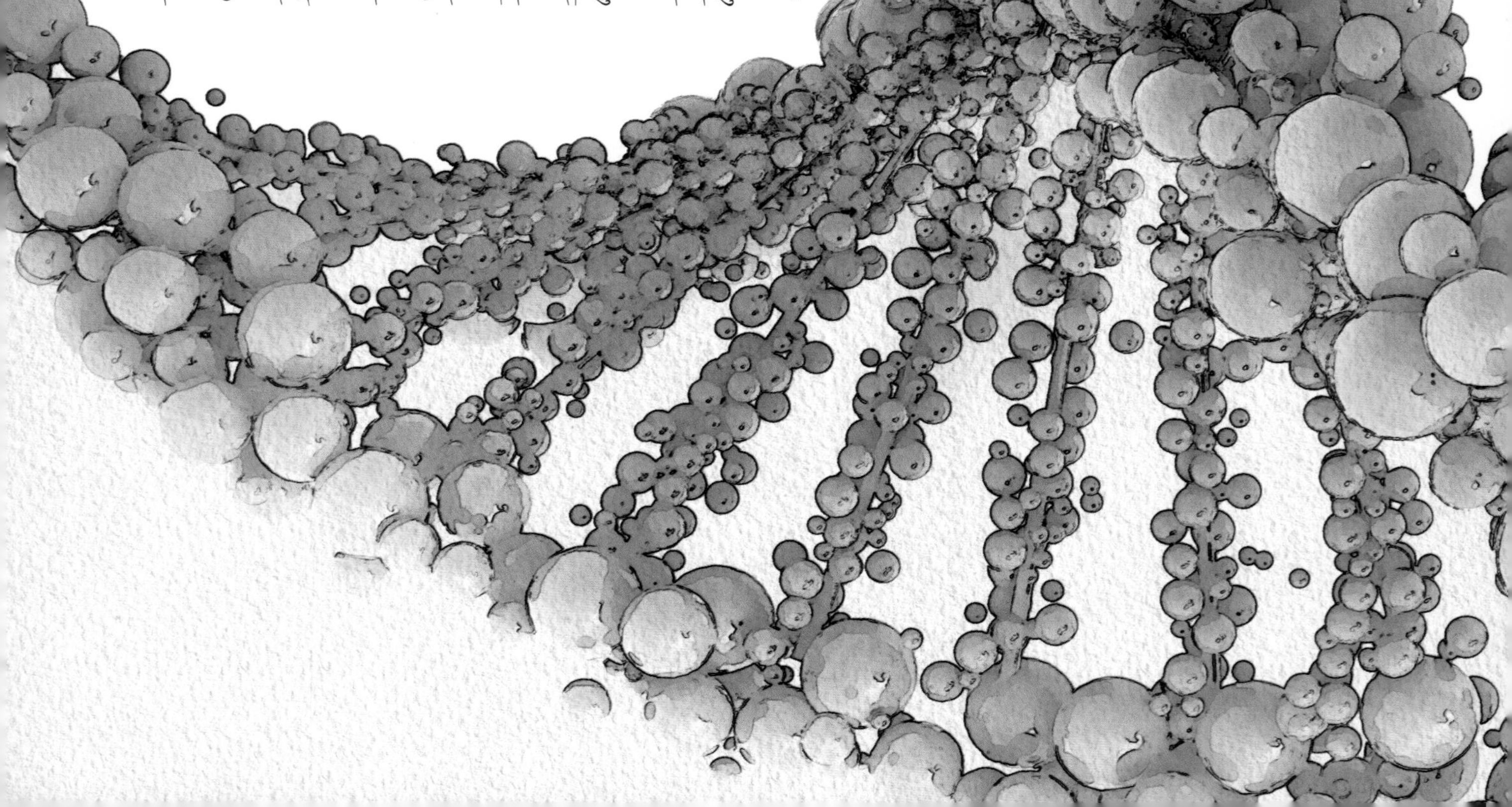

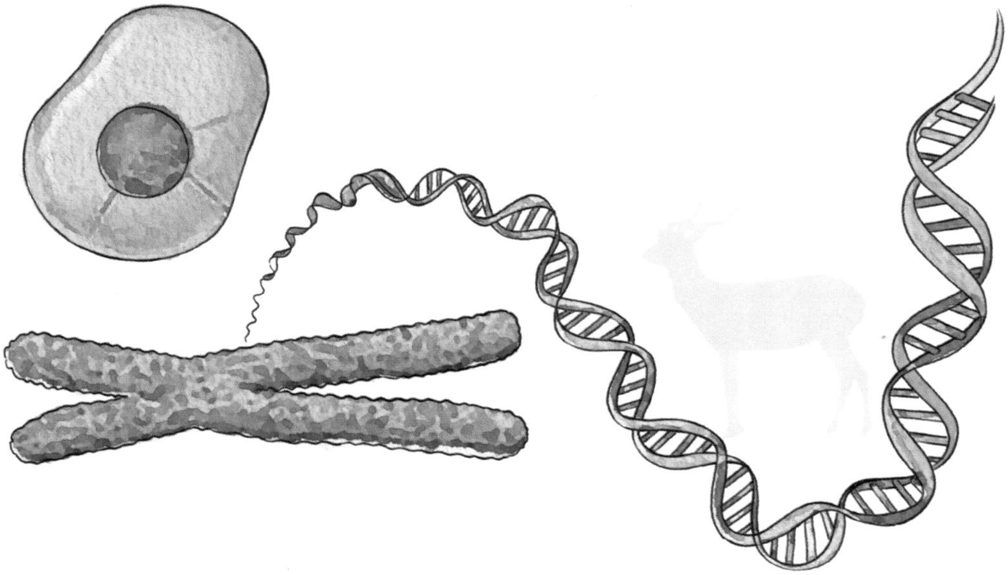

དེསDNAབསྐྱར་བཟོ་བྱས་པ་ལས་མཚོན་པའི་རྒྱུད་འདེད་སྐྱོམ་སྒྲིག་གྲུབ་ཚུལ་གསར་རྐྱང་ཞིག་རྒྱས་བཤད་བྱས་པ་དང་། དེས་མཐོ་རིམ་སྐྱེ་དངོསDNAབསྐྱར་བཟོ་བྱས་པའི་སྐྱོམ་སྒྲིག་གྲུབ་ཚུལ་ལ་གོ་བ་ལེན་རྒྱུར་ལྟ་སྟངས་གསར་བ་ཞིག་མགོ་འདོན་བྱས་པ། ལྷག་པར་དུ་འབྲས་སྨན་བྱུང་བ་དང་སྨན་བཅོས་བྱེད་པར་གོ་བ་ལེན་པར་རིགས་པའི་གཞུང་ལུགས་ཀྱི་རྨང་གཞི་བརྟན་པོ་ཞིག་མགོ་འདོན་བྱས་ཡོད།

ཅི་ཞིག་ལDNAབསྐྱར་བཟོ་ཟེར་བ་དང་དེ་ལ་སྤྱོད་སྒོ་ཅི་ཞིག་ཡོད་དམ་ཞེ་ན། མ་གཞིརDNAབསྐྱར་བཟོ་བྱེད་པ་ནི་མིའི་རིགས་ཀྱི་རྒྱུད་འདེད་དངོས་པོ་ཕྲ་ཕུང་བར་དུ་ཞིབ་གཙོགས་བརྒྱུད་སྤྱོད་བྱེད་ཐུབ་པའི་རྨང་གཞི་ཡིན། ཕྲ་ཕུང་འཕེལ་སྐྱེའི་གོ་རིམ་ཁྲོད་དུ། DNAབསྐྱར་བཟོ་བྱས་པ་བརྒྱུད་དེ་གཉེན་རྒྱུད་རྒྱུད་འདེད་དངོས་པོ་ཆ་ཚང་ཞིག་གིས་བུ་རབས་རྒྱུད་འདེད་དངོས་པོ་ཆ་ཚང་གཉིས་འགྱུར་བར་མ་ཟད། ད་དུང་བུ་རབས་ཕྲ་ཕུང་གཉིས་ཀྱི་ནང་དུ་བགོས་པ་རེད། ཡང་དག་མིན་པའམ་ཆ་ཚང་མིན་པའིDNAབསྐྱར་བཟོ་བྱས་ན་འབྲས་སྨན་སློང་སྲིད། DNAབསྐྱར་བཟོ་བྱེད་སྐབས། ཐོག་མརDNAབསྐྱར་བཟོ་བྱས་པའི་མགོ་རྩོམ་གནས་ངོས་འཛིན་བྱེད་ཐུབ་ལ། མགོ་རྩོམ་གནས་གཏན་ཁེལ་ཡང་དག་བྱས་རྗེས། ད་གཟོད་ཕྲ་ཕུང་འཕེལ་སྐྱེ་བྱེད་དགོས་པའི་སྐབས་སུ། དུས་ཐོག་དང་ཕན་ནུས་ཆེ་བའི་སྒོ་ནསDNAབསྐྱར་བཟོ་བྱས་ཏེ། རྒྱུད་འདེད་དངོས་པོའི་ཆ་ཚང་རང་བཞིན་ཁག་ཐེག་བྱེད་ཐུབ།

ཡིད་ཕངས་པ་ཞིག་ལ། སྔོན་ཆད་མི་རྣམས་ཀྱིསDNAབསྐྱར་བཟོ་བྱས་པའི་མགོ་ཚུགས་ས་གནད་ལ་འཁེལ་བར་དཔྱེ་འབྱེད་བྱེད་ཐབས་བྲལ་བས་མི་རྣམས་ཀྱིས་འབྲས་སྨན་གྲུབ་ཚུལ་ལ་གོ་བ་གཏིང་ཟབ་ལེན་རྒྱུར་འགོག་རྐྱེན་བཟོས་ཡོད། སྟབས་ལེགས་པ་ཞིག་ལ། གྲུབ་འབྲས་འདི་མགོ་ཚུགས་སའི་དཔྱེ་འབྱེད་ཐད་ནས་ཐོད་རྒྱལ་ཆེན་པོ་བྱུང་ཡོད།

06 重离子肿瘤治疗系统
ཀྱེས་རྡུལ་ལྕི་མོའི་འབྲས་སྐྲན་སྨན་བཅོས་མ་ལག

2020年4月1日，我国首台自主知识产权的重离子治疗系统正式开诊，前期的临床试验都很成功，所有受试者均取得满意疗效。这意味着我国成为继日本、德国、美国之后，全球第四个实现重离子治疗肿瘤的国家，打破了多年来被国外垄断的局面，实现了历史性突破。

重离子治疗是国际公认的放疗尖端技术，与已使用百年之久的传统放疗相比，重离子治疗能在集中爆破肿瘤的同时，减少对健康组织的伤害。因此，重离子治疗代表了放疗的最高技术和未来趋势，它的副作用小、疗程短、疗效好，被誉为精准、高效和安全的先进放射治疗方法。它的适应症至少包括头颈部肿瘤、胸腹部肿瘤、盆腔肿瘤、骨肿瘤和软组织肉瘤等。

国际首例临床试验于2014年6月14日下午3点正式开始，在30分钟内，重离子治疗仪像切面包一样，将患者病灶分割成若干个薄片，每片仅4毫米厚。接着，碳离子通过同步加速器准确进入病灶，在每个薄片上进行精准“爆破”。经过52次这样的“定向爆破”后，治疗完成，病人可自行下床回家。

2020ལོའི་ཟླ4ཚེས1ཉིན། རང་རྒྱལ་གྱི་རང་བདག་ཤེས་བྱའི་བདག་དབང་གི་ཀྱེས་རྡུལ་ལྕི་མོ་སྨན་བཅོས་མ་ལག་ཐོག་མ་དངོས་སུ་བརྟག་མགོ་བརྩམས་པ་དང་། དུས་མགོའི་ནད་ཐོག་སྨན་བཅོས་ཚོད་ལྟ་ཚང་མ་ལེགས་གྲུབ་བྱུང་སྟེ་ཚོད་ལྟ་བྱ་ཡུལ་ཚང་མར་བློ་ཡིད་ཚིམ་པའི་སྨན་བཅོས་ཐོབ་ཡོད། འདིའི་སྙིང་ནས་རང་རྒྱལ་ནི་འཇར་པན་དང་འཇར་མན། ཨ་རི་བཅས་ཀྱི་རྗེས་སུ་འཛམ་གླིང་གི་ཀྱེས་རྡུལ་ལྕི་མོའི་འབྲས་སྐྲན་སྨན་བཅོས་བྱེད་མཁན་རྒྱལ་ཁབ་ཨང་བཞི་པར་གྱུར་ཏེ། ལོ་ངོ་མང་པོར་ཕྱི་རྒྱལ་གྱིས་སྒེར་སྡེམ་བྱས་པའི་རྣམ་པ་བསྒྱུར་ནས་ལོ་རྒྱུས་རང་བཞིན་གྱི་ཐོད་རྒལ་མངོན་འགྱུར་བྱུང་བ་མཚོན་ཡོད།

ཀྱེས་རྡུལ་ལྕི་མོའི་སྨན་བཅོས་ནི་རྒྱལ་སྤྱིའི་སྟེང་དུ་ཀུན་གྱིས་ཁས་ལེན་པའི་འགྱེད་བཅོས་རྩེར་སོན་ལག་རྩལ་ཞིག་ཡིན་ལ། ལོ་ངོ་བརྒྱ་ལྷག་ལ་བཀོལ་བའི་སྲོལ་རྒྱུན་གྱི་འགྱེད་བཅོས་དང་བསྡུར་ན། ཀྱེས་རྡུལ་ལྕི་མོའི་སྨན་བཅོས་ཀྱིས་གཅིག་བསྡུས་ཀྱིས་འབྲས་སྐྲན་འགག་གཏོར་བྱེད་པ་དང་མཉམ་དུ། བདེ་ཐང་རྩ་འཛུགས་ལ་གནོད་འཚེ་ཐེབས་པ་ཇེ་ཉུང་དུ་གཏོང་ཐུབ། དེ་བས་ཀྱེས་རྡུལ་ལྕི་མོའི་སྨན་བཅོས་ཀྱིས་འགྱེད་བཅོས་ཀྱི་ཆེས་མཐོའི་ལག་རྩལ་དང་མ་འོངས་པའི་འཕེལ་ཕྱོགས་མཚོན་ཡོད། འདི་ལ་ཞོར་སྐྱོན་ཆུང་བ་དང་བཅོས་ཡུན་ཐུང་བ། ཕན་ནུས་བཟང་བ་བཅས་ལྡན་པས། གནད་ལ་འཕེལ་བ་དང་ཕན་ནུས་ཆེ་བ། བདེ་འཇགས་བཅས་ཀྱི་སྔོན་ཐོན་འགྱེད་འཕྲོ་སྨན་བཅོས་བྱེད་ཐབས་སུ་གྲགས། དེའི་འཕྲོད་པའི་ནད་ལ་མ་མཐའ་ཡང་མགོ་སྐེའི་འབྲས་སྐྲན་དང་བྲང་ལྟོག་གི་འབྲས་སྐྲན། ཚང་ཁོག་གི་སྐྲན་ནད། ཕུང་གྲུབ་མཉེན་པའི་ཤ་སྐྲན་སོགས་འདུས།

རྒྱལ་སྤྱིའི་ནད་ཐོག་ཚོད་ལྟ་ཐོག་མ་འདི2014ལོའི་ཟླ6པའི་ཚེས14ཉིན་གྱི་ཕྱི་དྲོའི་ཆུ་ཚོད3པར་དངོས་སུ་མགོ་བརྩམས་པ་དང་། སྐར་མ30ཡི་ནང་ཀྱེས་རྡུལ་ལྕི་མོའི་སྨན་བཅོས་ཡོ་བྱད་ནི་བག་ལེབ་གཏུབ་པ་ལྟར་ནད་པའི་ནད་ཚང་སྲབ་ལེབ་འགའ་ཞིག་ཏུ་བགོས་པ་དང་། ལེབ་མོ་རེར་མཐུག་ཚད་ཧྲེ་སྨི4ལས་མེད། དེར་

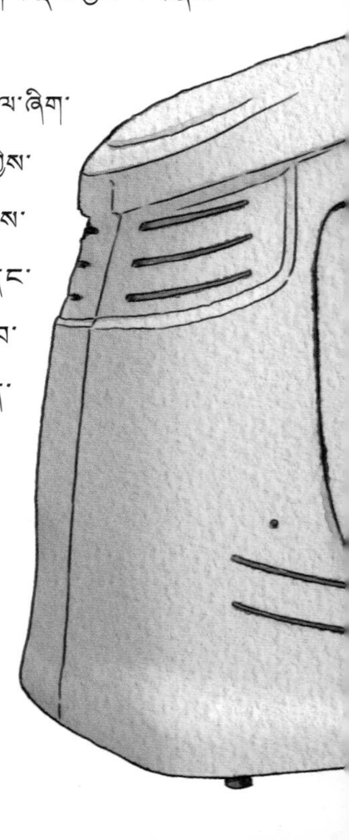

མཐུད་ནས་ སྨན་གྱིས་ རྟུལ་དུས་ མཉམ་དུ་ འགྲོས་སྟོན་ འཕྲུལ་ཆས་ བརྒྱུད་ དེ་ ནད་ ཚང་ དུ་ ཡང་ དག་ པར་ ཞུགས་ ཏེ། སྐབ་ལེབ་རེ་རེའི་སྟེང་དུ་ཞིབ་གཙིགས་སྐྲོ་ནས"འགག་གཏོར"བྱེད་དགོས། ཐེངས52ལ"ཁ་ཕྱོགས་གཏན་ཁེལ་གྱི་འགག་གཏོར"བྱས་རྗེས་སྨན་བཅོས་ཡོངས་སུ་གྲུབ་སྟེ། ནད་པ་རང་འགྲུལ་གྱིས་མལ་ཁྲི་ལས་བབས་ནས་ཁྱིམ་དུ་ལོག་ཚོག་གོ །

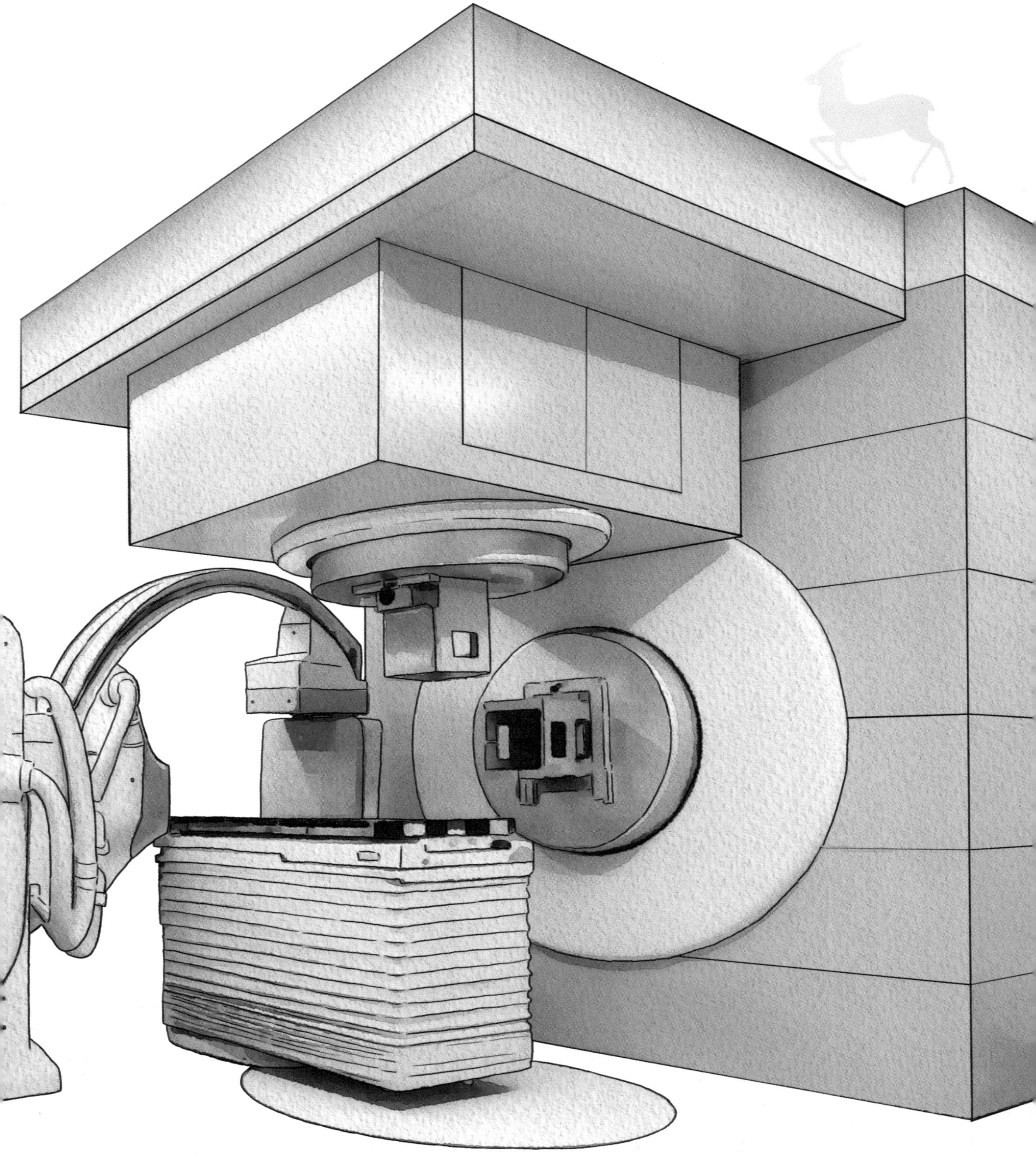

07 P4实验室

P4ཚོད་ལྟ་ཁང་།

2018年1月5日，中国首个具有国际先进水平的国家生物安全四级实验室（简称P4实验室）在武汉正式运行。该实验室将成为构建我国公共卫生防御体系的重要环节，也将成为国内外传染病防控基础与应用研究不可或缺的技术平台。从此，我国科学家终于能在自己的实验室里，研究包括埃博拉、尼巴病毒等在内的全球最危险的病原体了。

什么是P4实验室呢？原来，根据病原微生物的危害等级，以及生物安全防护级别的不同，国际上将相关实验室分为P1、P2、P3和P4共四个生物安全等级。因此，第四级即P4实验室是生物安全的最高等级，在实验过程中，可有效防控危害等级最高的病原微生物感染实验人员、实验室内环境及泄露至外界的风险，保证人员安全和社会安全。

武汉P4实验室都有什么功能呢？概括说来，它主要有三大功能。一是成为我国传染病预防与控制的研究和开发中心；二是成为烈性病原微生物的保藏中心；三是成为联合国烈性传染病参考实验室。总之，它将在国家公共卫生应急反应体系和生物防范体系中发挥核心作用。

2018ལོའི་ཟླ1པའི་ཚེས5ཉིན་ཀྲུང་གོའི་རྒྱལ་སྲིའི་སྔོན་ཐོན་ཚ་ཚད་ལྡན་པའི་རྒྱལ་ཁབ་སྐྱེ་དངོས་བདེ་འཇགས་རིམ་པ་བཞི་པའི་ཚོད་ལྟ་ཁང་ཐོག་མ(བསྟུས་མིང་ལP4ཚོད་ལྟ་ཁང)ཨུའུ་ཧན་དུ་དངོས་སུ་འཁོར་སྐྱོད་བྱས་ཡོད། ཚོད་ལྟ་ཁང་ནི་རང་རྒྱལ་གྱི་སྲི་པའི་འཕྲོད་བསྟེན་འགོག་སྲུང་མ་ལག་འཛུགས་པའི་ལྟེ་ཚོགས་གལ་ཆེན་ཞིག་ཏུ་འགྱུར་རྒྱུ་ཡིན་ཞིང་། རྒྱལ་ཁབ་ཕྱི་ནང་གི་འགོས་ནད་སྔོན་འགོག་ཚོད་འཛིན་གྱི་ཆ་རྐྱེན་དང་ཉེར་སྤྱོད་ཞིབ་འཇུག་གི་མེད་དུ་མི་རུང་བའི་ལག་རྩལ་ལས་སྟེགས་ཤིག་ཏུ་འགྱུར་བ་ཡིན། ད་ནས་བཟུང་རང་རྒྱལ་གྱི་ཚན་རིག་པས་རང་ཉིད་ཀྱི་ཚོད་ལྟ་ཁང་དུ་ཨའི་པོ་ལ་དང་ཉི་པ་ནད་དུག་སོགས་ཚུད་པའི་འཛམ་གླིང་སྟེང་གི་ཉེན་ཁ་ཆེས་ཆེ་བའི་ནད་གཞིར་ཞིབ་འཇུག་བྱེད་ཐུབ་པོ། །

ཅི་ཞིག་ལP4ཚོད་ལྟ་ཁང་ཟེར་རམ་ཞེ་ན། མ་གཞིར་འདི་ནི་ནད་གཞིའི་སྐྱེ་དངོས་ཕྲ་རབ་ཀྱི་གནོད་འཚེའི་རིམ་པ་དང་། དེ་བཞིན་སྐྱེ་དངོས་བདེ་འཇགས་འགོག་སྲུང་རིམ་པ་མི་འདྲ་བར་གཞིགས་ནས་རྒྱལ་སྤྱིའི་སྟེང་དུ་འབྲེལ་ཡོད་ཚོད་ལྟ་ཁངP1 P2 P3 P4བཅས་སྐྱེ་དངོས་བདེ་འཇགས་ཀྱི་རིམ་པ་བཞི་རུ་དབྱེ་ཡོད། དེ་བས། རིམ་པ་བཞི་པ་སྟེP4ཚོད་ལྟ་ཁང་ནི་སྐྱེ་དངོས་བདེ་འཇགས་ཀྱི་རིམ་པ་མཐོ་ཤོས་ཡིན་པ་དང་། ཚོད་ལྟ་བྱེད་པའི་གོ་རིམ་ཁྲོད་དུ་གནོད་འཚེ་རིམ་པ་མཐོ་ཤོས་ཀྱི་ནད་གཞིའི་སྐྱེ་དངོས་ཕྲ་རབ་འགོས་པའི་ཚོད་ལྟ་མི་སྣ་དང་། ཚོད་ལྟ་ཁང་ནང་གི་ཁོར་ཡུག དེ་མིན་ཕྱི་རོལ་དུ་ཤོར་བའི་ཉེན་ཁ་བཅས་སྔོན་འགོག་ཚོད་འཛིན་ནུས་ལྡན་བྱེད་ཐུབ་སྟེ། མི་སྣའི་བདེ་འཇགས་དང་སྤྱི་ཚོགས་བདེ་འཇགས་ལ་ཁག་ཐེག་ཀྱང་བྱེད་ཐུབ།

ཨུའུ་ཧན་གྱིP4ཚོད་ལྟ་ཁང་ལ་ནུས་པ་ཅི་འདྲ་ཡོད་དམ་ཞེ་ན། མདོར་བསྡུས་ཏེ་བཤད་ན། འདིར་ནུས་པ་ཆེན་པོ་གསུམ་ཡོད་དེ། གཅིག་ནི་རང་རྒྱལ་གྱི་རིམས་ནད་སྔོན་འགོག་དང་ཚོད་འཛིན་གྱི་ཞིབ་འཇུག་དང་གསར་སྤེལ་ལྟེ་གནས་སུ་འགྱུར་བ། གཉིས་ནི་དྲག་པོའི་ནད་གཞིའི་སྐྱེ་དངོས་ཕྲ་རབ་ཀྱི་ཉར་ཚགས་ལྟེ་གནས་སུ་འགྱུར་བ། གསུམ་ནི་མཉམ་འབྲེལ་རྒྱལ་ཚོགས་ཀྱི་རིམས་ནད་དྲག་པོའི་དཔྱད་གཞིའི་ཚོད་ལྟ་ཁང་དུ་འགྱུར་བ་བཅས་སོ། །མདོར་ན། འདིས་རྒྱལ་ཁབ་ཀྱི་ སྲི་པའི་འཕྲོད་བསྟེན་མཁོ་སྐྱབ་འགྱུར་འབྱུང་མ་ལག་དང་སྐྱེ་དངོས་སྔོན་འགོག་མ་ལག་ཁྲོད་དུ་སྒྲོག་ཤིང་གི་ནུས་པ་ འདོན་སྤེལ་བྱེད་ཐུབ་པོ། །

08 海水稻试种成功

མཚོ་འགྲམ་ཆུ་འབྲས་ཚོད་འདེབས་ལེགས་གྲུབ་བྱུང་བ།

2019年，中国科学家在山东和浙江等地成功试种了海水稻，平均亩产超过400公斤。2020年，海水稻又被推广到海拔2800米的地区。如今，它在全国多地开花结果。

海水稻，能在盐碱浓度超过0.3%的恶劣环境中生长，且亩产可达300公斤。它介于野生稻和栽培稻之间，普遍生长在海边盐碱滩涂地区，比起其他普通水稻具有更强的生命力。海水稻的成功种植，具有非凡的战略意义。它可充分利用大量荒废的盐碱滩涂，有效解决人口粮食问题，特别是它能长到两米高且具有抗倒伏能力，即使滩涂地已被海水淹没，只要水稻的叶尖能若隐若现，退潮后依然能正常生长。而且，它可以改善环境，生产有机绿色食品。它还能防风消浪、促淤保滩、固岸护堤、净化海水和空气，具有红树林般的生态和社会价值。另外，它的生产不需要化肥和农药，从而可产出有机绿色食物。同时，它具有抗涝、抗盐碱、抗病虫等能力，将它与普通高产水稻杂交后，可得到更优的品种。

2019ལོར་ཀྲུང་གོའི་ཚན་རིག་པས་ཧྲན་ཧྲུང་དང་ཀྲེ་ཅང་སོགས་སུ་མཚོ་འགྲམ་ཆུ་འབྲས་ཚོད་འདེབས་ལེགས་གྲུབ་བྱུང་བ་དང་ཆ་སྙོམས་མུའུ་རེའི་ཐོན་ཚད་སྤྱི་ཀྲ400ལས་བརྒལ་ཡོད། 2020ལོར་མཚོ་འགྲམ་ཆུ་འབྲས་སྐར་ཡང་ས་བབ་མཐོ་ཚད་སྨི2800ཐེན་པའི་ས་ཁུལ་དུ་ཁྱབ་གདལ་བཏང་ཡོད། མིག་སྔར་རྒྱལ་ཡོངས་ཀྱི་ས་ཆ་མང་པོར་མེ་ཏོག་བཞད་ཅིང་འབྲས་བུ་ཐོགས་ཡོད།

མཚོ་འགྲམ་ཆུ་འབྲས་ནི་ཚྭ་ལྡན་གྱི་གར་ཚད0.3%ལས་བརྒལ་བའི་ཁོར་ཡུག་ཞན་པའི་ཁྲོད་སྐྱེ་ཐུབ་པར་མ་ཟད། མུའུ་རེའི་ཐོན་ཚད་སྤྱི་ཀྲ300ཐེན། འདིར་རི་སྐྱེས་ཆུ་འབྲས་དང་འདེབས་གསོའི་ཆུ་འབྲས་ཀྱི་བར་དུ་གནས་པ་དང་། སྤྱིར་བཏང་དུ་མཚོ་འགྲམ་གྱི་ཚྭ་ལྡན་ག྄ྲམ་ཐང་ས་ཁུལ་དུ་སྐྱེས་ཡོད་པས། སྤྱིར་བཏང་གི་ཆུ་འབྲས་གཞན་ལས་སྐྱེ་སྟོབས་ཆེ་བ་ཞིག་ཡིན། མཚོ་འགྲམ་ཆུ་འབྲས་འདེབས་འཛུགས་ལེགས་གྲུབ་བྱུང་བ་འདིར་ཐུན་མོང་མ་ཡིན་པའི་འཐབ་རྩལ་གྱི་དོན་སྙིང་ལྡན་ཡོད། འདིས་ས་གཏོད་དུ་གྱུར་པའི་ཚྭ་ལྡན་གྱི་ག྄ྲམ་ཐང་འཕོར་ཆེན་བེད་སྤྱོད་གཏང་ལེགས་བྱས་ཏེ་མི་རྣམས་ཀྱི་འབྲུ་རིགས་གནད་དོན་ཐག་གཅོད་ནུས་ལྡན་བྱེད་ཐུབ་པ་དང་། ལྷག་པར་དུ་འདིར་སྨི་གཉིས་ཀྱི་མཐོ་ཚད་ལ་སླེབས་ཐུབ་པར་མ་ཟད་འགྲེལ་འགོག་ནུས་པ་ལྡན་པས། ག྄ྲམ་ཐང་གི་ས་ཞིང་མཚོ་ཆུས་བསྔུབས་ཏེ་ཆུ་འབྲས་ཀྱི་ལོ་མའི་རྩེ་མོ་མངོན་མི་མངོན་མཚམས་སུ་སླེབས་ནའང་། མཚོ་རླབས་ཡལ་རྗེས་སྔར་བཞིན་རྒྱུན་ལྡན་དུ་སྐྱེ་ཐུབ། འདིས་ཁོར་ཡུག་ལེགས་བཅོས་དང་སྐྱེ་ལྡན་ལྡང་མདོག་གི་ཟས་རིགས་ཐོན་སྐྱེད་བྱེད་ཐུབ། འདིས་ད་དུང་རླུང་འགོག་རླབས་སེལ་དང་བྱེ་འདམ་ལ་བརྟེན་ནས་ག྄ྲམ་ཐང་སྲུང་བ། ཆུ་འགྲམ་གྱི་ཆུ་རགས་སྲུང་བ། མཚོ་ཆུ་དང་མཁའ་རླུང་གཙང་བཟོ་བཅས་བྱེད་ཐུབ་པས། ཤིང་དམར་ནགས་ཚལ་ལྟ་བུའི་སྐྱེ་ཁམས་དང་སྤྱི་ཚོགས་ཀྱི་རིན་ཐང་ལྡན་ཡོད། གཞན་ཡང་འདིའི་ཐོན་སྐྱེད་ལ་ཟས་ལུད་དང་ཞིང་སྨན་མི་དགོས་པར་སྐྱེ་ལྡན་ལྡང་མདོག་གི་ཟས་རིགས་ཐོན་ཐུབ། དུས་མཚུངས་སུ་འདི་ལ་ཐོད་སྐྲན་འགོག་པ་དང་ཚྭ་བུལ་འགོག་པ། ནད་འབུ་འགོག་པ་སོགས་ཀྱི་ནུས་པ་ལྡན་པས། འདི་དང་སྤྱིར་བཏང་གི་ཐོན་མཐོའི་ཆུ་འབྲས་གཉིས་སྦེབ་སྦྱོར་བྱས་རྗེས་སོན་རིགས་སྔར་ལས་ལེགས་པ་ཐོན་ཐུབ་པོ། །

09 非洲猪瘟病毒结构

ཨྥི་གླིང་གི་ཕག་པའི་ནད་དུག་གྲུབ་ཆ།

据2019年10月18日的《科学》杂志报道，中国科学家首次成功解析了非洲猪瘟病毒的衣壳三维结构，分辨率高达4.1埃。原来，该病毒的结构竟有点像俄罗斯套娃，其外层衣壳保护着内层蛋白和核酸结构。过去，由于该病毒的体积过大，柔性也大，且每张照片只能容下1个完整病毒颗粒，需要精挑细选才能获得理想电镜图片，难怪此前人们一直无法搞清其三维结构。

非洲猪瘟病毒是一个巨大而复杂的DNA病毒，它能引发所有品种和年龄的家猪、野猪罹患急性、热性、高度传染性疾病，发病率和死亡率高达100%。幸好，它不会感染人。该病毒耐酸不耐碱、耐冷不耐热，是我国高危的“一类动物疫病”，也是世界动物卫生组织规定的法定报告疫病。自2018年以来，该病毒一直影响着我国生猪市场行情，给养殖产业造成了巨大损失。

由于非洲猪瘟病毒基因类型多，免疫逃逸机制复杂，能逃避宿主免疫细胞的清除，目前国内外均无特效疫苗，本成果将促进此类疫苗早日面市。

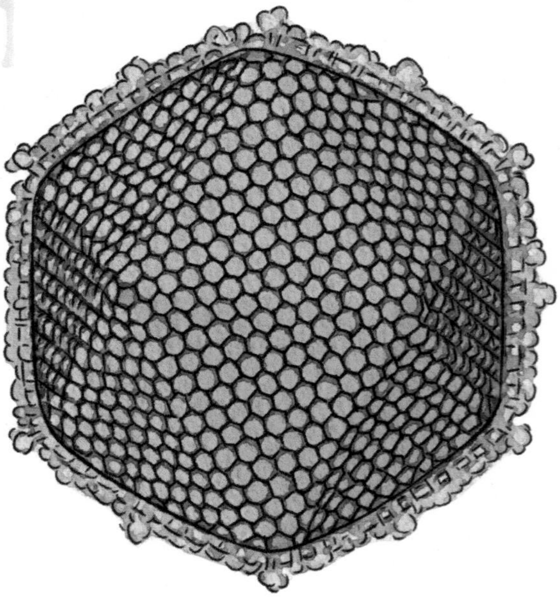

2019ལོའི་ཟླ10པའི་ཚེས18ཉིན་གྱི《ཚན་རིག》དུས་དེབ་སྟེང་དུ་སྤེལ་བའི་གནས་ཚུལ་ལྟར་ན། ཀྲུང་གོའི་ཚན་རིག་པས་ཧྥེ་གླིང་གི་ཕག་པའི་ནད་དུག་གི་ཕྱི་སྐོགས་རྩ་གསུམ་གྲུབ་ཚུལ་དབྱེ་ཞིབ་ཐོག་མ་ལེགས་གྲུབ་བྱུང་བ་དང་དབྱེ་འབྱེད་ཚད་ཨེ4.1ཡན་ཟིན། ནད་དུག་འདིའི་སྒྲིག་གཞི་ཞུ་ཊུ་སུའི་རྩེད་ཆས་ཕྱིས་པ་དང་མཚུངས་པ་དང་། དེའི་ཕྱི་སྐོགས་ཀྱིས་ནང་རིམ་སྤྱི་དཀར་དང་ཉིང་སྙུར་གྱི་གྲུབ་ཚུལ་ལ་སྲུང་སྐྱོབ་བྱས་ཡོད། སྔོན་ཆད་ནད་དུག་དེའི་ཐོངས་ཚད་ཆེ་དྲགས་པ་དང་མཉེན་གཤིས་ཀྱང་ཆེ་བའི་དབང་གིས་འདྲ་པར་རེ་རེར་ནད་དུག་རིལ་བུ་ཆ་ཚང་གཅིག་ལས་ཤོང་མི་ཐུབ་པས། ཞིབ་ཚགས་བདམས་ན་ད་གཟོད་གཞི་ནས་ཕུགས་བསམ་གྱི་གློག་ཤེལ་པར་རིས་ཐོབ་ཐུབ། ཡར་སྔོན་མི་རྣམས་ཀྱིས་དེའི་རྩ་གསུམ་གྲུབ་ཚུལ་གསལ་པོ་བཟོ་ཐབས་བྲལ་བ་དེའི་རྐྱེན་གྱིས་ཡིན་ནོ། །

ཧྥེ་གླིང་གི་ཕག་པའི་ནད་དུག་ནི་ཧ་ཅང་ཆེ་ཞིང་རྙོག་དྲ་ལྡན་པའིDNAནད་དུག་ཅིག་ཡིན་པ་དང་། འདིས་རིགས་སྣ་དང་ལོ་ཚོད་ཚང་མའི་ཁྱིམ་ཕག་དང་ཕག་རྒོད་ཡོད་དོ་ཅོག་ལ་དོས་དྲག་རང་བཞིན་དང་ཚ་བའི་རང་བཞིན། ཚད་མཐོའི་རིམས་ནད་རང་བཞིན་བཅས་ཀྱི་ནད་ཐོག་ཏུ་འཛུག་པར་མ་ཟད། ནད་ཐོག་ཚད་དང་ཤི་ཚད100%ཟིན་སྲིད། སྐབས་ལེགས་པ་ཞིག་ལ་འདི་ཉིད་མི་ལ་འགོ་མི་སྲིད། ནད་དུག་འདིས་སྨུར་བཟོད་ལ་ཐུལ་མི་ཐུབ་པ་དང་གྲང་ངར་བཟོད་ལ་ཚ་བ་བཟོད་མི་ཐུབ། འདི་ནི་རང་རྒྱལ་གྱི་ཉེན་ཁ་ཆེ་བའི“སྒྲོག་ཆགས་ཀྱི་རིམས་ནད་རིམ་པ་དང་པོ”ཡིན་ལ། འཛམ་གླིང་སྒྲོག་ཆགས་འཕྲོད་བསྟེན་རྩ་འཛུགས་ཀྱིས་གཏན་འབེབས་བྱས་པའི་ཁྲིམས་བཀོད་སྙན་ཞུ་རིམས་ནད་ཅིག་ཀྱང་ཡིན། 2018ལོ་ནས་བཟུང་ནད་དུག་འདིས་རང་རྒྱལ་གྱི་ཕག་པའི་ཚོང་རའི་གནས་ཚུལ་ལ་ཤུགས་རྐྱེན་ཐེབས་ནས་གསོ་སྐྱེལ་ཐོན་ལས་ལ་གྱོང་གུན་ཆེན་པོ་བཟོས་ཡོད།

དེ་ཡང་ཧྥེ་གླིང་གི་ཕག་པའི་ནད་དུག་གི་རྒྱུད་རྒྱུའི་རིགས་མང་བ་དང་རིམས་ཐར་ཁྲོས་ཁྱབ་ཀྱི་སྒྲིག་གཞི་རྙོག་འཛིང་ཆེ་བས། ཞག་སྔོད་གཙོ་བོའི་རིམས་འགོག་ཕྲ་ཕུང་གཙང་སེལ་ལས་གཡོལ་ཐུབ་པའི་ཕན་ནུས་ལྡན་པའི་རིམས་འགོག་སྨན་ཁབ་མིག་སྔར་རྒྱལ་ཁབ་ཕྱི་ནང་དུ་མེད་པས་གྲུབ་འབྲས་འདིས་རིམས་འགོག་སྨན་ཁབ་འདི་རིགས་སྔ་མོ་ནས་ཚོང་རར་འདོན་རྒྱུར་སྐུལ་མ་ཐེབས་ངེས་ཡིན།

10 首个国产抗癌药PD－1抗体
རང་རྒྱལ་གྱིས་བཟོས་པའི་སྐྲན་འགོག་སྨན་ཐོག་མ་PD–1འགོག་གཟུགས།

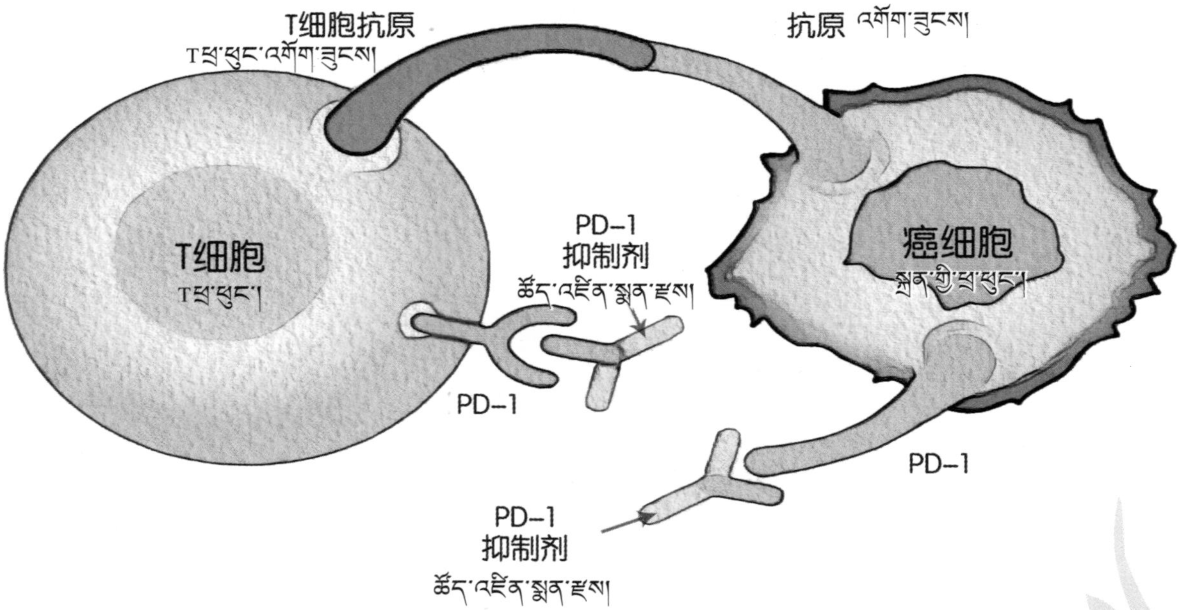
T细胞抗原
Tཐ་ཕུང་འགོག་རྫས།
抗原 འགོག་རྫས།
T细胞
Tཐ་ཕུང་།
PD–1
抑制剂
ཚོད་འཛིན་སྨན་རྫས།
癌细胞
སྐྲན་གྱི་ཐ་ཕུང་།
PD–1
PD–1
PD–1
抑制剂
ཚོད་འཛིན་སྨན་རྫས།

2018年12月17日，国家药品监督管理局批准首个国产抗癌药PD-1抗体上市，这是我国具有完全自主知识产权的抗癌新药，用于治疗黑色素瘤这种在我国发病率增长最快的恶性肿瘤之一。据统计，我国每年新增黑色素瘤患者约2万例，死亡率也逐年飙升，而此前针对该疾病国内只有两款高价同类进口药。

什么是PD-1抗体呢？它是当前全球肿瘤免疫治疗的研究热点，与传统的化疗和靶向治疗不同，它主要通过克服患者的免疫抑制，重新激活患者自身的免疫细胞来杀伤肿瘤，是一种全新的肿瘤治疗理念。

PD-1抗体有什么作用呢？它可控制50%的皮肤癌患者的病情发展，可治愈10%左右的皮肤癌患者。该药的首批受益者至少包括美国前总统卡特。原来，2015年8月20日，91岁高龄的卡特被确诊罹患晚期黑色素瘤，且转移到脑中的4个瘤块已达2毫米。本来准备向世界告别的他，却幸运地赶上了PD-1的横空出世。于是，3个月后肿瘤竟消失了，至今也无任何复发迹象。

2018ལོའི་ཟླ12པའི་ཚེས17ཉིན། རྒྱལ་ཁབ་སྨན་རྫས་ལྟ་སྐྱོལ་དོ་དམ་ཅུས་ཀྱིས་རང་རྒྱལ་གྱིས་བཟོས་པའི་སྙན་འགོག་སྨན་ཐོག་མPD–1འགོག་གཟུགས་ཚོང་རར་འདོན་རྒྱུའི་ཆོག་མཆན་གནང་། དེ་ནི་རང་རྒྱལ་གྱི་རང་བདག་ཤེས་བྱའི་བདག་དབང་ཡོངས་སུ་ལྡན་པའི་སྙན་འགོག་སྨན་གསར་བ་ཞིག་ཡིན་པ་དང་། རང་རྒྱལ་དུ་ནད་འབྱུང་ཚད་མྱུར་བའི་སྙན་ནད་ངན་པ་སྐྲ་མདོག་ནག་སྙན་འབྲས་སྨན་བཅོས་བྱེད་པར་བཀོལ་བ་ཞིག་ཡིན། བསྡོམས་རྩིས་བྱས་པར་ལྟར་ན། རང་རྒྱལ་དུ་ལོ་རེར་མདོག་ནག་སྙན་འབྲས་ཐོག་མཁན་ཁྲི2ཙམ་མང་དུ་ཕྱིན་པ་དང་ཤི་ཚད་ཀྱང་ལོ་རེ་བཞིན་ཇེ་མང་དུ་ཕྱིན་ཡོད། ཡར་སྔོན་རྒྱལ་ནང་དུ་ནད་འདི་ལ་རིན་གོང་མཐོ་བའི་ནང་འདྲེན་སྨན་རིགས་གཉིས་ལས་མེད་དོ། །

ཅི་ཞིག་ལPD–1འགོག་གཟུགས་ཟེར་རམ་ཞེ་ན། འདི་ནི་མིག་སྔར་འཛམ་གླིང་སྟེང་གི་སྙན་ནད་ཀྱི་རིམས་ཐར་སྨན་བཅོས་ཀྱི་ཞིབ་འཇུག་གཙོ་གནད་ཅིག་ཡིན་པ་དང་། སྲོལ་རྒྱུན་གྱི་འགྲིད་བཅོས་དང་འབེན་ཐོག་སྨན་བཅོས་དང་མི་འདྲ་བར། གཙོ་བོར་ནད་པའི་རིམས་ཐར་ཚོད་འཛིན་ཁྲིད་གསོད་བྱས་ཏེ་ནད་པ་རང་ངོས་ཀྱི་རིམས་ཐར་ཕྲ་ཕུང་ལ་བརྟེན་ནས་སྙན་ནད་བསད་རྨས་བྱེད་དོ། །འདི་ནི་སྙན་ནད་སྨན་བཅོས་ཀྱི་འདུ་ཤེས་གསར་རྒྱུང་ཞིག་ཡིན།

PD–1འགོག་གཟུགས་ལ་ནུས་པ་ཅི་ཞིག་ཡོད་དམ་ཞེ་ན། འདིས་པགས་པའི་འབྲས་སྙན་ནད་པ50%ཡི་ནད་བབ་འཕེལ་བ་ཚོད་འཛིན་བྱེད་ཐུབ་ལ། པགས་པའི་འབྲས་སྙན་ནད་པ10%ཡས་མས་དྲག་ཐུབ། སྨན་འདིའི་ཕན་ནུས་ཐོབ་མཁན་ཁག་དང་པོའི་ནང་ཨ་རིའི་ཙུང་ཐུང་ཟུར་བ་ཁ་ཐེ་ཚུད་ཡོད་པ་ཡིན། མ་གཞིར2015ལོའི་ཟླ8པའི་ཚེས20ཉིན། ལོ91ལ་སླེབས་པའི་ཁ་ཐེར་མདོག་ནག་སྙན་འབྲས་ཐོག་པར་གཏན་ཁེལ་བྱས་པར་མ་ཟད། ཀླད་པའི་ནང་དུ་མཆེད་པའི་སྙན་ལེབ4ནང་སྐྲི2ཟིན། དེ་ཡང་འཇིག་རྟེན་དང་ཁ་གྱིས་རྩིས་ཡོད་པའི་ཁོང་ནིPD–1རྗེས་ཚོད་པ་ཡིན། དེ་ནས་ཟླ3ཀྱི་རྗེས་སུ་སྙན་ནད་མེད་པར་གྱུར་ནས་ད་བར་དུ་ནད་སླར་འབྱུང་གི་སྣང་ཚུལ་གང་ཡང་མེད་དོ། །

11 哺乳动物孤雄生殖
འོ་གསོས་སྲོག་ཆགས་ཀྱི་ཕོ་རྐྱང་སྐྱེ་འཕེལ།

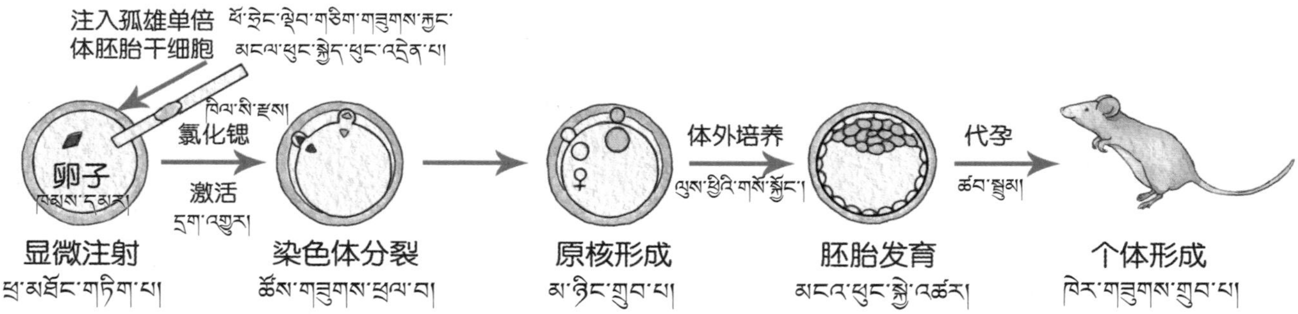
注入孤雄单倍体胚胎干细胞
ཕོ་རྐྱང་ལྷེབ་གཅིག་གཟུགས་རྐྱང་མངལ་ཕུང་སྐྱེད་ཕུང་འདྲེན་པ།
卵子
ཁམས་དམར།
ཁིལ་སི་རྫས།
氯化锶
激活
དྭག་འགྱུར།
显微注射
ཕྲ་མཐོང་གཏིག་པ།
染色体分裂
ཚོས་གཟུགས་ཕྲལ་བ།
原核形成
མ་ཉིང་གྲུབ་པ།
体外培养
ལུས་ཕྱིའི་གསོ་སྐྱོང་།
胚胎发育
མངའ་ཕུང་སྐྱེ་འཚར།
代孕
ཚབ་སྦྲུམ།
个体形成
ཁེར་གཟུགས་གྲུབ་པ།

据2018年10月的《细胞》杂志报道，中国科学家利用基因编辑技术，首次成功培育出了双亲都是雌性或雄性的小鼠，其中“双雌”小鼠健康生长到成年，还能繁育下一代，“双雄”小鼠则只活了两天。该成果开创了基因印记新技术，发现了阻碍同性双亲小鼠发育的关键印记区，对研究动物克隆等具有重要意义。

什么是基因印记呢？它是近年来发现的一种不遵从孟德尔定律的依靠单亲传递某些遗传学性状的现象，它在体细胞的分裂中可被传承，但在配子形成时，却可被擦除和重新建立。

从理论上说，若能借用人工手段擦除基因印记，那就有可能实现“双雌”或“双雄”的同性繁殖。但在实际操作中，基因印记却很难被安全擦除，以至成了一个公认的国际难题。中国科学家这次之所以能安全擦除雌性基因印记，是因为他们另辟蹊径，采用了单倍体干细胞技术。可惜，这种技术对孤雄生殖还不能完全有效，否则他们的“双雄”小鼠就会健康成长。随着基因印记擦除技术的不断改进，也许在不远的将来，所有动物都能“双雄”繁殖了。

2018ལོའི་ཟླ10པའི《ཕྲ་ཕུང》དུས་དེབ་སྟེང་དུ་སྤེལ་བའི་གནས་ཚུལ་ལྟར་ན། ཀྲུང་གོའི་ཚན་རིག་པས་རྒྱུད་རྒྱུ་རྩོམ་སྒྲིག་ལག་རྩལ་སྤྱད་དེ། ཕེངས་དང་པོར་ཕ་མ་གཉིས་ཀ་ནི་མོ་རིགས་སམ་ཕོ་རིགས་ཀྱི་བྱི་བ་ཆུང་ཆུང་སྐྱེད་སྲིང་ལེགས་གྲུབ་བྱུང་། དེའི་ནང་གི“མོ་ཆ”བྱི་བ་ཆུང་ཆུང་བདེ་ཐང་ངང་འཚར་ལོངས་བྱུང་བར་མ་ཟད། ད་དུང་རབས་རྗེས་མའང་སྐྱེ་འཕེལ་བྱུང་ཐུབ་པ་དང་། “ཕོ་ཆ”བྱི་བ་ཆུང་ཆུང་ཉིན་གཉིས་ལས་གསོན་མ་ཐུབ། གྲུབ་འབྲས་དེས་རྒྱུད་རྒྱུའི་རྟགས་ཐམ་གྱི་ལག་རྩལ་གསར་བ་བཏོད་པ་དང་། མཚན་མཚུངས་པ་མ་གཉིས་ཀའི་བྱི་བ་ཆུང་ཆུང་སྐྱེ་འཚར་གྱི་འགག་རྩའི་རྟགས་ཐམ་ཁུལ་འགོག་རྐྱེན་བཟོ་བ་ཤེས་རྟོགས་བྱུང་སྟེ། སྲོག་ཆགས་ཀྱི་རྒྱུད་བཤུས་ཞིབ་འཇུག་སོགས་ལ་དོན་སྙིང་གལ་ཆེན་ལྡན་ནོ། །

ཅི་ཞིག་ལ་རྒྱུད་རྒྱུའི་རྟགས་ཐམ་ཟེར་རམ་ཞེ་ན། འདི་ནི་ཉེ་བའི་ལོ་ཤས་རིང་ཤེས་རྟོགས་བྱུང་བའི་མེང་ཏེར་གཏན་སྲོལ་བརྩི་སྲུང་མི་བྱེད་པར་མཚན་གཅིག་ཁོ་ནར་བརྒྱུད་སྤྲོད་བྱེད་པའི་རྒྱུད་འདྲེད་རིག་པའི་ངོ་བོ་དང་གཟུགས་དབྱིབས་ཁ་ཤས་ཀྱི་སྣང་ཚུལ་ཞིག་ཡིན། འདི་ནི་ལུས་ཀྱི་ཕྲ་ཕུང་གི་ཁ་ཕྲལ་ཁྲོད་དུ་རྒྱུན་འཛིན་བྱེད་ཐུབ་མོད། འོན་ཀྱང་སྡེབ་སྦྱོར་དུ་གྲུབ་སྐབས་ཕྱིས་ནས་བསྐྱར་དུ་འཛུགས་ཆོག་པ་ཡིན།

གཞུང་ལུགས་ཀྱི་སྟེང་ནས་བཤད་ན། གལ་ཏེ་མིའི་ཐབས་ལ་བརྟེན་ནས་རྒྱུད་རྒྱུའི་རྟགས་ཐམ་བསུབ་ཐུབ་ན། “མོ་ཆ”འམ་ཡང་ན“ཕོ་ཆ”མཚན་མཚུངས་སྐྱེ་འཕེལ་མངོན་འགྱུར་བྱེད་ཐུབ། འོན་ཀྱང་དངོས་ཡོད་བཀོལ་སྤྱོད་ཁྲོད་དུ་རྒྱུད་རྒྱུའི་རྟགས་ཐམ་བདེ་འཇགས་ཀྱིས་བསུབ་དཀའ་བས་ཀུན་གྱིས་ཁས་ལེན་པའི་རྒྱལ་སྤྱིའི་དཀའ་གནད་ཅིག་ཏུ་གྱུར་ཡོད། ཀྲུང་གོའི་ཚན་རིག་པས་ད་ཕེངས་མོ་རིགས་ཀྱི་རྒྱུད་རྒྱུའི་རྟགས་ཐམ་བདེ་འཇགས་ངང་བསུབ་ཐུབ་པའི་རྒྱུ་མཚན་ནི་ཁོང་ཚོས་ཐབས་ལམ་གཞན་ཞིག་བཏོད་དེ་ལྡབ་གཅིག་གཟུགས་ཀྱི་སྐྱེད་ཕུང་ལག་རྩལ་སྤྱད་པས་ཡིན། ཡིད་ཕངས་པ་ཞིག་ལ། ལག་རྩལ་འདིས་ཕོ་རྐྱང་སྐྱེ་འཕེལ་ལ་ནུས་པ་ཡོངས་སུ་ཐོན་མི་ཐུབ། དེ་ལས་ལྡོག་ན་ཁོ་ཚོའི“ཕོ་ཆ”བྱི་བ་ཆུང་ཆུང་བདེ་ཐང་ངང་འཚར་ལོངས་འབྱུང་ངེས་ཡིན། རྒྱུད་རྒྱུའི་རྟགས་ཐམ་བསུབ་པའི་ལག་རྩལ་རྒྱུན་ཆད་མེད་པར་ལེགས་བསྒྱུར་བྱས་པ་དང་བསྟུན་ནས་དུས་ཡུན་མི་རིང་བའི་མ་འོངས་པར་སྲོག་ཆགས་ཚང་མ“ཕོ་ཆ”སྐྱེ་འཕེལ་བྱེད་ཐུབ་པོ། །

12 人造单染色体真核细胞
མིས་བཟོས་ཆོས་གཟུགས་རྐྱང་པའི་སྙར་ཉིང་ཕྲ་ཕུང་།

据2018年8月2日的《自然》杂志报道，中国科学家历经4年攻关，终于在全球首次人工创建了单条染色体的真核细胞。这是合成生物学中具有里程碑意义的重大突破。因为，它在基因组进化上架起了原核生物与真核生物之间的桥梁，让人类能更深刻地理解生命的本质。

人类能否创造生命呢？早在2010年，美国科学家就造出了首个“人造生命”，一种含有全人工化学合成的与天然染色体序列几乎相同的原核生物支原体，此举顿时引起全球轰动。

本次成果与美国科学家的那项成果相比，主要有哪些突破呢？简要说来，这种突破主要体现在两方面：其一是物种上的突破，本次的处理对象不再是原核生物，而是更复杂的真核生物。其二是染色体条数的突破，自然界中的真核生物一般都含有多条染色体，而本成果则首创了具有完整功能的单条染色体。这意味着，天然复杂的生命体系可通过人工干预而变得简约，自然生命的界限可以被人为打破，甚至可以人工创造全新的自然界不存在的生命。

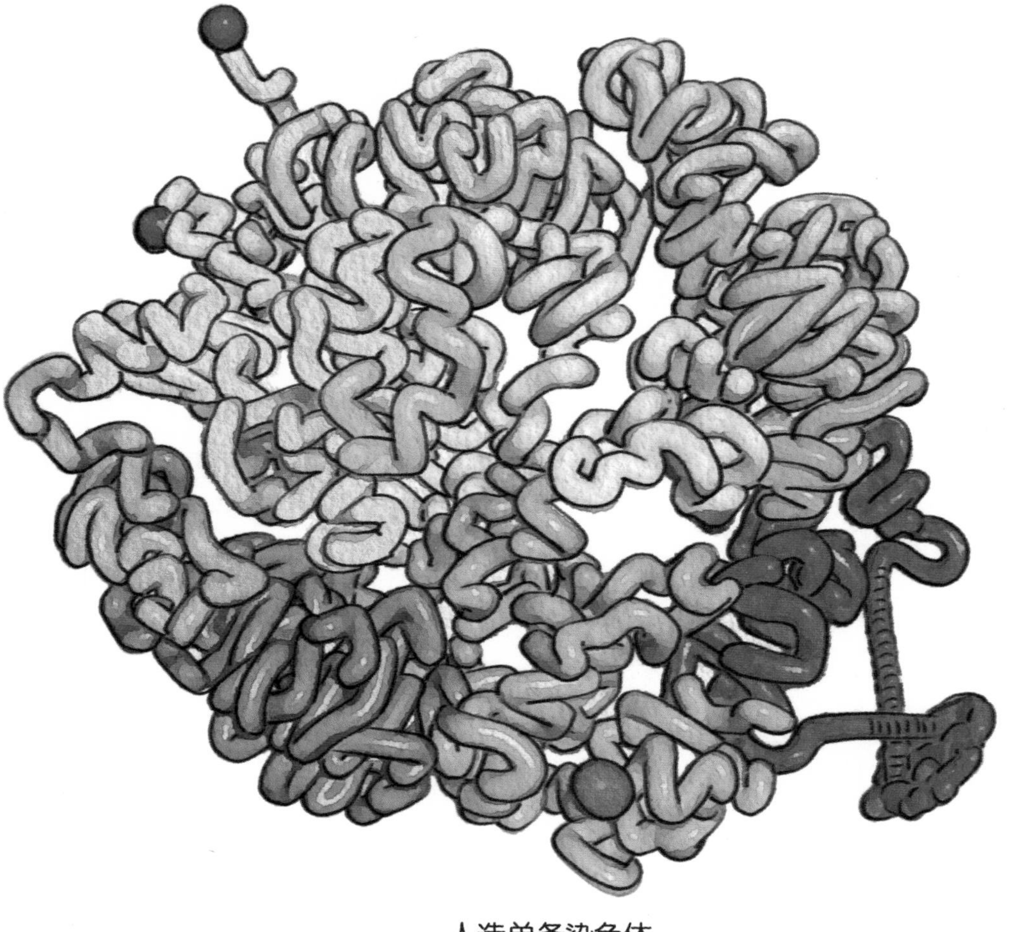

人造单条染色体
མིས་བཟོས་ཆོས་གཟུགས་རྐྱང་པ།

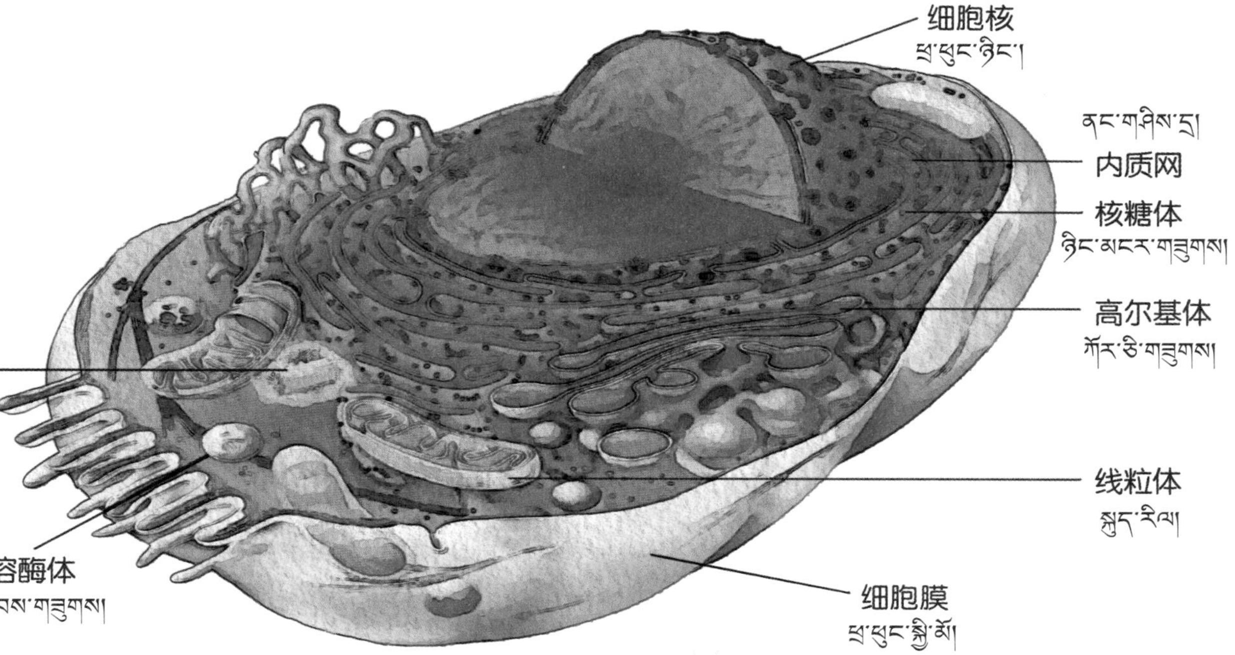
细胞核
ཕྲ་ཕུང་ཉིང་།
ནང་གཤིས་དྲ།
内质网
核糖体
ཉིང་མངར་གཟུགས།
高尔基体
གོར་ཇི་གཟུགས།
中心体
དཀྱིལ་སྙིང་གཟུགས།
线粒体
སྐུད་རིལ།
溶酶体
ཞུ་རྩབས་གཟུགས།
细胞膜
ཕྲ་ཕུང་སྐྱི་མོ།

2018ལོའི་ཟླ8པའི་ཚེས2ཉིན་གྱི《རང་བྱུང》དུས་དེབ་སྟེང་དུ་སྤེལ་བའི་གནས་ཚུལ་ལྟར་ན། གྲུང་གོའི་ཚན་རིག་པས་ལོ4ཡི་འགག་སྒྲོལ་བྱས་པ་བརྒྱུད་དེ་འཛམ་གླིང་སྟེང་གི་མིས་བཟོས་ཆོས་གཟུགས་རྐྱང་པའི་ཉིང་རྡུལ་ཕྲ་ཕུང་ཐོག་མ་གསར་འཛུགས་བྱས། དེ་ནི་འདྲིས་སྦྱོར་སྐྱེ་དངོས་རིག་པའི་ཁྱོད་དུ་ལམ་ཚད་རྗེ་རིང་གི་དོན་སྙིང་ལྡན་པའི་ཐོད་རྒྱལ་གལ་ཆེན་ཞིག་རེད། རྒྱུ་མཚན་དེས་རྒྱུད་རྒྱུའི་ཚོགས་པའི་འཕེལ་འགྱུར་ཐད་མ་ཉིང་སྐྱེ་དངོས་དང་སྔར་ཉིང་སྐྱེ་དངོས་བར་གྱི་འབྲེལ་ཟམ་བཙུགས་པས། མིའི་རིགས་ཀྱིས་ཚེ་སྲོག་གི་ངོ་བོར་གོ་བ་གཏིང་ཟབ་ལེན་ཐུབ་པར་བྱས་ཡོད།

མིའི་རིགས་ཀྱིས་ཚེ་སྲོག་གསར་གཏོད་བྱེད་ཐུབ་བམ་ཞེ་ན། 2010ལོར་ཨ་རིའི་ཚན་རིག་པས"མིས་བཟོས་ཚེ་སྲོག"ཐོག་མ་བཟོས་ཤིང་། འདི་ནི་ཡོངས་སུ་མིས་བཟོས་རྫས་འགྱུར་འདྲིས་སྦྱོར་དང་རང་བྱུང་ཆོས་གཟུགས་ཀྱི་གོ་རིམ་དང་ཏ་ལམ་གཅིག་མཚུངས་ཡིན་པའི་མ་ཉིང་སྐྱེ་དངོས་ཀྱི་ཡན་ལག་མ་གཟུགས་འདུས་པ་ཞིག་ཡིན་པས་འཛམ་གླིང་ཡོངས་སུ་སྐད་གྲགས་ཆོད་པ་ཡིན།

ཐེངས་འདིའི་གྲུབ་འབྲས་དང་ཨ་རིའི་ཚན་རིག་པའི་གྲུབ་འབྲས་དང་བསྡུར་ན་གཙོ་བོར་འགག་སྒྲོལ་གང་དག་ཡོད་དམ་ཞེ་ན། མདོར་བསྡུས་ནས་བཤད་ན། འགག་སྒྲོལ་འདི་ཉིད་གཙོ་བོར་ཕྱོགས་གཉིས་ནས་མཚོན་ཡོད་དེ། གཅིག་ནི་དངོས་པོའི་རིགས་ཀྱི་ཐོད་རྒྱལ་ཡིན་པ་དང་། ད་ཐེངས་ཀྱི་ཐག་གཅོད་བྱ་ཡུལ་ནི་མ་ཉིང་སྐྱེ་དངོས་མིན་པར་ཐུར་ལས་རྙོག་འཛིང་ཆེ་བའི་སྔར་ཉིང་སྐྱེ་དངོས་ཡིན། གཉིས་ནི་ཆོས་གཟུགས་ཀྱི་གྲངས་ཀའི་ཐོད་རྒྱལ་ཡིན་ལ། རང་བྱུང་ཁམས་ཁྱོད་ཀྱི་སྔར་ཉིང་སྐྱེ་དངོས་ལ་སྤྱིར་བཏང་དུ་ཆོས་གཟུགས་གྲངས་ཀ་མང་པོ་འདུས་ཡོད་པ་དང་། གྲུབ་འབྲས་འདིས་བྱེད་ནུས་ཆ་ཚང་ལྡན་པའི་ཆོས་གཟུགས་རྐྱང་པ་ཐོག་མ་གསར་གཏོད་བྱས། འདིའི་སྟེང་ནས་རང་བྱུང་གི་རྙོག་འཛིང་ཆེ་བའི་ཚེ་སྲོག་མ་ལག་ནི་མིའི་ཐབས་ཀྱིས་ཐེ་གཏོགས་བྱས་པ་བརྒྱུད་དེ་སྟབས་བདེར་འགྱུར་ཐུབ་པ་དང་། རང་བྱུང་ཚེ་སྲོག་གི་དབྱེ་མཚམས་དེ་མིས་གཏོར་ཐུབ་པ། ཐ་ན་མིའི་ཐབས་ལ་བརྟེན་ནས་རང་བྱུང་ཁམས་གསར་པ་ཞིག་ཏུ་མེད་པའི་ཚེ་སྲོག་ཀྱང་གསར་སྐྲུན་བྱེད་ཐུབ་པ་མཚོན་ཡོད།

13 水稻遗传密码
ཆུ་འབྲས་རྒྱུད་འདྲེད་གསང་ཡང་།

据2018年4月25日的《自然》杂志报道，由我国科学家牵头，联合国内外16家单位的科研人员，采用新一代基因组测序技术，对3010份水稻种质资源进行了大规模基因组重测序和大数据分析，从而解析了水稻种群基因组多样性本质。这是国内外水稻研究人员大规模协作的重大成果，扩大了我国水稻功能基因组研究的国际领先优势。其中被研究的3010份水稻来自89个国家和地区，代表了全球78万份水稻种质资源约95%的遗传多样性。

如今，这项研究的所有数据均已通过多个途径面向全球公开分享，3010份水稻种质也已发放给40家科研单位、高校和育种单位，用于大规模发掘影响水稻高产、抗病虫、抗逆、优质新基因和育种应用。

今后，随着相关分析的深入和更多数据的产生，包含水稻全部优良基因多样性的数据库还将更加庞大和精细。这将为开展水稻全基因组分子设计育种提供足够的基因来源和育种亲本精确选择的遗传信息，为高效培育高产、优质、广适、绿色、多抗水稻新品种奠定基础。

2018ལོའི་ཟླ4པའི་ཚེས25ཉིན་གྱི《རང་བྱུང》དུས་དེབ་སྟེང་དུ་སྤེལ་བའི་གནས་ཚུལ་ལྟར་ན། རང་རྒྱལ་གྱི་ཚན་རིག་པས་སྣེ་ཁྲིད་དེ་མཉམ་འབྲེལ་རྒྱལ་ཚོགས་ཕྱི་ནང་གི་ལས་ཁུངས16གི་ཚན་ཞིབ་མི་སྣ་དང་ལྷན་དུ་རབས་གསར་བའི་རྒྱུད་རྒྱུའི་ཚོགས་པའི་བརྟག་རིམ་ལག་རྩལ་སྤྱད་དེ། ཆུ་འབྲས་ཀྱི་སོན་རྫས་ཐོན་ཁུངས3010ལ་གཞི་ཁྱོན་ཆེ་བའི་རྒྱུད་རྒྱུའི་ཚོགས་པར་ཡང་

བསྐྱར་བརྟག་རིམ་དང་གྲངས་གཞི་ཆེན་པོའི་དབྱེ་ཞིབ་བྱས་པར་བརྟེན་ནས། ཆུ་འབྲས་རིགས་ཚོགས་རྒྱུད་རྒྱུའི་སྣ་མང་རང་བཞིན་གྱི་ངོ་བོར་ཞིབ་འགྲེལ་བྱས་པ་ཡིན། དེ་ནི་རྒྱལ་ཁབ་ཕྱི་ནང་གི་ཆུ་འབྲས་ཞིབ་འཇུག་མི་སྣས་གཞི་ཁྱོན་ཆེ་བའི་མཉམ་ལས་བྱས་པའི་གྲུབ་འབྲས་གལ་ཆེན་ཞིག་ཡིན་པས། རང་རྒྱལ་གྱི་ཆུ་འབྲས་ཕན་ནུས་རྒྱུད་རྒྱུ་ཚོགས་པའི་ཞིབ་འཇུག་གི་རྒྱལ་སྤྱིའི་སྟོན་ཐོན་ལེགས་ཆ་རྒྱ་ཆེར་བཏང་ཡོད། དེའི་ནང་དུ་ཞིབ་འཇུག་བྱས་པའི་ཆུ་འབྲས3010ནི་རྒྱལ་ཁབ་དང་ས་ཁུལ89ནས་ཐོན་པ་དང་། འཛམ་གླིང་སྟེང་གི་ཆུ་འབྲས་ཀྱི་སོན་རྫས་ཐོན་ཁུངས་ཁྲི78རྒྱུད་འདེད་སྣ་མང་རང་བཞིན95%ཚབ་མཚོན་ཡིན་ནོ། །

མིག་སྔར་ཞིབ་འཇུག་འདིའི་གྲངས་གཞི་ཚང་མ་ཐབས་ལམ་མང་པོ་བརྒྱུད་དེ་འཛམ་གླིང་སྟེང་ཡོངས་བསྒྲགས་མཉམ་སྤྱོད་བྱས་པ་དང་། ཆུ་འབྲས་ཀྱི་སོན་རྫས3010ཡང་ཚན་ཞིབ་ལས་ཁུངས་དང་མཐོ་རིམ་སློབ་གྲྭ། སོན་གསོའི་ལས་ཁུངས་བཅས40ལྷག་ལ་སྤྲད་དེ། གཞི་ཁྱོན་ཆེན་པོས་ཆུ་འབྲས་ཐོན་མཐོ་ལ་ཤུགས་རྐྱེན་ཐེབས་པ་དང་ནད་འབུ་འགོག་པ། ལྟོག་འགོག སྤུས་ལེགས་རྒྱུད་རྒྱུ་གསར་པ་དང་སོན་གསོའི་བེད་སྤྱོད་བཅས་ཐོག་འདོན་གྱི་ཐད་ལ་བཀོལ་བའོ། །

ཕྱིན་ཆད་འབྲེལ་ཡོད་དབྱེ་ཞིབ་གཏིང་ཟབ་དང་གྲངས་གཞི་དེ་བས་མང་བ་ཐོན་པ་དང་བསྟུན་ཏེ། ཆུ་འབྲས་ཀྱི་སྤུས་ལེགས་རྒྱུད་རྒྱུ་སྣ་མང་རང་བཞིན་འདུས་པའི་གྲངས་གཞིའི་མཛོད་ཡོངས་ད་དུང་སྔར་ལས་རྒྱ་ཆེ་ཞིང་ཞིབ་ཚགས་ལྡན་པ་ཞིག་ཏུ་འགྱུར་བ་ཡིན། འདིས་ཆུ་འབྲས་ཀྱི་རྒྱུད་རྒྱུའི་ཚོགས་པ་ཡོངས་ཀྱི་ཆ་རྫུལ་འཆར་འགོད་སོན་གསོའི་ཐད་ནས་རྒྱུད་རྒྱུའི་ཡོང་ཁུངས་དང་སོན་གསོའི་གཉེན་རྒྱུད་ཞིབ་གཙོགས་གདམ་ག་བྱེད་པའི་རྒྱུད་འདེད་ཆ་འཕྲིན་མཁོ་འདོན་བྱས་ཏེ། ཐོན་མཐོ་དང་སྤུས་ལེགས། ཁྱབ་རྒྱ་ཆེ་བ། ལྗང་མདོག འགོག་ནུས་ཆེ་བའི་ཆུ་འབྲས་རིགས་སྣ་ཁ་གསར་པ་བཅས་ནུས་མཐོའི་གསོ་སྐྱོང་བྱ་རྒྱུར་རྨང་གཞི་བཏིངས་ཡོད།

14 自身免疫疾病治疗
རང་སྲུང་གི་རིམས་ཐར་ནད་རིགས་ཀྱི་སྨན་བཅོས།

我国科学家提出了一类新的疾病治疗方案，或者说是基于自身免疫特性的疾病治疗方案。该方案入选了“2019年中国科学十大进展”。

什么是自身免疫呢？原来，病毒的种类成千上万，其感染特点和致病方式也千差万别。但是，万变不离其宗，当病毒入侵时，其自身的遗传物质（DNA或RNA）会进入宿主的细胞中。于是，宿主机体就会针对这些外源遗传物质作出迅速反应，甚至不惜代价伤及自身，这就是病毒感染导致死亡性炎症的主要原因。因此，若能利用外物充分激发自身的免疫性，就能有效应付病毒入侵。

如何利用外物来诱发自身免疫的反应呢？中医早在几千年前就在不断探索这个问题，比如，食用许多补药其实就是想增强自身免疫力。但外物到底是如何诱发自身免疫力的呢？这一直就是一个谜。直到2013年，人类才在破解谜底方面有所进展，发现了细胞内的一种病毒感受器。而本成果则进一步发现了控制该感受器的更深层次规律，这就为自身免疫疾病提供了潜在治疗方案。

རང་རྒྱལ་གྱི་ཚན་རིག་པས་ནད་རིགས་སྨན་བཅོས་འཆར་གཞི་གསར་པ་ཞིག་བཏོན་པ་སྟེ། ཡང་ན་རང་སྲུང་གི་རིམས་ཐར་ཁྱད་ཆོས་ལ་གཞིགས་པའི་ནད་རིགས་སྨན་བཅོས་འཆར་གཞི་ཞིག་ཡིན་ཟེར་ནའང་ཆོག འཆར་གཞི་འདི“2019ལོའི་ཀྲུང་གོའི་ཚན་རིག་གོང་འཕེལ་ཆེན་པོ་བཅུ”ཡི་ཁྲོད་དུ་བདམས་ཡོད་དོ། །

ཅི་ཞིག་ལ་རང་སྲུང་གི་རིམས་ཐར་ཟེར་རམ་ཞེ་ན། མ་གཞིར་ནད་དུག་གི་རིགས་སྟ་ཁྲི་སྟོང་མང་པོ་ཡོད་ལ། དེའི་འགོས་པའི་ཁྱད་ཆོས་དང་ནད་སྐྱེད་བྱེད་སྟངས་ཀྱང་ཁྱད་པར་ཁྲི་སྟོང་མང་

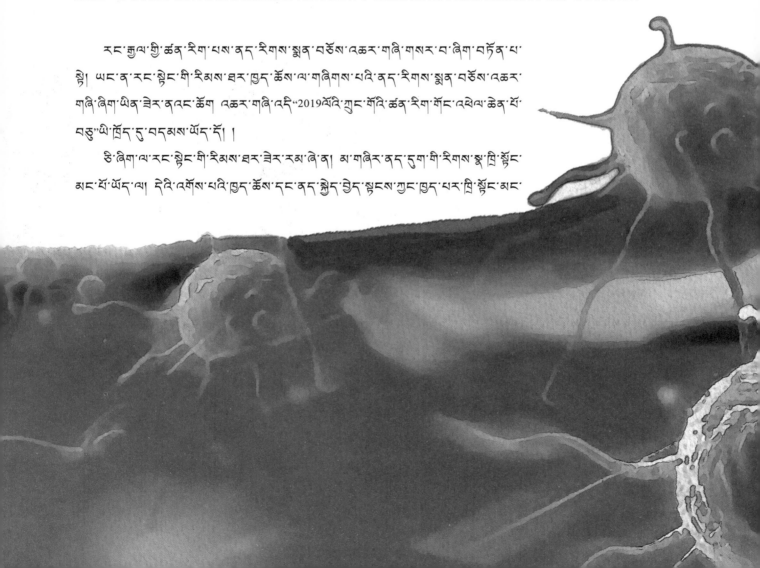

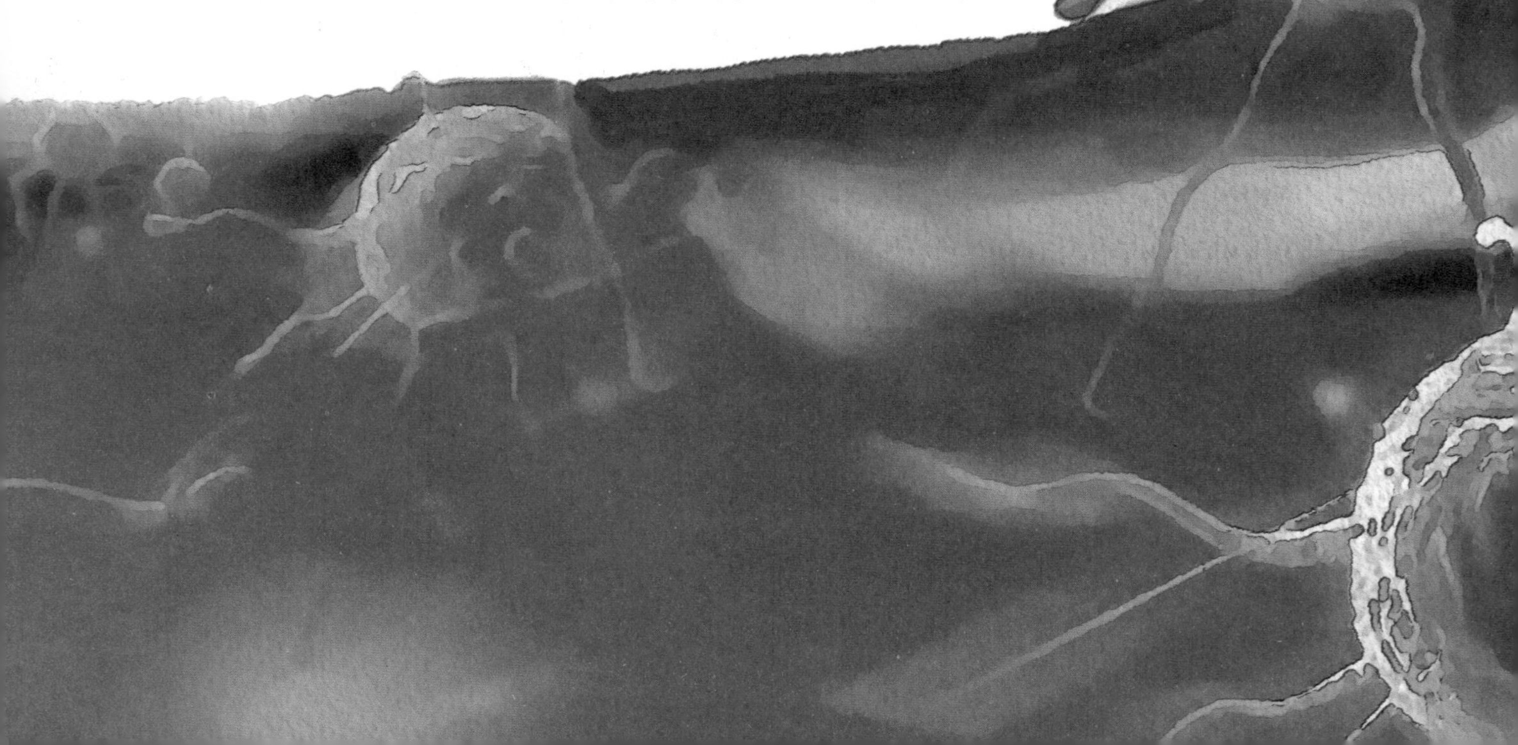

པོ་ཡོད། འོན་ཀྱང་འགྱུར་ལྡོག་ཐམས་ཅད་དེའི་རྩ་བ་དང་བྲལ་མི་སྲིད་དེ། ནད་དུག་གིས་བཙན་འཛུལ་བྱེད་སྐབས་རང་སྙིང་གི་རྒྱུད་འཛིན་དངོས་རྫས(DNAའམRNA)གནས་བདག་གི་ཕྲ་ཕུང་ནང་དུ་ཞུགས་སྲིད། དེ་བས་གནས་བདག་སྐྱེ་ཕུང་གིས་ཕྱི་ཁུངས་རྒྱུད་འཛིན་དངོས་པོ་འདི་དག་ལ་མྱུར་དུ་འགྱུར་འབྱུང་བྱེད་པ་དང་། ཐ་ན་ཕངས་མེད་རིན་དོད་བྱས་ཏེ་རང་སྙིང་ལ་རྒྱས་སྐྱོན་ཉོ་བར་བྱེད། འདི་ནི་ནད་དུག་འགོས་ནས་ཤི་བའི་རང་བཞིན་གྱི་ཚ་ནད་འབྱུང་བའི་རྒྱུ་རྐྱེན་གཙོ་བོ་ཡིན། དེ་བས། གལ་ཏེ་ཕྱི་དངོས་བཀོལ་ནས་རང་ཉིད་ཀྱི་རིམས་ཐར་རང་བཞིན་ཡོངས་སུ་ཆེར་བསྐྱེད་བྱེད་ཐུབ་ན། ནད་དུག་གི་བཙན་འཛུལ་ལ་ཕན་ནུས་ལྡན་པའི་སྒོ་ནས་ཁ་གཏད་འཐབ་ཐུབ།

ཇི་ལྟར་ཕྱི་དངོས་བཀོལ་ནས་རང་སྙིང་རིམས་ཐར་གྱི་འགྱུར་འབྱུང་སྐྱེད་དམ་ཞེ་ན། ཀྲུང་ལུགས་གསོ་རིག་གིས་ལོ་ངོ་སྟོང་ཕྲག་འགའི་སྔོན་ནས་གནད་དོན་འདི་རྒྱུན་ཆད་མེད་པར་འཚོལ་ཞིབ་བྱས་ཡོད་པ་དཔེར་ན། གསབ་སྨན་མང་པོ་འཕྲུང་བ་ནི་དོན་དངོས་སུ་རང་ཉིད་ཀྱི་རིམས་ཐར་ནུས་པ་ཇེ་ཆེར་གཏོང་འདོད་པ་ཡིན། འོན་ཀྱང་ཕྱི་དངོས་ཀྱིས་ཇི་ལྟར་རང་སྙིང་གི་རིམས་ཐར་ནུས་པ་སྐྱེད་དམ་ཞེ་ན། འདི་ནི་ད་ལྟའི་བར་དུ་གསང་བ་ཞིག་ཏུ་གྱུར་ཡོད། 2013ལོར་ད་གཟོད་མིའི་རིགས་ཀྱིས་གཞི་ནས་གསང་བའི་མཐིལ་རྟོལ་བའི་ཐད་འཕེལ་རྒྱས་ཐྲན་བུ་བྱུང་སྟེ་ཕྲ་ཕུང་ནང་གི་ནད་དུག་ཚོར་ཆས་ཤིག་ཤེས་རྟོགས་བྱུང་བ་ཡིན། གྲུབ་འབྲས་འདིས་གོམ་གང་མདུན་སྤོས་ཀྱིས་ཚོར་ཆས་ནི་ཚོད་འཛིན་བྱེད་པའི་གཉིང་རིམ་པའི་ཆོས་ཉིད་ཟབ་མོ་ཤེས་རྟོགས་བྱུང་། འདིས་རང་སྙིང་གི་རིམས་ཐར་ནད་རིགས་ལ་མི་མངོན་པའི་སྨན་བཅོས་འཆར་གཞི་ཞིག་འདོན་སྲིད་བྱས་སོ། །

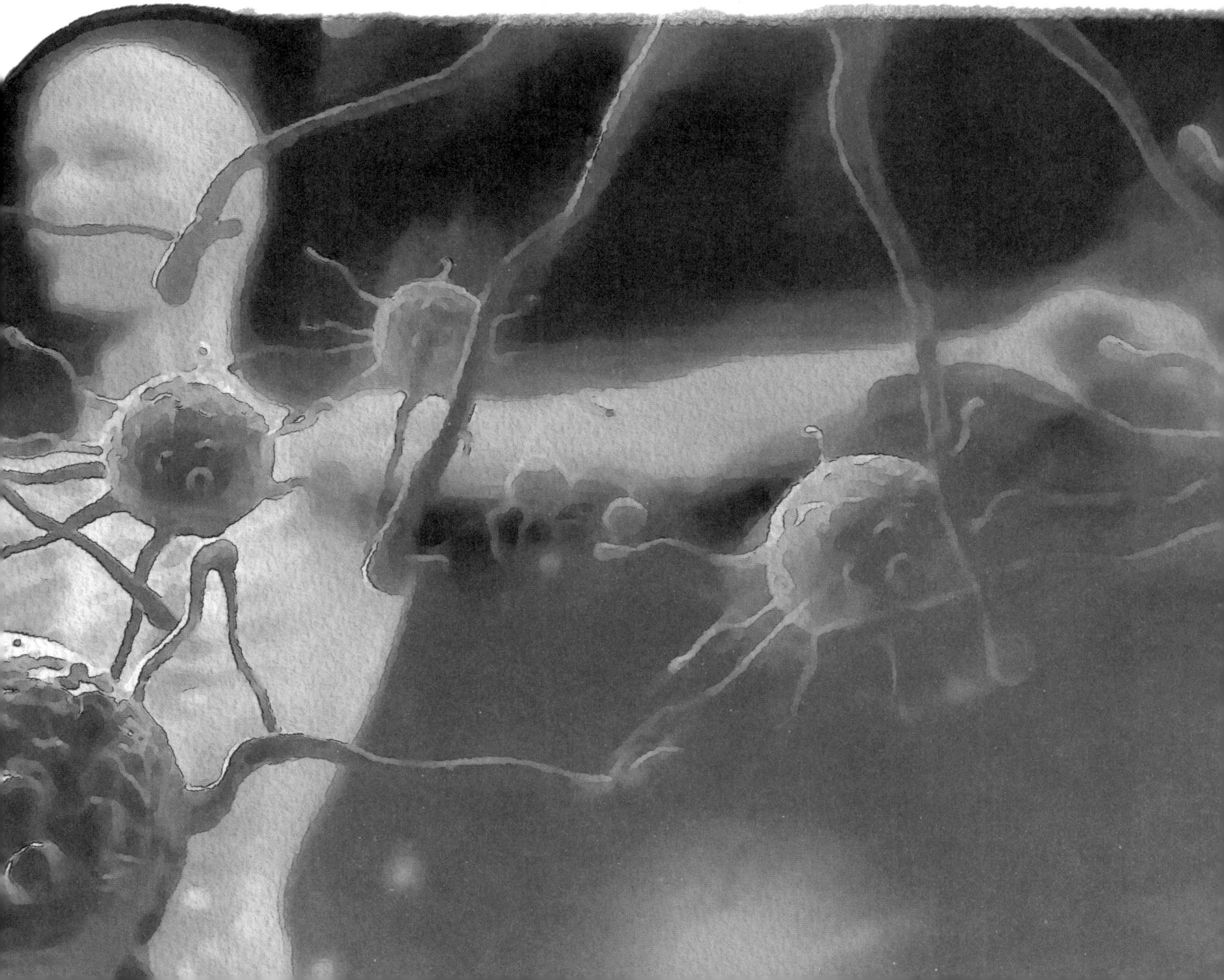

15 将病毒转化为疫苗及治疗药物

ནད་དུག་ནི་རིམས་འགོག་སྨན་ཁབ་དང་སྨན་བཅོས་སྨན་རྫས་སུ་བསྒྱུར་བ།

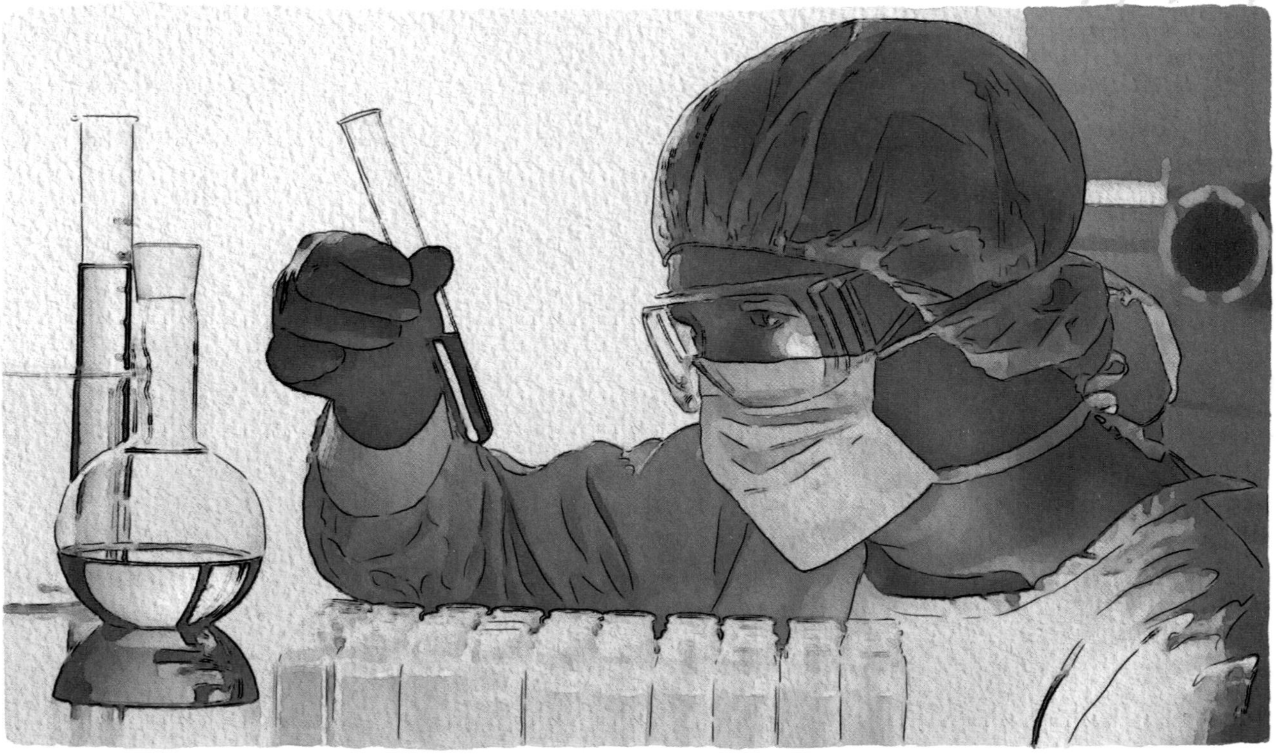

据2016年12月2日的《科学》杂志报道，中国科学家竟将病毒直接转化成了活疫苗及治疗性药物。这难道不是传说中的借力打力嘛！难怪业界认为它“颠覆了病毒疫苗研发的理念，成就了活病毒疫苗的重大突破”，因为它不仅使疫苗研发不再复杂，还摆脱了对病毒生物学知识的依赖，且适用于几乎所有的病毒。

原来，流感、艾滋病、SARS和埃博拉出血热等致命性传染病及其周期性的爆发，随时都危害着人类健康。其幕后黑手便是结构多样、功能复杂且变异快速的各类病毒，而疫苗则是预防病毒感染的有效手段。但当前使用的疫苗或因病毒灭活导致其免疫原性和安全性降低，或因制备工艺复杂而不通用，或因病毒突变而导致免疫失效等。

幸好，本成果给出了一种人工控制病毒复制技术，可将病毒直接转化为疫苗，即在保留病毒完整结构和感染力的情况下，仅突变病毒基因组的一个三联码，就能使病毒由致命性传染源变为预防性疫苗。若再突变三个以上的三联码，病毒就又可再变为治疗药物。

2016ལོའི་ཟླ12པའི་ཚེས2ཉིན་གྱི《ཚན་རིག》དུས་དེབ་སྟེང་དུ་སྤེལ་བའི་གནས་ཚུལ་ལྟར་ན། ཀྲུང་གོའི་ཚན་རིག་པས་ནད་དུག་ཐད་ཀར་རིམས་འགོག་སྨན་ཁབ་གསོན་པོ་དང་སྨན་བཙོས་རང་བཞིན་གྱི་སྨན་རྫས་སུ་བསྒྱུར་ཞིང་། འདི་ནི་ངག་རྒྱུན་ཁྲིད་ཀྱི་སྟོབས་གཡར་གཅར་རྟུང་མ་ཡིན་ནམ། ལས་རིགས་ནང་དུ་འདི་ལ“ནད་དུག་རིམས་འགོག་སྨན་ཁབ་ཞིབ་སྤེལ་བྱེད་པའི་འདུ་ཤེས་རྩ་སློག་བཏང་བ་དང་ནད་དུག་གསོན་པོའི་རིམས་འགོག་སྨན་ཁབ་ཀྱི་ཐོད་རྒྱལ་གལ་ཆེན་བྱུང་བ”ངོས་འཛིན་བྱེད་བཞིན་ཡོད། རྒྱུ་མཚན་ནི་འདིས་རིམས་འགོག་སྨན་ཁབ་ཞིབ་སྤེལ་བྱས་ན་རྙོག་དྲ་མི་ཆེ་བར་མ་ཟད། ནད་དུག་སྐྱེ་དངོས་རིག་པའི་ཤེས་བྱར་བརྟེན་པ་ལས་ཐར་བ་དང་། ནད་དུག་ཚང་མར་སྤྱད་ན་འཚམ་མོ། །

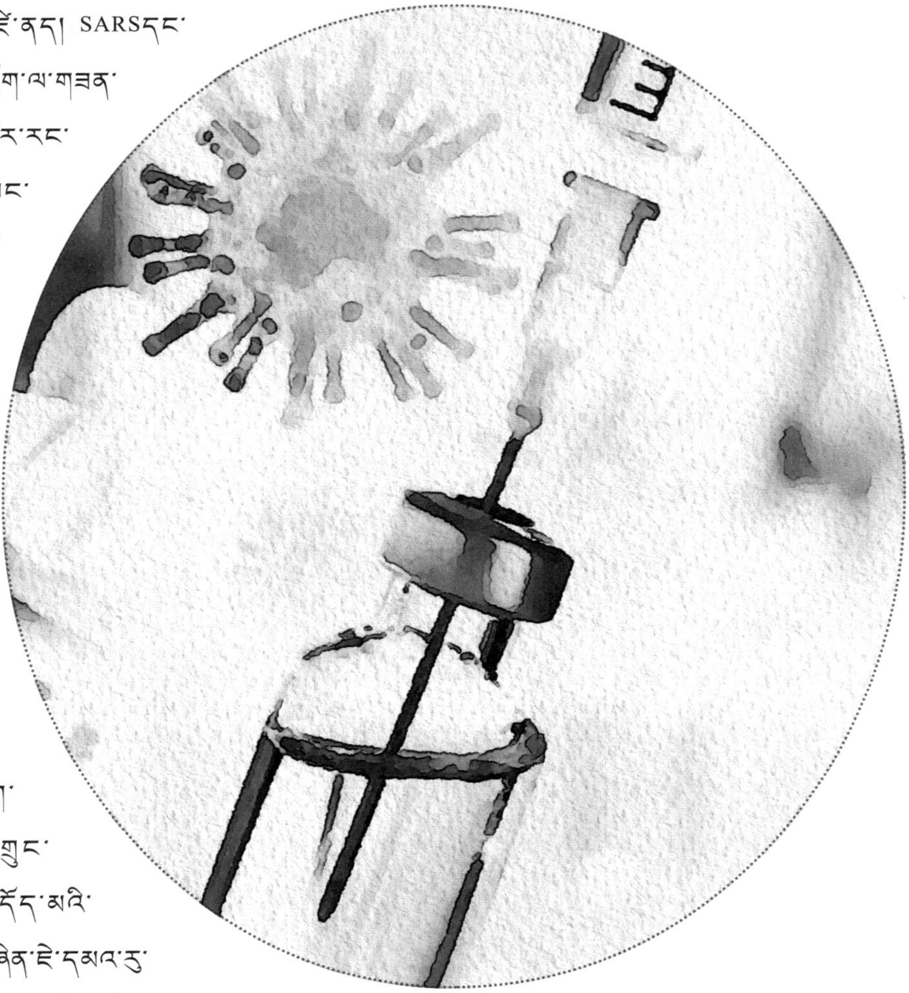

མ་གཞིར་ཆམ་རིམས་དང་ཨེ་ཛི་ནད། SARSདང་ཨའི་པོ་ལ་ཁྲག་ཐོན་ཚ་ནད་སོགས་སློག་ལ་གཟན་པའི་རིམས་ནད་དང་འདིའི་དུས་འཁོར་རང་བཞིན་གྱིས་ཐོན་པ་དེས་དུས་ནམ་ཡང་མིའི་རིགས་ཀྱི་བདེ་ཐང་ལ་གནོད་འཚེ་གཏོང་གིན་ཡོད། འདིའི་རྒྱབ་ཕྱོགས་ཀྱི་འདྲི་ལག་ནི་གྲུབ་ཚུལ་སྣ་མང་དང་ནུས་པ་རྙོག་དྲ་ཆེ་ཞིང་གཞན་འགྱུར་མགྱོགས་པ་བཅས་ཀྱི་ནད་དུག་སྣ་ཚོགས་ཡིན་པ་དང་། རིམས་འགོག་སྨན་ཁབ་ནི་ནད་དུག་འགོས་པ་སྔོན་འགོག་བྱེད་པའི་ནུས་ལྡན་གྱི་བྱེད་ཐབས་ཤིག་ཡིན། ཡིན་ཡང་མིག་སྔར་བཀོལ་བའི་རིམས་འགོག་སྨན་ཁབ་དང་ཡང་ན་ནད་དུག་ཀྱང་འཛོམས་རྐྱེན་གྱིས་རིམས་ཐར་གྱི་གདོད་མའི་རང་བཞིན་དང་བདེ་འཇགས་རང་བཞིན་ཇེ་དམའ་རུ་འགྲོ་བའམ། ཡང་ན་བཟོས་ཐོབ་བཟོ་རྩལ་རྙོག་འཛིང་ཆེ་བས་ཡོངས་སུ་བཀོལ་སྤྱོད་བྱེད་མི་ཐུབ་པའམ་ཡང་ན་ནད་དུག་གློ་བུར་དུ་འགྱུར་བའི་རྐྱེན་གྱིས་རིམས་འགོག་ནུས་པ་ཤོར་བ་སོགས་ཡོད།

སྐབས་ལེགས་པ་ཞིག་ལ། གྲུབ་འབྲས་འདིས་མིས་བཟོས་ཚོད་འཛིན་ནད་དུག་བསྐྱར་བཟོ་ལག་རྩལ་ཞིག་བཏོན་ཡོད་པས། ནད་དུག་ཐད་ཀར་རིམས་འགོག་སྨན་ཁབ་ཏུ་བསྒྱུར་ཆོག་པ་སྟེ། ནད་དུག་གི་གྲུབ་ཚུལ་ཆ་ཚང་དང་འགོས་ནུས་སོར་འཇོག་བྱས་པའི་གནས་ཚུལ་འོག་ཏུ། འགྱུར་བའི་ནད་དུག་གི་རྒྱུད་རྒྱུའི་ཚོགས་པའི་གསུམ་སྦྲེལ་ཨང་གྲངས་གཅིག་གིས་ཀྱང་ནད་དུག་དེ་སློག་ལ་གཟན་པ་ནས་སྔོན་འགོག་རང་བཞིན་གྱི་རིམས་འགོག་སྨན་ཁབ་ཏུ་བསྒྱུར་ཐུབ། གལ་ཏེ་གློ་བུར་དུ་གསུམ་ཡན་གྱི་གསུམ་འབྲེལ་ཨང་གྲངས་ལ་འགྱུར་ལྡོག་བྱུང་ན། ནད་དུག་ཡང་བསྐྱར་སྨན་བཙོས་སྨན་རྫས་སུ་འགྱུར་སྲིད་དོ། །

16 基因重组人胰岛素

རྒྱུད་རྒྱུ་བསྒྱུར་སྒྲིག་མིའི་རྨེན་གཉེར།

据“1998年中国十大科技进展”报道，我国科学家终于成功研制出了基因重组人胰岛素，并已批量投放市场，其纯度、效价及降低血糖的作用，与美国的同类产品相同，而价格仅为后者的三分之一。从此，我国终于成为继美国和丹麦之后，能生产人胰岛素的第三个国家。

众所周知，糖尿病是全球严重危害人类健康的三大非传染性疾病之一。据统计，我国的患者就已超过三千万，而且还以每年10%的速度在不断增加。人胰岛素因其结构和纯度的优势，使它拥有更好的疗效，已成为治疗糖尿病的最重要的药物之一。但过去我国的人胰岛素一直依赖进口，所以，该项成果不但填补了国内基因重组人工胰岛素的空白，还加速了国内动物胰岛素的淘汰和替代进口产品，更减轻了糖尿病患者的痛苦，既造福了人类，又推动了科技进步。

目前，我国的基因重组人胰岛素不但已遍布全国各个省、市、自治区，还远销美国、法国、波兰、俄罗斯和埃及等多个国家和地区，创造了良好的经济效益和社会效益。

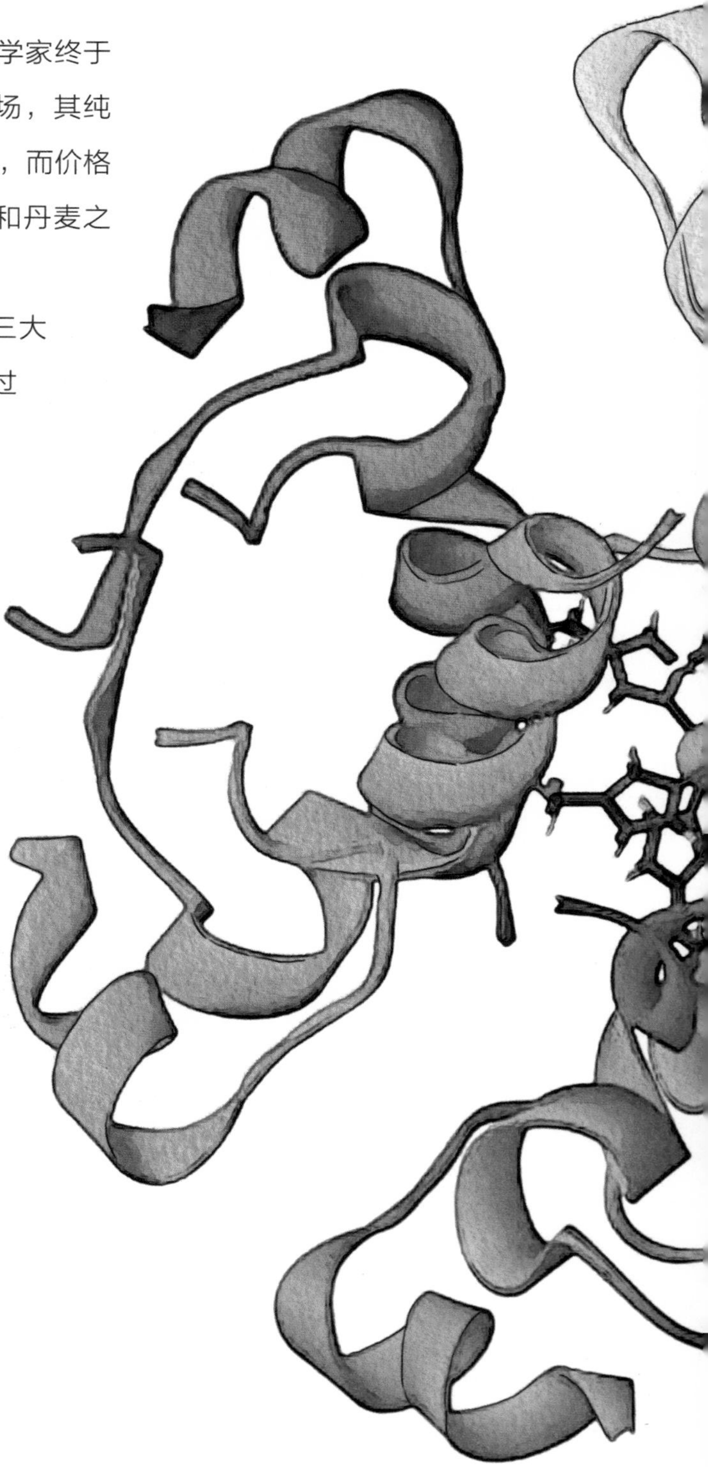

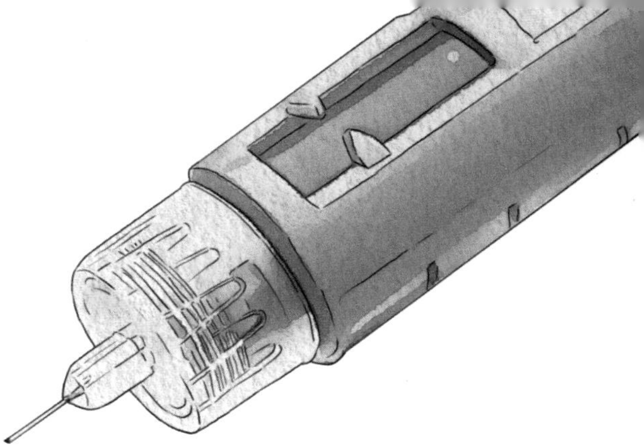

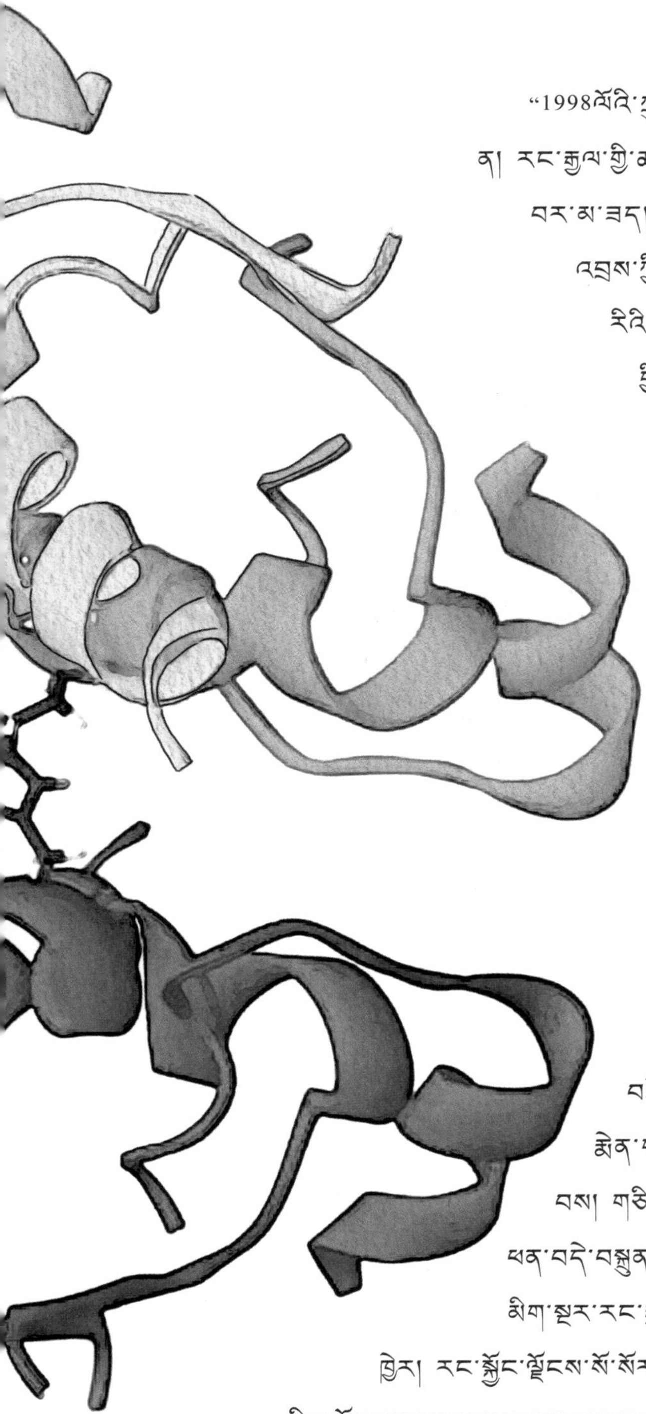

“1998ལོའི་ཀྲུང་གོའི་ཚན་རྩལ་གྱི་གོང་འཕེལ་ཆེན་པོ་བཅུ”ཡི་གནས་ཚུལ་སྤེལ་བ་ལྟར་ན། རང་རྒྱལ་གྱི་ཚན་རིག་པས་རྒྱུད་རྒྱུ་བསྒྱུར་སྒྲིག་མིའི་རྨེན་གཞེར་ཞིབ་བཟོ་ལེགས་གྲུབ་བྱུང་བར་མ་ཟད། ད་དུང་ཚོང་རར་འཕོར་ཆེན་བཏོན་ཡོད། འདིའི་ལྟད་མེད་ཚད་དང་ཕན་འབྲས་ཀྱི་རིན་གོང་། ཁྲག་གི་མངར་ཆ་ཇེ་དམའ་རུ་གཏོང་བའི་ནུས་པ་བཅས་ནི་ཨ་རིའི་རིགས་གཅིག་པའི་ཐོན་ཟས་དང་གཅིག་མཚུངས་ཡིན་པ་དང་། རིན་གོང་ནི་ཕྱི་མའི་གསུམ་ཆའི་གཅིག་རེད། དེ་བས་རང་རྒྱལ་ནི་ཨ་རི་དང་ཧིན་མག་གི་རྗེས་སུ་མིའི་རྨེན་གཞེར་ཐོན་སྐྱེད་བྱེད་ཐུབ་པའི་རྒྱལ་ཁབ་ཨང་གསུམ་པར་གྱུར།

ཀུན་གྱིས་ཤེས་གསལ་ལྟར། གཅིན་སྙི་ཟ་ཁུ་ནད་ནི་འཛམ་གླིང་སྟེང་གི་མིའི་རིགས་ཀྱི་བདེ་ཐང་ལ་གནོད་འཚེ་ཚབས་ཆེན་བཟོ་བའི་རིམས་ནད་མིན་པའི་ནད་རིགས་ཆེན་པོ་གསུམ་གྱི་གྲས་ཤིག་ཡིན། བསྡོམས་རྩིས་བྱས་པ་ལྟར་ན། རང་རྒྱལ་གྱི་ནད་པ་ཁྲི་སུམ་སྟོང་ལས་བརྒལ་ཡོད་པར་མ་ཟད། ད་དུང་ལོ་རེར10%ཡི་མྱུར་ཚད་ཀྱིས་རྒྱུན་ཆད་མེད་པར་འཕར་བཞིན་ཡོད། མིའི་རྨེན་གཞེར་ནི་འདིའི་གྲུབ་ཚུལ་དང་ལྟད་མེད་ཚད་ཀྱི་དགེ་མཚན་གྱིས་ཕན་འབྲས་བཟང་པོ་ཞིག་ཐོན་ཏེ། གཅིན་སྙི་ཟ་ཁུ་ནད་སྨན་བཅོས་བྱེད་པའི་ཆེས་གལ་ཆེ་བའི་སྨན་རྫས་ཤིག་ཏུ་གྱུར་ཡོད། འོན་ཀྱང་སྔོན་ཆད་རང་རྒྱལ་གྱི་མིའི་རྨེན་གཞེར་ནང་འདྲེན་ཁོ་ནར་བརྟེན་དགོས་པས། གྲུབ་འབྲས་འདིས་རྒྱལ་ནང་གི་རྒྱུད་རྒྱུ་བསྒྱུར་སྒྲིག་མིས་བཟོས་རྨེན་གཞེར་སྟོང་ཆ་བསྐངས་པར་མ་ཟད། ད་དུང་རྒྱལ་ནང་གི་སྒྲིག་ཆགས་རྨེན་གཞེར་གྱི་འདོར་བ་དང་ནང་འདྲེན་ཐོན་ཟས་ཚབ་བྱེད་ཇེ་མགྱོགས་སུ་བཏང་བས། གཅིན་སྙི་ཟ་ཁུ་ནད་པའི་སྡུག་བསྔལ་ཇེ་ཆུང་དུ་བཏང་ཞིང་། འདིས་མིའི་རིགས་ལ་ཕན་བདེ་བསྐྲུན་པར་མ་ཟད། ཚན་རིག་གོང་འཕེལ་ཡོང་བར་སྐུལ་འདེད་ཐོབ་ཡོད།

མིག་སྔར་རང་རྒྱལ་གྱི་རྒྱུད་རྒྱུ་བསྒྱུར་སྒྲིག་མིའི་རྨེན་གཞེར་རྒྱལ་ཡོངས་ཀྱི་ཞིང་ཆེན་དང་གྲོང་ཁྱེར། རང་སྐྱོང་ལྗོངས་སོ་སོར་ཁྱབ་ཡོད་པར་མ་ཟད། ད་དུང་ཨ་རི་དང་ཧྥ་རན་སི། པོ་ལན། ཞུ་རུ་སུ། ཨེ་ཅིབ་སོགས་རྒྱལ་ཁབ་དང་ས་ཁུལ་མང་པོར་འཚོང་བཞིན་ཡོད་པས། དཔལ་འབྱོར་གྱི་ཕན་འབྲས་དང་སྤྱི་ཚོགས་ཀྱི་ཕན་འབྲས་བཟང་པོ་བསྐྲུན་ཡོད།

17 单克隆抗体治疗乙脑

རྒྱུད་བཟུས་རྒྱང་པའི་འགོག་གཟུགས་ཀྱིས་ཁ་རིགས་ཀླད་ནད་སྨན་བཅོས་བྱས་པ།

据“1997年中国十大科技进展”报道，我国在用单克隆抗体技术治疗乙脑方面取得重大突破，我国科学家在国际上首次利用该方法，对345例乙脑患者进行治疗，结果疗效明显。该成果不但为急性病毒性疾病的治疗开辟了一条新途径，还为单克隆抗体在我国全面应用于临床治疗前如何做实验准备提供了范例，在军事上亦具重要的实用价值。

呼吸衰竭
དབུགས་འབྱིན་ཉམས་ཟད།
头痛
མགོ་ན་བ།
精神不振
ཉ་བེ་ཉོ་བེ།
发热
ཚ་རྒྱག་པ།
手脚僵直
ཀང་ལག་རེངས་པོ།

众所周知，流行性乙型脑炎，简称“乙脑”，是一种严重的以中枢神经系统损伤为主要表现的急性病毒性传染病，主要流行于东南亚地区，病死率奇高，后遗症严重。这种人畜共患病也是外军可能使用的致死性生物武器之一，迄今尚无特效治疗方法，因此，研究乙脑特异性治疗方法就成为医学界的重要课题。

幸好，经过九年多的不懈努力，我国终于取得了世界领先的成果。目前，该药已作为国家一类新药通过卫生部审评，获准进入一二期临床试验。实践表明，该新药在退热、止惊、改善意识、减少恢复期症状、提高治愈率和降低病死率等方面均获明显疗效。

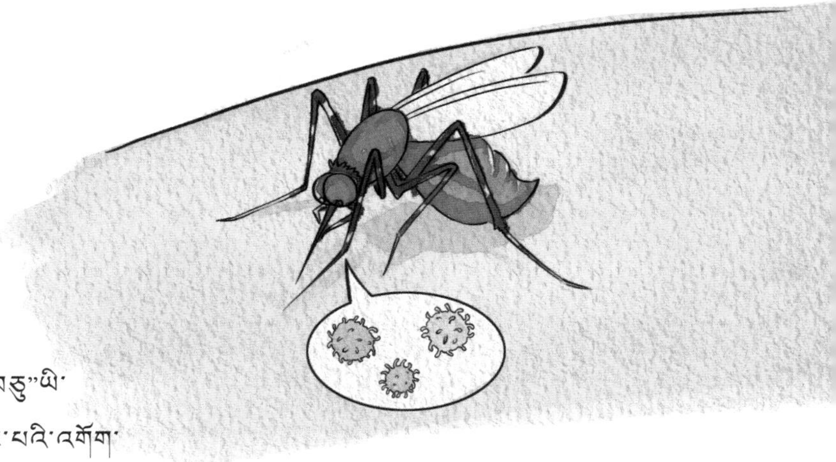

“1997ལོའི་ཀྲུང་གོའི་ཚན་རྩལ་གོང་འཕེལ་ཆེན་པོ་བཅུ”ཡི་གནས་ཚུལ་སྤེལ་བ་ལྟར་ན། རང་རྒྱལ་གྱིས་རྒྱུད་བཤུས་རྒྱང་པའི་འགོག་གཟུགས་ལག་རྩལ་གྱིས་ཁ་རིགས་སྐྲད་ནད་སྨན་བཅོས་བྱེད་པའི་ཐད་ཐོད་རྒལ་ཆེན་པོ་བྱུང་བ་དང་། རང་རྒྱལ་གྱི་ཚན་རིག་པས་རྒྱལ་སྤྱིའི་སྔོན་ཐེངས་དང་པོར་བྱེད་ཐབས་འདི་སྤྱད་དེ་ཁ་རིགས་སྐྲད་ནད་ཀྱི་ནད་པ345ལ་སྨན་བཅོས་བྱས་ཏེ་ཕན་འབྲས་མངོན་གསལ་བླངས་པ་ཡིན། གྲུབ་འབྲས་དེས་དོས་དྲག་ནད་དུག་རང་བཞིན་གྱི་ནད་རིགས་སྨན་བཅོས་བྱེད་པར་ཐབས་ལམ་གསར་བ་ཞིག་བཏོད་པར་མ་ཟད། ད་དུང་རྒྱུད་བཤུས་རྒྱང་པའི་འགོག་གཟུགས་རང་རྒྱལ་དུ་ཐོགས་ཡོངས་ནས་ནད་ཐོག་སྨན་བཅོས་ཐད་མ་སྤྱད་གོང་ཇི་ལྟར་ཚོད་ལྟ་གྲ་སྒྲིག་བྱེད་པར་དཔེ་མཚོན་མགོ་འདོན་བྱས་ཡོད་ལ། དམག་དོན་ཐད་ལའང་སྤྱོད་གོ་ཆོད་པའི་རིན་ཐང་གལ་ཆེན་ལྡན།

ཀུན་གྱིས་ཤེས་གསལ་ལྟར། ཁ་རིགས་སྐྲད་པའི་རིམས་ནད་ཀྱི་བསྡུས་མིང་ལ“ཁ་རིགས་སྐྲད་ནད”ཟེར། དེ་ནི་དབང་རྩའི་ལྟེ་བའི་མ་ལག་ལ་གནོད་སྐྱོན་ཚབས་ཆེན་ཐེབས་པ་མཚོན་པའི་གཙོ་བོའི་དོས་དྲག་ནད་དུག་རང་བཞིན་གྱི་འགོས་ནད་ཅིག་ཡིན་ལ། གཙོ་བོར་ཨེ་ཤ་ཡ་ཤར་ལྷོའི་ས་ཁུལ་དུ་ཁྱབ་པ་དང་། ཤི་ཚད་ཧ་ཅང་མཐོ་ལ་ནད་འཕྲོ་ཚབས་ཆེན་ཡིན། མི་ཕྲུགས་གཉིས་ཀར་ཐོག་པའི་ནད་འདི་ནི་ཕྱི་དམག་གིས་བེད་སྤྱོད་བྱེད་སྲིད་པའི་སྲོག་ལ་གཟན་པའི་སྐྱེ་དངོས་མཚོན་ཆའི་གྲས་ཤིག་ཡིན་ཞིང་། ད་ལྟའི་བར་དུ་དམིགས་བསལ་གྱི་སྨན་བཅོས་བྱེད་ཐབས་ཤིག་མེད་པས། ཁ་པའི་རིགས་ཀྱི་སྐྲད་ནད་དམིགས་བསལ་རང་བཞིན་གྱི་སྨན་བཅོས་བྱེད་ཐབས་ལ་ཞིབ་འཇུག་བྱ་རྒྱུ་ནི་གསོ་རིག་ལས་རིགས་ཀྱི་ལས་གཞི་གལ་ཆེན་ཞིག་ཏུ་གྱུར་ཡོད།

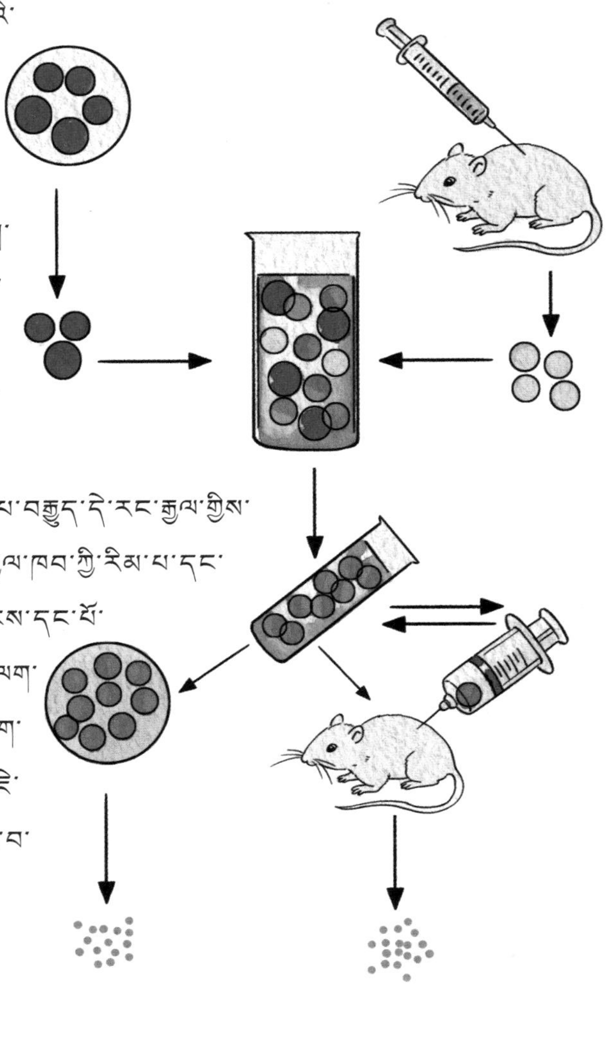

སྐབས་ལེགས་པ་ཞིག་ལ། ལོ་ངོ་དགུ་ལྷག་གི་འབད་བརྩོན་ལྷོད་མེད་བྱས་པ་བརྒྱུད་དེ་རང་རྒྱལ་གྱིས་འཛམ་གླིང་གི་སྔོན་ཐོན་གྲུབ་འབྲས་བླངས་པ་ཡིན། མིག་སྔར་སྨན་འདི་ཉིད་རྒྱལ་ཁབ་ཀྱི་རིམ་པ་དང་པོའི་སྨན་གསར་བརྩིས་ནས་འཕྲོད་བསྟེན་ཕྱུས་ཞིབ་དཔྱད་བྱས་པ་བརྒྱུད་དེ་ཐེངས་དང་པོ་དང་གཉིས་པའི་ནད་ཐོག་སྨན་བཅོས་ཀྱི་ཚོད་ལྟ་བྱ་རྒྱུའི་ཆོག་མཆན་ཐོབ་ཡོད། ལག་ལེན་ལས་གསལ་པོར་བསྟན་དོན། སྨན་གསར་འདི་ཚ་བ་སེལ་བ་དང་དངངས་སྐྲག་སེལ་བ། འདུ་ཤེས་རྗེ་ལེགས་སུ་གཏོང་བ། སྐྲར་གསོ་དུས་ཡུན་ནང་ནད་རྟགས་རྗེ་ཐུང་དུ་གཏོང་བ། དྲག་སྐྱེད་ཚད་རྗེ་མཐོ་རུ་གཏོང་བ། ཤི་ཚད་རྗེ་དམའ་རུ་གཏོང་བ་སོགས་ཀྱི་ཐད་ནས་ཕན་འབྲས་མངོན་གསལ་དོད་པོ་ཐོབ་ཡོད་དོ། །

18 人类肺脏再生

མིའི་རིགས་ཀྱི་གློ་བ་བསྐྱར་སྐྱེས།

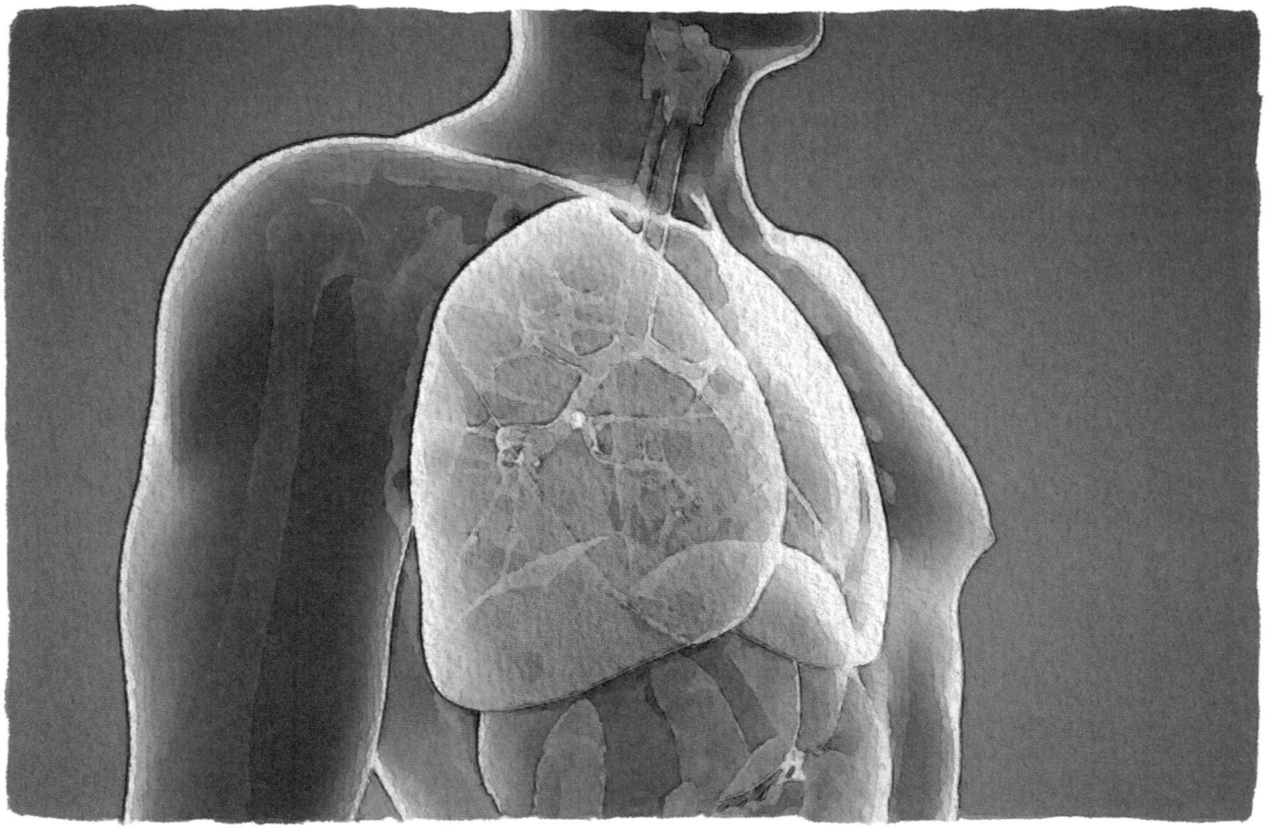

2018年2月8日，我国科学家在国际上率先利用成年人肺干细胞移植手术，在临床上成功实现了肺脏再生，这标志着人体自身内脏器官的再生，正逐步从实验室走向临床。同年，该成果以封面文章形式发表于最新一期的国际著名学术刊物《蛋白质与细胞》上，并被认为“展现了再生医学令人激动的前景”。

科学家从患者的支气管中取出的几十个干细胞，在体外扩增数千万倍后，再移植到患者肺部的病灶部位，然后这些干细胞逐渐形成新的肺泡和支气管结构，进而修复替代了损伤组织。最早接受该手术的是两位支气管扩张患者，移植一年后，他俩均自述病情明显改善。CT影像学也显示，其中一位患者的各项肺功能在三个月之后开始出现好转，一年后呈局部修复状况，效果至少保持到一年之后。

目前中国各种肺部疾病正处于高发状态，肺部组织一旦遭受破坏而发生纤维化，病情往往持续发展而无法逆转。然而，传统的药物只能减缓其纤维化的进程，肺干细胞移植将成为这些患者最后的希望。

2018ལོའི་ཟླ2པའི་ཚེས8ཉིན། རང་རྒྱལ་གྱི་ཚན་རིག་པས་རྒྱལ་སྤྱིའི་སྟེང་ཐོག་མར་དར་མའི་གློ་བའི་སྙིད་ཕུང་སྦོ་འཛུགས་གཤགས་བཅོས་སྨྲུད་དེ་ནད་ཐོག་ཏུ་གློ་བ་བསྒྱུར་སྐྱེས་ཐུབ་པ་མངོན་འགྱུར་བྱུང་། དེ་ནི་མི་ལུས་རང་ངོས་ཀྱི་ནང་ཁྲོལ་དབང་པོའི་བསྒྱུར་སྐྱེས་བྱུང་བ་མཚོན་པར་མ་ཟད། རིམ་བཞིན་ཚོད་ལྟ་ཁང་ནས་ནད་ཐོག་ཏུ་སྤྱོད་པ་ཡིན། ལོ་དེར་གྲུབ་འབྲས་འདི་མདུན་ཤོག་རྩོམ་ཡིག་གི་རྣམ་པའི་སྟེང་ནས་འདོན་ཐེངས་གསར་ཤོས་ཀྱི་རྒྱལ་སྤྱིའི་གྲགས་ཅན་རིག་གཞུང་དུས་དེབ《སྤྲི་དཀར་དང་ཕྲ་ཕུང》སྟེང་དུ་སྤེལ་བ་དང་། དེར“བསྒྱུར་སྐྱེས་གསོ་རིག་གི་སེམས་འགུལ་ཐེབས་པའི་མདུན་ལྗོངས་མངོན་ཡོད”ཅེས་ངོས་འཛིན་བྱས་ཡོད།

ཚན་རིག་པས་ནད་པའི་ཡན་ལག་གློ་སྨྲུག་ལས་སྙིད་ཕུང་བཙུ་ཐྲག་འགའ་བླངས་ཏེ། ལུས་ཕྱིར་ལྟབ་ཁྲི་སྟོང་ཇེ་མང་དུ་ཕྱིན་རྗེས། ནད་པའི་གློ་བའི་ནད་ཚང་དུ་སྦོ་འཛུགས་བྱས་པ་དང་། དེ་ནས་སྙིད་ཕུང་འདི་དག་རིམ་བཞིན་གློ་ལྷུ་དང་ཡན་ལག་གློ་སྨྲུག་སྤྲིག་གཞི་གསར་བ་གྲུབ་ནས་སླར་གསོ་ནི་རྣམ་སྨིན་ཕུང་གྲུབ་ཚབ་བྱས་སོ། །ཐོག་མར་གཤགས་བཅོས་འདི་དང་ལེན་ནི་ཡན་ལག་གློ་སྨྲུག་རྒྱ་བསྐྱེད་བཏང་བའི་ནད་པ་གཉིས་ཡིན་པ་དང་། སྦོ་འཛུགས་བྱས་ནས་ལོ་གཅིག་སོང་རྗེས་ཁོ་གཉིས་ཀྱིས་ནད་གཞི་མངོན་གསལ་དོད་པོས་ཇེ་ལེགས་སུ་ཕྱིན། CTའབྲུ་བརྟན་རིག་པའི་སྟེང་ནས་ཀྱང་མངོན་པ་ལྟར་ན། འདིའི་ནང་གི་ནད་པ་ཞིག་གི་གློ་བའི་ནུས་པ་ཁག་ཟླ་བ་གསུམ་གྱི་རྗེས་སུ་ཇེ་ལེགས་སུ་འགྲོ་མགོ་བརྩམས་པ་དང་། ལོ་གཅིག་གི་རྗེས་སུ་ཆ་ཤས་ཉམས་གསོ་བྱེད་པའི་གནས་ཚུལ་མངོན་པ་དང་ཕན་འབྲས་ཞུང་མཐར་ཡང་ལོ་གཅིག་གི་རྗེས་བར་རྒྱུན་འཁྱོངས་བྱེད་ཐུབ།

མིག་སྔར་ཀྱང་གོའི་གློ་བའི་ནད་རིགས་སྣ་ཚོགས་འབྱུང་ཚད་མཐོ་བའི་གནས་སུ་གྱུར་ཡོད་པས། གློ་བའི་ཕུང་གྲུབ་ལ་གནོད་བསྐྱག་ཐེབས་ནས་ཚོ་སྣ་ཅན་དུ་འགྱུར་ན། ནད་གཞི་རྒྱུན་མཐུད་ངང་འཕེལ་རྒྱས་འགྲོ་བ་ལས་ལྡོག་ཐབས་བྲལ་བ་ཡིན། འོན་ཀྱང་སྲོལ་རྒྱུན་གྱི་སྨན་ཛས་ཀྱིས་ཚོ་སྣ་ཅན་དུ་འགྱུར་བའི་འཕེལ་རིམ་ཇེ་དལ་དུ་གཏོང་ཐུབ་པ་དང་། གློ་བའི་སྙིད་ཕུང་སྦོ་འཛུགས་བྱེད་པ་ནི་ནད་པ་འདི་དག་གི་ཆེས་མཐའ་མའི་རེ་བ་ཡིན་ནོ། །

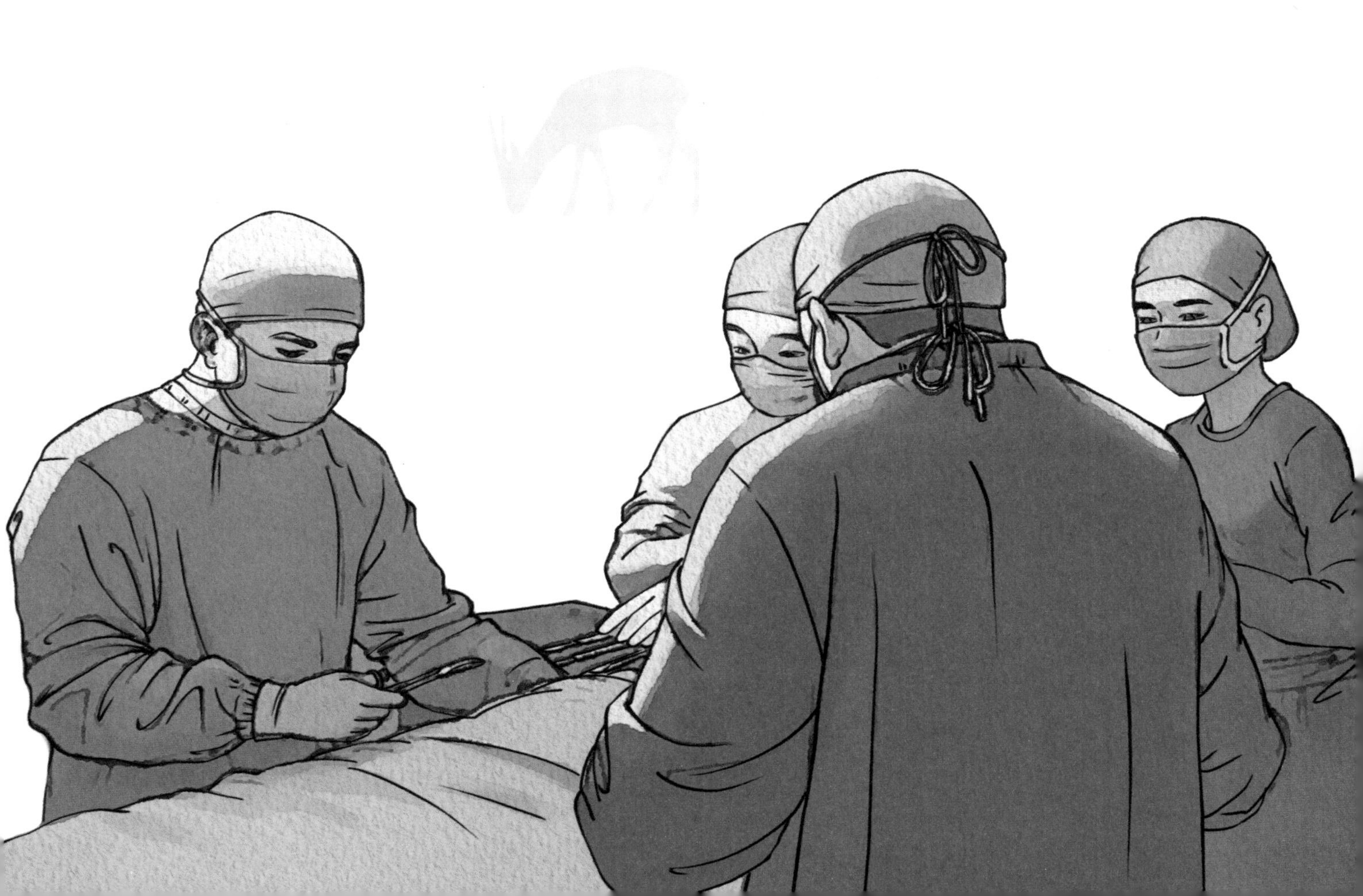

19 体细胞克隆猴诞生
ལུས་པོའི་ཕྲ་ཕུང་རྒྱུད་བཤུས་སྤྲེའུ་སྐྱེས་པ།

据2018年1月24日的《细胞》杂志报道，我国率先实现了灵长类动物的体细胞克隆。具体说来，2017年11月27日，全球首只体细胞克隆猴“中中”诞生，紧接着，同年12月5日，第二只克隆猴“华华”诞生。此前，灵长类动物的体细胞克隆早已成为世界性难题，比如，美国的一位克隆专家，就为此尝试了15000多次，但均以失败告终。

该成果标志着中国开启了以体细胞克隆猴为实验动物模型的新时代，使我国在该领域由国际并跑者变成了领跑者。原来，作为研究人类疾病的模型，克隆动物远比非克隆动物具有明显优点，因为，在非克隆动物实验中，很难判断试验组和对照组之间的差异是否是由治疗或遗传变异引起的。若用克隆动物，则可以大幅减少遗传背景的变异性。

所谓体细胞克隆技术，就是将动物体细胞的细胞核移植到去核的同种或异种受精卵或成熟卵母细胞的细胞质中，从而获得重构胚，并使之恢复细胞分裂，并继续发育成与供体细胞基因型完全相同的后代。

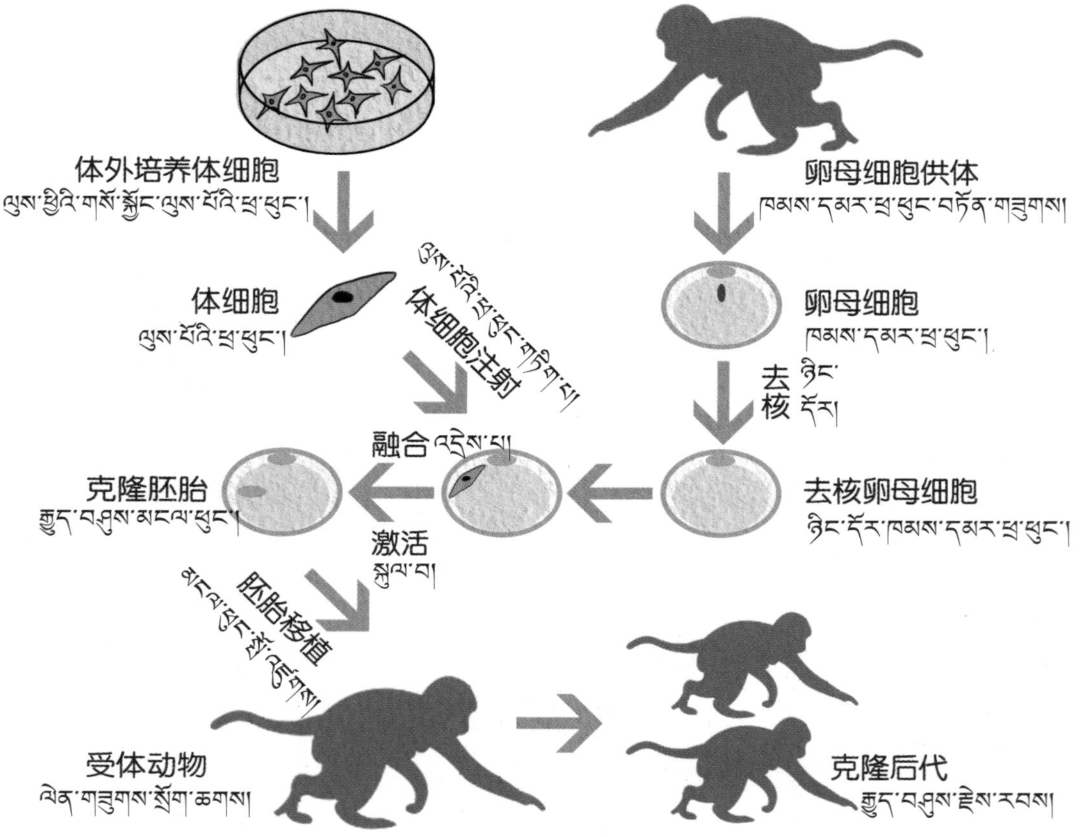
体外培养体细胞
ལུས་ཕྱིའི་གསོ་སྐྱོང་ལུས་པོའི་ཕྲ་ཕུང་།
卵母细胞供体
ཁམས་དམར་ཕྲ་ཕུང་བཏོན་གཟུགས།
体细胞
ལུས་པོའི་ཕྲ་ཕུང་།
体细胞注射
ལུས་པོའི་ཕྲ་ཕུང་གཏིག་པ།
卵母细胞
ཁམས་དམར་ཕྲ་ཕུང་།
去核
ཉིང་རྡོར།
融合 འདྲེས་པ།
克隆胚胎
རྒྱུད་བཤུས་མངལ་ཕུང་།
去核卵母细胞
ཉིང་རྡོར་ཁམས་དམར་ཕྲ་ཕུང་།
激活
སྐུལ་བ།
胚胎移植
མངལ་ཕུང་སྤོ་འཛུགས།
受体动物
ལེན་གཟུགས་སྲོག་ཆགས།
克隆后代
རྒྱུད་བཤུས་རྗེས་རབས།

2018ལོའི་ཟླ1པའི་ཚེས24ཉིན་གྱི《ཚན་ཁུང》དུས་དེབ་སྟེང་དུ་སྤེལ་བའི་གནས་ཚུལ་ལྟར་ན། རང་རྒྱལ་གྱིས་ཤེས་ལྡན་རིགས་ཀྱི་སྲོག་ཆགས་ཀྱི་ལུས་པོའི་ཕྲ་ཕུང་རྒྱུད་བཤུས་ཐོག་མར་མངོན་འགྱུར་བྱུང་ཡོད། ཞིབ་ཕྲར་བཤད་ན། 2017ལོའི་ཟླ11པའི་ཚེས27ཉིན། འཛམ་གླིང་སྟེང་གི་ལུས་པོའི་ཕྲ་ཕུང་རྒྱུད་བཤུས་སྤྲེའུ་ཐོག་མ"ཀྲུང་ཀྲུང"བྱུང་བ་དང་། དེར་མཐུད་ནས་ལོ་དེའི་ཟླ12པའི་ཚེས5ཉིན། རྒྱུད་བཤུས་སྤྲེའུ་གཉིས་པ"ཧྭ་ཧྭ"བྱུང་ཡོད། ཡར་སྔོན་ཤེས་ལྡན་རིགས་ཀྱི་སྲོག་ཆགས་ཀྱི་ལུས་པོའི་ཕྲ་ཕུང་རྒྱུད་བཤུས་ སྤྲ་མོ་ནས་འཛམ་གླིང་རང་བཞིན་གྱི་དཀའ་གནད་དུ་གྱུར་ཡོད་དེ། དཔེར་ན། ཨ་རིའི་རྒྱུད་བཤུས་ཆེད་མཁས་ཤིག་གིས་འདིར་ཚོད་ལྟ་ཐེངས15000ལྷག་ཙམ་བྱས་ཀྱང་ཚང་མ་ཕམ་ཉེས་བྱུང་།

ཀྲུབ་འབྲས་འདིའི་སྟེང་ནས་ཀྲུང་གོས་ལུས་པོའི་ཕྲ་ཕུང་རྒྱུད་བཤུས་སྤྲེའུ་ཚོད་ལྟའི་སྲོག་ཆགས་ཀྱི་དཔེ་དབྱིབས་ཡིན་པའི་དུས་རབས་གསར་པ་ཞིག་མགོ་ཚུགས་པར་མཚོན་པ་དང་། རང་རྒྱལ་ནི་ཁྱབ་ཁོངས་དེའི་ནང་རྒྱལ་སྤྱིའི་སྟེང་མཉམ་པོར་རྒྱུག་མཁན་ནས་སྔོ་ཁྲིད་རྒྱུག་མཁན་དུ་གྱུར། མ་གཞིར་མིའི་རིགས་ཀྱི་ནད་རིགས་ལ་ཞིབ་འཇུག་བྱེད་པའི་དཔེ་དབྱིབས་ཡིན་པའི་ཆ་ནས། རྒྱུད་བཤུས་སྲོག་ཆགས་ནི་རྒྱུད་བཤུས་མིན་པའི་སྲོག་ཆགས་ལས་དགེ་མཚན་མངོན་གསལ་ལྡན། རྒྱུ་མཚན་ནི་རྒྱུད་བཤུས་མིན་པའི་སྲོག་ཆགས་ཚོད་ལྟ་བྱེད་པའི་ཁྲོད་དུ། ཚོད་ལྟའི་ཚོ་ཆུང་དང་པར་ལེན་ཚོ་ཆུང་བར་གྱི་ཁྱད་པར་ནི་སྨན་བཅོས་སམ་རྒྱུད་བཤུས་གཞན་འགྱུར་གྱིས་བསླངས་པ་ཡིན་མིན་བརྟར་ཞ་གཅོད་དཀའ་བ་ཡིན། གལ་ཏེ་རྒྱུད་བཤུས་སྲོག་ཆགས་སྤྱད་ན་རྒྱུད་བཤུས་རྒྱབ་ལྗོངས་ཀྱི་གཞན་འགྱུར་རང་བཞིན་ཆེས་ཆེར་ཇེ་ཉུང་དུ་གཏོང་ཐུབ།

ལུས་པོའི་ཕྲ་ཕུང་རྒྱུད་བཤུས་ལག་རྩལ་ཞེས་པ་ནི་སྲོག་ཆགས་ལུས་པོའི་ཕྲ་ཕུང་གི་ཕྲ་ཕུང་ཉིང་ནི་ཉིང་མེད་རིགས་མཐུན་ནམ་རིགས་མི་མཐུན་པའི་ཁམས་དམར་ལེན་པའམ་སྨིན་པའི་ཁམས་དམར་ཕྲ་ཕུང་གི་ཕྲ་ཕུང་རྒྱུའི་ཁྲོད་དུ་སྒོ་འཛུགས་བྱས་ཏེ་བསྐྱར་ཀྲུབ་སྤྲུམ་རྗེན་ཐོབ་པར་མ་ཟད། ཕྲ་ཕུང་ཁ་བྲལ་སྐར་གསོ་བྱས་པ། ད་དུང་མུ་མཐུད་དུ་ལུས་པོའི་ཕྲ་ཕུང་རྒྱུད་རྒྱུའི་དབྱིབས་རྣམ་དང་ཡོངས་སུ་མཚུངས་པའི་རྒྱུད་ཕྱི་མ་འཚར་སྐྱེ་བྱུང་བའོ། །

20 合成完整活性染色体

འདྲེས་སྦྱོར་ཆ་ཚང་གྲུང་གཤིས་ཚོས་གཟུགས།

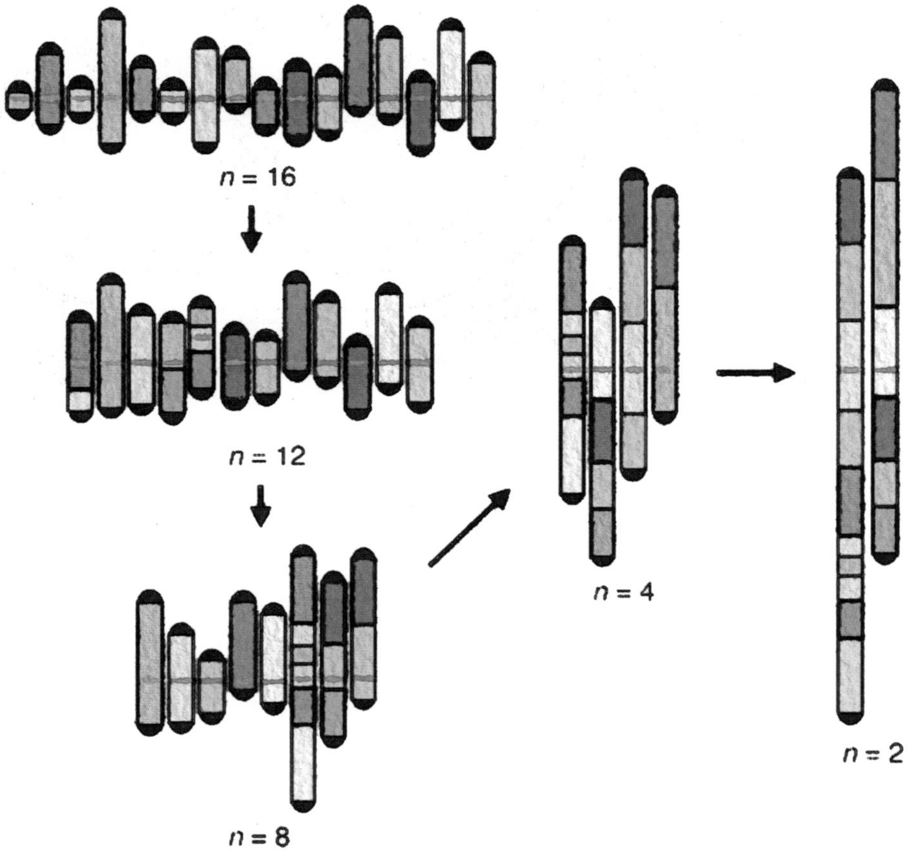
n = 16
n = 12
n = 8
n = 4
n = 2

据2017年3月10日《科学》杂志的封面消息报道，我国科学家利用化学物质合成了4条人工设计的酿酒酵母染色体，标志着人类向“再造生命”又迈进了一大步，也使我国成为继美国之后第二个具备此种能力的国家。该研究首次实现人工基因组的合成序列与设计序列完全匹配，得到的酵母基因组具备完整的生命活性。若说基因组测序是“读懂生命密码”，那么，本项成果的基因组合成就是在“编写生命密码”，从读到写，显然是一个巨大飞跃。

从2012年开始，中美等国的科学家共同推动了一个国际合作计划，旨在对酿酒酵母基因组进行人工重新设计和化学再造。为什么要研究酿酒酵母呢？因为它是生物遗传学研究的一个重要模式生物。若以合成型酿酒酵母染色体为研究对象，便可加快在基因组重排、环形染色体进化领域的研究进度，为人类环形染色体疾病、癌症和衰老等研究与治疗提供模型。

我国科学家此次成功合成的4条染色体，占上述国际合作计划已合成染色体的三分之二。

2017ལོའི་ཟླ3པའི་ཚེས10ཉིན《ཚན་རིག》དུས་དེབ་ཀྱི་མདུན་ཤོག་ཏུ་སྤེལ་བའི་གནས་ཚུལ་ལྟར་ན། རང་རྒྱལ་གྱི་ཚན་རིག་པས་རྗེས་འགྱུར་དངོས་པོ་སྦྱུད་དེ་མིས་བཟོས་འཆར་འགོད་བྱས་པའི་ཆང་བསླལ་བའི་ཕབས་སྐྱིན་ཆོས་གཟུགས4འདྲེས་སྦྱོར་བྱས་ཏེ། མིའི་རིགས་ཀྱིས“ཚེ་སྲོག་བསྐྱར་སྐྲུན”ཕྱོགས་སུ་གོམ་སྟབས་ཆེན་པོ་ཞིག་སྤོས་པ་མཚོན་ཞིང་། རང་རྒྱལ་ནི་ཨ་རིའི་རྗེས་སུ་ནུས་པ་འདི་རིགས་ལྡན་པའི་རྒྱལ་ཁབ་ཨང་གཉིས་པར་གྱུར། ཞིབ་འཇུག་འདིས་མིས་བཟོས་རྒྱུད་རྒྱུའི་ཚོགས་པའི་འདྲེས་སྦྱོར་གོ་རིམ་དང་འཆར་འགོད་གོ་རིམ་ཡོངས་སུ་ཆ་འཁྲིག་ཐོག་མར་མངོན་འགྱུར་བྱས་ཏེ། ཐོབ་པར་བྱུང་བའི་ཕབས་སྐྱིན་རྒྱུད་རྒྱུའི་ཚོགས་པར་ཚེ་སྲོག་གི་གསོན་ཤུགས་ཡོངས་སུ་ལྡན་ཡོད། གལ་ཏེ་རྒྱུད་རྒྱུའི་ཚོགས་པའི་ཚད་ལེན་གོ་རིམ་ནི“ཚེ་སྲོག་གི་གསང་གྲངས་ཤེས་རྟོགས་ཐུབ་པ་ཡིན”ཞེས་བཤད་ན། གྲུབ་འབྲས་འདིའི་རྒྱུད་རྒྱུའི་ཚོགས་པའི་འདྲེས་སྦྱོར་ནི“ཚེ་སྲོག་གི་གསང་གྲངས་རྩོམ་སྒྲིག་བྱེད་པ”ཡིན་པས། ཀློག་པ་ནས་འབྲི་བ་ནི་འཕུར་མཆོང་ཆེན་པོ་ཞིག་ཡིན་པ་མངོན་གསལ་རེད།

2012ལོ་ནས་བཟུང་། གྲུང་གོ་དང་ཨ་རི་སོགས་རྒྱལ་ཁབ་ཀྱི་ཚན་རིག་པས་རྒྱལ་སྤྱིའི་མཉམ་ལས་འཆར་གཞི་ཞིག་མཉམ་དུ་བཏོན་ཏེ། ཆང་བསླལ་བའི་ཕབས་སྐྱིན་རྒྱུད་རྒྱུའི་ཚོགས་པར་མིས་བཟོས་བསྐྱར་དུ་འཆར་འགོད་དང་རྗེས་འགྱུར་བསྐྱར་བཟོ་བྱ་རྒྱུར་དམིགས་པ་ཡིན། ཅིའི་ཕྱིར་ཆང་བསླལ་མའི་ཕབས་སྐྱིན་ལ་ཞིབ་འཇུག་བྱེད་དགོས་ཤེ་ན། རྒྱུ་མཚན་ནི་འདི་ནི་སྐྱེ་དངོས་རྒྱུད་འདེད་རིག་པའི་ཞིབ་འཇུག་གི་དཔེ་དབྱིབས་གལ་ཆེན་ཞིག་ཡིན་པས་རེད། གལ་ཏེ་འདྲེས་སྦྱོར་ཆང་བསླལ་མའི་ཕབས་སྐྱིན་ཆོས་གཟུགས་ཞིབ་འཇུག་བྱ་ཡུལ་དུ་བཟུང་ན། རྒྱུད་རྒྱུའི་ཚོགས་པ་བསྐྱར་སྒྲིག་དང་གདུབ་དབྱིབས་ཆོས་གཟུགས་འཕེལ་འགྱུར་ཁྲབ་ཁོངས་ཀྱི་ཞིབ་འཇུག་འཕེལ་རིམ་ཇེ་མགྱོགས་སུ་གཏོང་ཐུབ་པ་དང་། མིའི་རིགས་ཀྱི་གདུབ་དབྱིབས་ཆོས་གཟུགས་ཀྱི་ནད་རིགས་དང་སྐྲན་ནད། རྒས་པ་སོགས་ཞིབ་འཇུག་དང་སྨན་བཅོས་བྱེད་པར་དཔེ་དབྱིབས་མཁོ་འདོན་བྱེད་ཐུབ།

རང་རྒྱལ་གྱི་ཚན་རིག་པས་ཐེངས་འདིའི་འདྲེས་སྦྱོར་ལེགས་གྲུབ་བྱུང་བའི་ཆོས་གཟུགས4ཡིས་གོང་གསལ་གྱི་རྒྱལ་སྤྱིའི་མཉམ་ལས་འཆར་གཞིའི་ནང་གི་འདྲེས་སྦྱོར་ཆོས་གཟུགས་ཀྱི་སུམ་ཆའི་གཉིས་ཟིན་ཡོད།

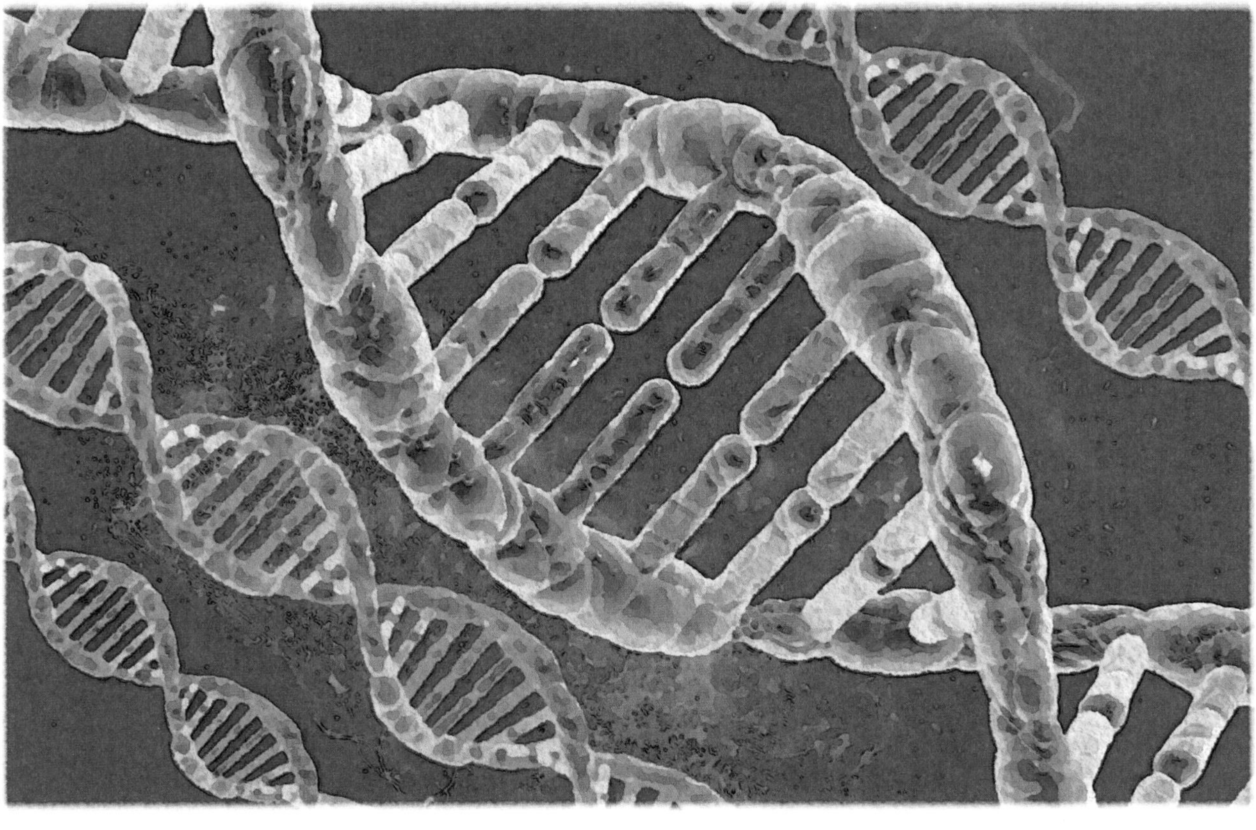

21 水稻杂种优势的分子遗传机制

ཆུ་འབྲས་ཀྱི་རྒྱུད་འདྲེས་ལེགས་ཆའི་ཆ་རྡུལ་རྒྱུད་འདེད་གྲུབ་ཚུལ།

据2016年9月29日的《自然》杂志报道，中国科学家从分子遗传机制角度，首次发现了水稻产量性状杂种优势的秘密。无论从理论还是应用角度看，该成果都相当重要，甚至称得上植物基础前沿科学的重大突破。因为，该成果能帮助科学家进一步优化水稻品种的杂交改良，选育出更加高产、优质和多抗的水稻种子。

所谓杂种优势，就是指通过杂交手段，使后代展现出比父本和母本具有更优性状的现象。若充分运用杂种优势，育种专家就能通过有效的杂交配组，使农作物产量显著提高。

过去半个多世纪以来，虽然人们从杂种优势中获得了不少好处，却始终对杂种优势背后的遗传机理一窍不通，以至植物杂种优势遗传机制竟成了一个久攻不破的国际难题，更被称为是植物遗传学的“圣杯”。随着杂交手段的不断普及，“圣杯”问题变得越来越迫切，因为只有搞懂了杂种优势的遗传基础后，才能实现杂种优势的高效利用，推动育种技术的变革。而这次我国科学家就在水稻杂种优势方面捧回了“圣杯”。

2016ལོའི་ཟླ9པའི་ཚེས29ཉིན་གྱི《རང་བྱུང》དུས་དེབ་སྟེང་དུ་སྤེལ་བའི་གནས་ཚུལ་ལྟར་ན། ཀྲུང་གོའི་ཚན་རིག་པས་ཆ་རྡུལ་རྒྱུད་འདེད་གྲུབ་ཚུལ་གྱི་ཟུར་ཚད་སྟེང་ནས་ཆུ་འབྲས་ཐོན་ཚད་ཀྱི་ངོ་བོ་དང་གཟུགས་དབྱིབས་རྒྱུད་འདྲེས་ལེགས་ཆའི་གསང་བ་ཐོག་མར་ཤེས་རྟོགས་བྱུང་ཡོད། རིགས་པའི་གཞུང་ལུགས་དང་བཀོལ་སྤྱོད་ཀྱི་ཐད་ནས་བལྟས་ན། གྲུབ་འབྲས་འདི་ཧ་ཅང་གལ་ཆེན་ཡིན་པ་དང་། ཐ་ན་རྩི་ཤིང་རྨང་གཞིའི་མདུན་གྲས་ཚན་རིག་གི་འགག་སྒྲོལ་གལ་ཆེན་ཡང་ཡིན་ནོ། །དེ་ཡང་གྲུབ་འབྲས་དེས་ཚན་རིག་པས་གོམ་གང་མདུན་སྤོས་ཀྱིས་ཆུ་འབྲས་རིགས་སྣའི་རྒྱུད་འདྲེས་ལེགས་བཅོས་ཡོང་བར་རོགས་རམ་བྱས་ཏེ། སྔར་ལས་ཐོན་འབབ་མཐོ་བ་དང་སྤུས་ལེགས། འགོག་ནུས་མང་བ་བཅས་ཀྱི་ཆུ་འབྲས་ས་བོན་འདེམས་གསོ་བྱེད་ཐུབ་པ་ཡིན།

རྒྱུད་འདྲེས་ལེགས་ཆ་ཞེས་པ་ནི་རྒྱུད་འདྲེས་བྱེད་ཐབས་ལ་བརྟེན་ནས་རྒྱུད་ཕྱི་མར་ཕ་རྒྱུད་དང་མ་རྒྱུད་ལས་ལྷག་ཏུ་ལེགས་པའི་ངོ་བོ་དང་གཟུགས་དབྱིབས་ལྡན་པའི་སྣང་ཚུལ་མངོན་པར་བྱེད། གལ་ཏེ་རྒྱུད་འདྲེས་ལེགས་ཆ་གང་ལེགས་སྤྱད་ན། སོན་གསོའི་ཆེད་མཁས་པས་ནུས་ལྡན་གྱི་རྒྱུད་འདྲེས་ཚོགས་ཆུང་བརྒྱུད་དེ་ལོ་ཏོག་གི་ཐོན་ཚད་མངོན་གསལ་གྱིས་ཇེ་མཐོར་ཡོང་ཐུབ།

འདས་ཟིན་པའི་དུས་རབས་ཕྱེད་ཀ་ལྷག་གི་རིང་ལ། མི་རྣམས་ལ་རྒྱུད་འདྲེས་ལེགས་ཆའི་ཁྲོད་ནས་དགེ་མཚན་མི་ཉུང་བ་ཞིག་ཐོབ་ཡོད་མོད། འོན་ཀྱང་ཐོག་མཐའ་བར་གསུམ་དུ་རྒྱུད་འདྲེས་ལེགས་ཆའི་རྒྱབ་ཀྱི་རྒྱུད་འདེད་གྲུབ་ཚུལ་ཅི་ཡང་ཤེས་མི་སྲིད། ཐ་ན་རྩི་ཤིང་གི་རྒྱུད་འདྲེས་ལེགས་ཆའི་རྒྱུད་འདེད་གྲུབ་ཚུལ་ནི་ཡུན་རིང་སྒྲོལ་མི་ཐུབ་པའི་རྒྱལ་སྤྱིའི་དཀའ་གནད་ཅིག་ཏུ་གྱུར་ཡོད་ལ། རྩི་ཤིང་རྒྱུད་འདེད་རིག་པའི"མཆོག་དུམ"ཞེས་གྲགས། རྒྱུད་འདྲེས་བྱེད་ཐབས་རྒྱུན་ཆད་མེད་པར་ཁྱབ་གདལ་དུ་སོང་བ་དང་བསྟུན་ནས། "མཆོག་དུམ"གྱི་གནད་དོན་སྔར་ལས་ཁ་ཚ་དགོས་གཏུགས་སུ་གྱུར། རྒྱུ་མཚན་ནི་རྒྱུད་འདྲེས་ལེགས་ཆའི་རྒྱུད་འདེད་རྨང་གཞི་ཤེས་རྟོགས་བྱུང་རྗེས། ད་གཟོད་རྒྱུད་འདྲེས་ལེགས་ཆའི་ནུས་ཚེའི་བེད་སྤྱོད་མངོན་འགྱུར་བྱུང་སྟེ། སོན་གསོའི་ལག་རྩལ་གྱི་བསྒྱུར་བཅོས་ལ་སྐུལ་འདེད་གཏོང་ཐུབ་པ་ཡིན། ད་ཐེངས་རང་རྒྱལ་གྱི་ཚན་རིག་པས་ཆུ་འབྲས་ཀྱི་རྒྱུད་འདྲེས་ལེགས་ཆའི་ཐད་ནས"མཆོག་དུམ"ཕྱིར་བླངས་པ་ཡིན།

22 肿瘤免疫治疗新方法
འབྲས་སྐྲན་གྱི་རིམས་ཐར་སྨན་བཅོས་བྱེད་ཐབས་གསར་བ།

据2016年3月31日的《自然》杂志报道，中国科学家提出了一种基于胆固醇代谢调控的肿瘤免疫治疗新方法。《自然》杂志发表的同行评论指出：这项研究成果有可能被开发成抗肿瘤和抗病毒的新药物。《细胞》杂志也发表同行评论：这项研究为某些特殊患者提供了新希望。

什么是肿瘤免疫治疗呢？原来，在正常情况下，人体的免疫系统可以识别并清除肿瘤微环境中的肿瘤细胞。但肿瘤细胞也不会坐以待毙，它会巧妙地抑制人体免疫系统，从而躲过这一劫。肿瘤细胞的这种特征称为免疫逃逸，肿瘤免疫治疗就是要努力避免肿瘤细胞的免疫逃逸，比如，使用癌症疫苗、细胞治疗、治疗性抗体、小分子抑制剂、单克隆抗体类免疫检查点抑制剂等办法，来恢复人体的肿瘤免疫力。

近年来，肿瘤免疫治疗成果不断，已在黑色素瘤、非小细胞肺癌、肾癌和前列腺癌等多个肿瘤的治疗中取得了实质性进展，甚至已有多个肿瘤免疫治疗的临床药物，本成果便是肿瘤免疫治疗中的一个最新突破。

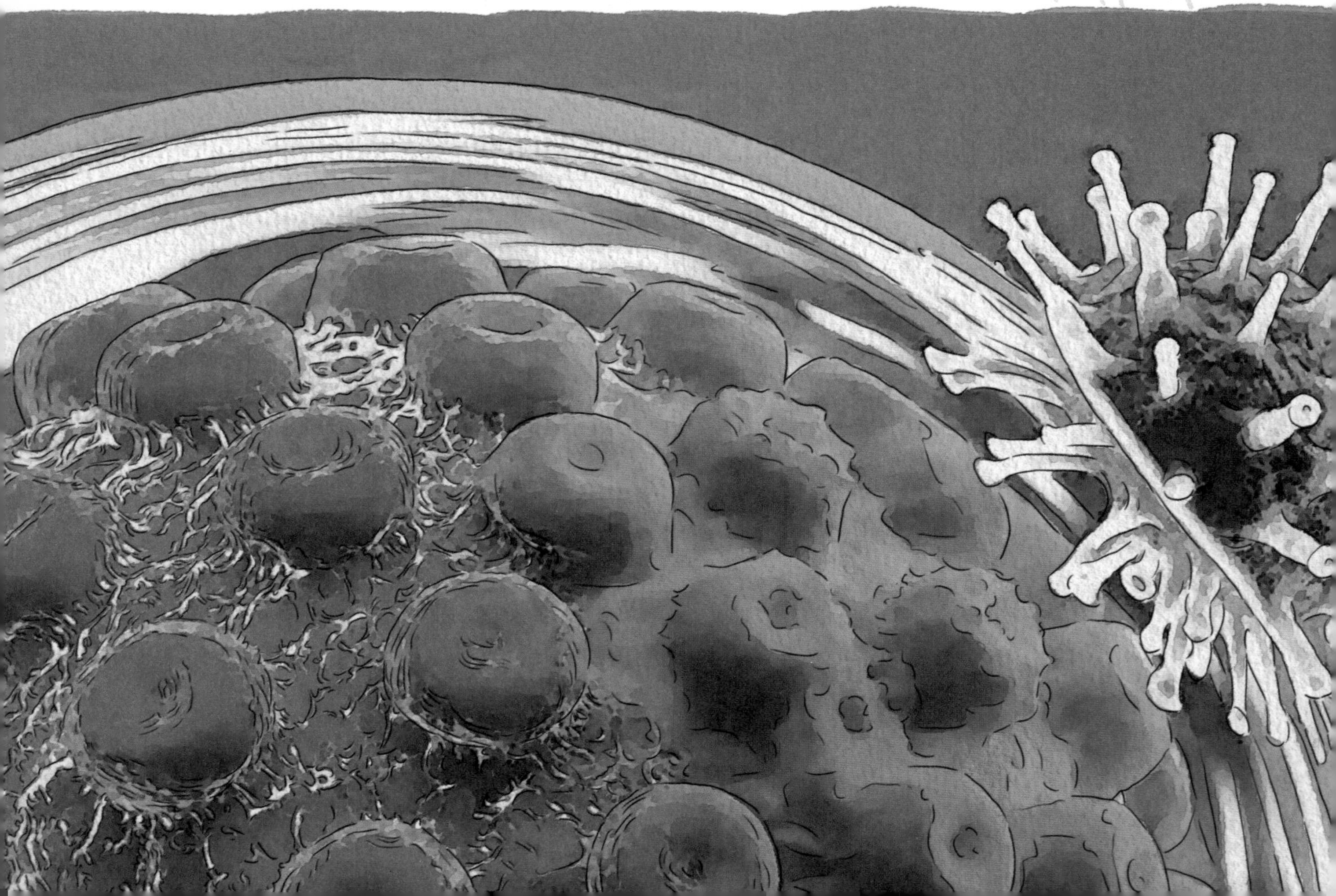

2016ལོའི་ཟླ3པའི་ཚེས31ཉིན་གྱི《རང་བྱུང》དུས་དེབ་སྟེང་དུ་སྤེལ་བའི་གནས་ཚུལ་ལྟར་ན། ཀྲུང་གོའི་ཚན་རིག་པས་མཁྲིས་རྒྱུ་གཞེར་རྩི་རྙིང་ཚབ་གསར་བཟོ་ཚོད་འཛིན་བྱས་པའི་འབྲས་སྐྲན་གྱི་རིམས་ཐར་སྨན་བཙོས་བྱེད་ཐབས་གསར་བ་ཞིག་བརྟོན་འདུག 《རང་བྱུང》དུས་དེབ་སྟེང་དུ་སྤེལ་བའི་ལས་རིགས་གཅིག་པའི་དཔྱད་གཏམ་ནང་དུ་ཞིབ་འཇུག་གྲུབ་འབྲས་འདི་ཉིད་སྐྲན་ནད་དང་ནད་དུག་འགོག་པའི་སྨན་རྫས་གསར་བ་ཞིག་ཏུ་གསར་སྤེལ་བྱེད་སྲིད་ཅེས་བཀོད་ཡོད། 《ཕྲ་ཕུང》དུས་དེབ་ཀྱིས་ཀྱང་ལས་རིགས་གཅིག་པའི་དཔྱད་གཏམ་སྤེལ་ཡོད་པ་སྟེ། ཞིབ་འཇུག་འདིས་དམིགས་བསལ་གྱི་ནད་པ་ཁ་ཤས་ལ་རེ་བ་གསར་བ་མགོ་འདོན་བྱས་ཡོད་ཅེས་བསྟན།

ཅི་ཞིག་ལ་འབྲས་སྐྲན་རིམས་ཐར་སྨན་བཙོས་ཟེར་རམ་ཞེ་ན། མ་གཞིར་རྒྱུན་ལྡན་གྱི་གནས་ཚུལ་འོག་ཏུ། མིའི་ལུས་ཀྱི་རིམས་ཐར་མ་ལག་གིས་འབྲས་སྐྲན་ཕྲན་བུའི་ཁོར་ཡུག་ཁྲོད་ཀྱི་འབྲས་སྐྲན་ཕྲ་ཕུང་ངོས་འཛིན་དང་གཙང་སེལ་བྱེད་ཐུབ། འོན་ཀྱང་འབྲས་སྐྲན་ཕྲ་ཕུང་ཡང་འཆི་རྒྱུར་སྐྲུག་མི་སྲིད་པར། འདིས་ཐབས་མཁས་པོས་མི་ལུས་ཀྱི་རིམས་ཐར་མ་ལག་ལ་ཚོད་འཛིན་བྱས་ཏེ་གཡོལ་བར་བྱེད་ཐུབ། འབྲས་སྐྲན་ཕྲ་ཕུང་གི་ཁྱད་ཆོས་འདི་ལ་རིམས་ཐར་གྲོས་ཀྱོལ་ཟེར། འབྲས་སྐྲན་རིམས་ཐར་སྨན་བཙོས་ནི་འབྲས་སྐྲན་ཕྲ་ཕུང་གི་རིམས་ཐར་གྲོས་ཀྱོལ་ལ་གཡོལ་གང་ཐུབ་བྱེད་དགོས་ཏེ། དཔེར་ན། འབྲས་སྐྲན་འགོག་སྨན་དང་ཕྲ་ཕུང་སྨན་བཙོས། སྨན་བཙོས་རང་བཞིན་གྱི་འགོག་གཟུགས། ཆ་རྡུལ་ཆུང་བའི་འགོག་སྨན། རྒྱུད་བཤུས་རྐྱང་པའི་འགོག་གཟུགས་རིགས་ཀྱི་རིམས་ཐར་བརྟག་དཔྱད་ཚོད་འགོག་སྨན་རྫས་སོགས་ཀྱི་བྱེད་ཐབས་སྤྱད་དེ་མིའི་ལུས་ཀྱི་འབྲས་སྐྲན་རིམས་ཐར་ནུས་པ་སླར་གསོ་བྱེད་དགོས།

ཉེ་བའི་ལོ་ཤས་རིང་ལ། འབྲས་སྐྲན་རིམས་ཐར་སྨན་བཙོས་ཀྱི་གྲུབ་འབྲས་རྒྱུན་ཆད་མེད་པར་ཐོབ་པ་དང་། མདོག་ནག་སྐྲན་ནད་དང་ཕྲ་ཕུང་ཆུང་བ་མིན་པའི་གློ་སྐྲན། མཁལ་མའི་འབྲས་སྐྲན། ཕོ་རྐྱེན་འབྲས་སྐྲན་སོགས་འབྲས་སྐྲན་མང་པོའི་སྨན་བཙོས་ཁྲོད་དུ་དོན་དངོས་རང་བཞིན་གྱི་འཕེལ་རྒྱས་བྱུང་བར་མ་ཟད། ཐ་ན་འབྲས་སྐྲན་རིམས་ཐར་སྨན་བཙོས་ཀྱི་ནད་ཐོག་སྨན་རྫས་མང་པོ་བྱུང་། གྲུབ་འབྲས་འདི་ནི་འབྲས་སྐྲན་རིམས་ཐར་སྨན་བཙོས་ཁྲོད་ཀྱི་ཐོད་རྒྱལ་གསར་བ་ཞིག་ཡིན་ནོ། །

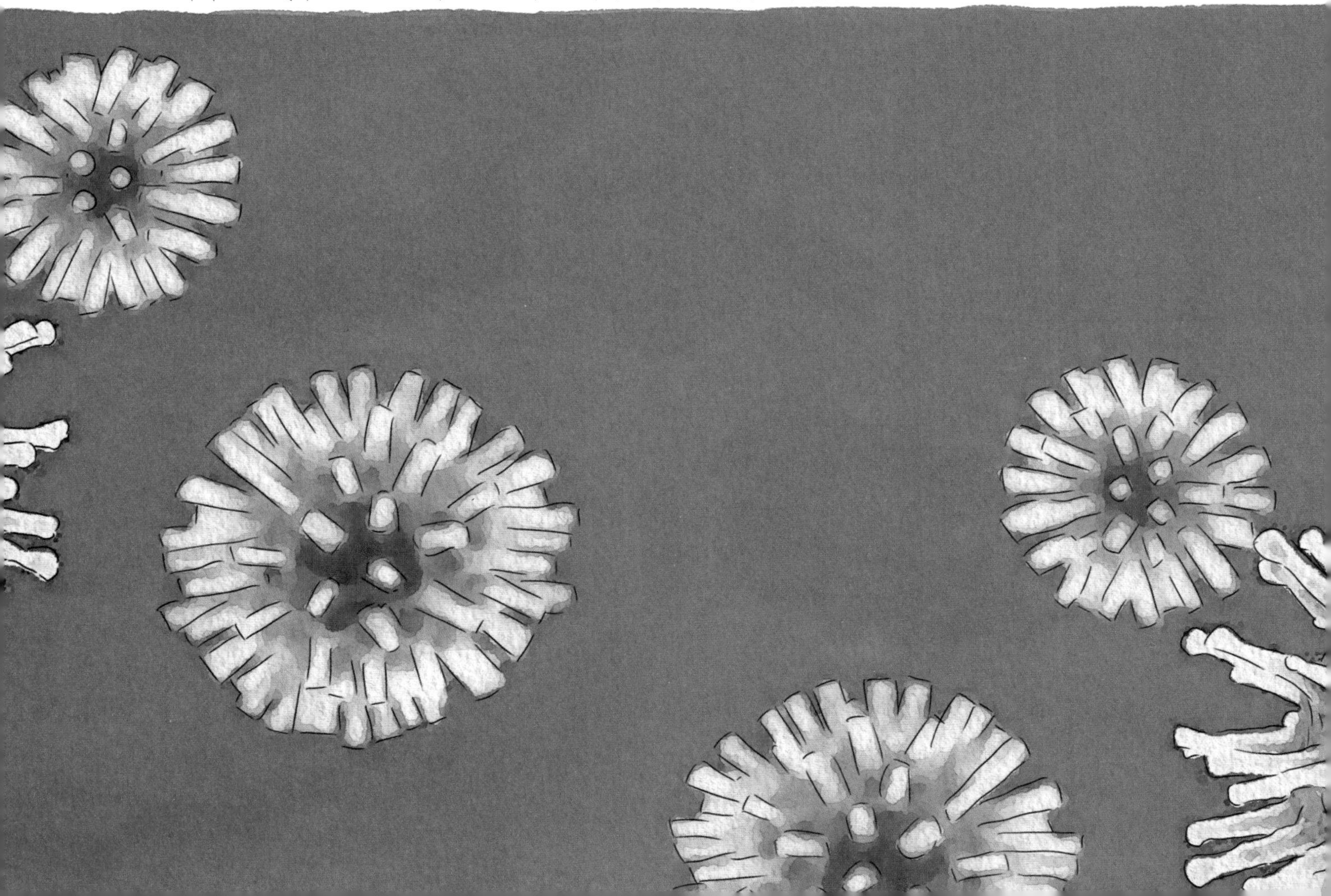

23 RNA剪接的关键分子机制
RNAདྲས་མཐུད་ཀྱི་འགག་རྩའི་ཆ་རྡུལ་འཕྲུལ་བཟོས།

据2016年的《科学》杂志报道，我国科学家首次揭示了RNA剪接的关键分子机制，极大推动了RNA剪接这一基础研究的发展。

什么是RNA呢？其实DNA（脱氧核糖核酸）和RNA（核糖核酸）都是生物体内重要的核酸分子，DNA是遗传信息的存储库，RNA是遗传信息的载体，主要负责引导蛋白质的合成以及基因表达的调控等。

RNA剪接是真核生物从DNA到RNA，再到蛋白质信息传递中的关键一环。通过剪接反应，前体信使RNA中的内含子被剔除，剩下的外显子连接起来形成成熟的信使RNA，然后才能被翻译成蛋白质，发挥生物学功能。RNA剪接过程必须高度精准，任何错误都有可能导致基因表达异常乃至疾病的发生，人类的遗传疾病大约有35%都与剪接异常相关。

RNA剪接的化学本质是前体信使RNA经历两步转酯反应，完成“剪”和“接”两个关键步骤。这个过程是由一个被称为“剪接体”的蛋白质机器完成的。获取剪接体在激活及催化反应过程中不同状态的结构是最基础也是最富挑战性的难题之一。本成果是RNA剪接研究的一个里程碑。

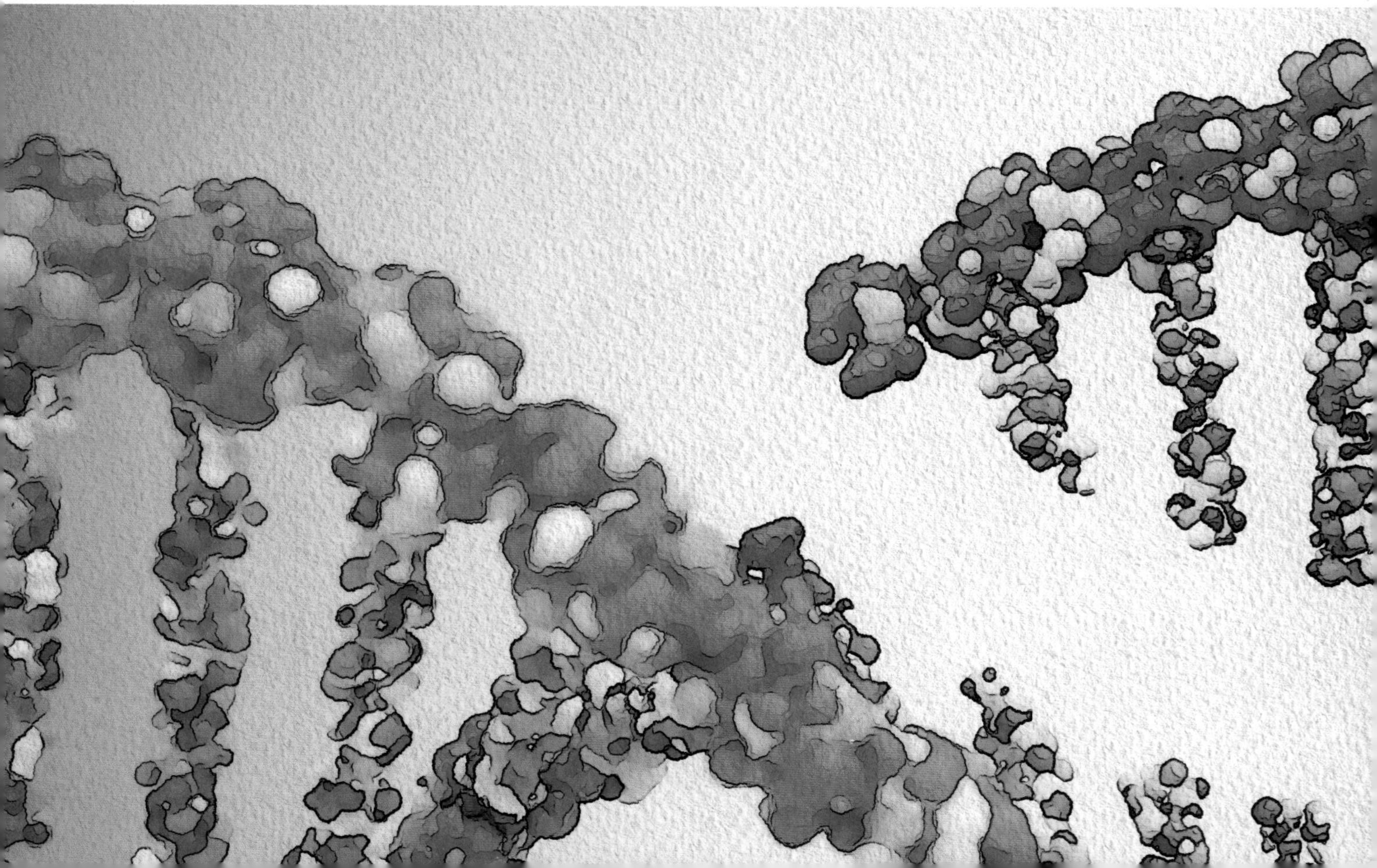

2016ལོའི《ཚན་རིག》དུས་དེབ་སྟེང་དུ་སྤེལ་བའི་གནས་ཚུལ་ལྟར་ན། རང་རྒྱལ་གྱི་ཚན་རིག་པསRNAདྲས་མཐུད་ཀྱི་འགག་རྩའི་ཆ་རྟལ་སྒྲིག་གཞི་ཐོག་མར་གསལ་སྟོན་བྱས་པས། RNAདྲས་མཐུད་ཀྱི་རྨང་གཞིའི་ཞིབ་འཇུག་འཕེལ་རྒྱས་ཡོང་བར་སྐུལ་འདེད་ཤུགས་ཆེན་ཐེབས་ཡོད།

ཅི་ཞིག་ནིRNAཟེར་རམ་ཞེ་ན། དོན་དངོས་སུDNA(དབྱང་འདོར་ཉིང་མངར་ཉིང་སྙུར)དངRNA(ཉིང་མངར་ཉིང་སྙུར)གཉིས་ཀ་ནི་སྐྱེ་དངོས་ལུས་ནང་གི་ཉིང་སྙུར་ཆ་རྟལ་གལ་ཆེན་ཡིན་ཏེ། DNAནི་རྒྱུད་འདེད་ཆ་འཕྲིན་གྱི་གསོག་ཉར་མཛོད་ཡིན་པ་དང་། RNAནི་རྒྱུད་འདེད་ཆ་འཕྲིན་གྱི་གཞི་རྟེན་ཡིན་ཞིང་། གཙོ་བོར་སྤྲི་དཀར་རྫས་ཀྱི་འདྲེས་གྲུབ་དང་རྒྱུད་རྒྱུ་མཚོན་པའི་ཚོད་འཛིན་སོགས་ཁྱིད་སྟོན་བྱེད་པའི་འགན་ཁུར་ཡོད།

RNAདྲས་མཐུད་ནི་སྔར་ཉིང་སྐྱེ་དངོསDNAནསRNAདང་། དེ་ནས་སྤྲི་དཀར་རྫས་ཀྱི་ཆ་འཕྲིན་བརྒྱུད་སྐྱོད་ཁྲིད་ཀྱི་འགག་རྩའི་ལྷུ་ཚིགས་ཤིག་ཡིན། དྲས་མཐུད་འགྱུར་འབྱུང་བརྒྱུད་དེ། སྔོན་གཟུགས་འཕྲིན་པRNAཁྲོད་ཀྱི་ནང་འདུས་ཕྱིར་ཕུད་པ་དང་། ལྷག་མའི་ཕྱི་མངོན་འབྲེལ་མཐུད་བྱས་ནས་གནད་སྨིན་གྱི་འཕྲིན་པRNAགྲུབ་རྗེས། ད་གཟོད་སྤྲི་དཀར་རྫས་སུ་བསྒྱུར་ཏེ་སྐྱེ་དངོས་རིག་པའི་བྱེད་ནུས་འདོན་སྤེལ་བྱེད་ཐུབ། RNAདྲས་མཐུད་བརྒྱུད་རིམ་ངེས་པར་དུ་ཚད་མཐོའི་གནད་འཕེལ་ཡིན་དགོས་ཤིང་། ནོར་འཁྲུལ་གང་ཞིག་བྱུང་ཙང་གཞི་རྒྱུའི་མཚོན་ཚུལ་རྒྱུན་ལྡན་མིན་པ་དང་ཐ་ན་ནད་རིགས་འབྱུང་སྲིད་དེ། མིའི་རིགས་ཀྱི་རྒྱུད་འདེད་ནད་ཀྱི35%ལྷག་ནི་དྲས་མཐུད་རྒྱུན་ལྡན་མིན་པ་དང་འབྲེལ་བ་ཡོད།

RNAདྲས་མཐུད་ཀྱི་རྫས་འགྱུར་ངོ་བོ་ནི་སྔོན་གཟུགས་འཕྲིན་པRNAགོམ་བགྲོད་གཉིས་ཞག་བསྒྱུར་འགྱུར་འབྱུང་བརྒྱུད་དེ། "དྲས"དང"མཐུད་"ཀྱི་འགག་རྩའི་གོ་རིམ་གཉིས་ལེགས་གྲུབ་བྱུང་བ་ཞིག་རེད། བརྒྱུད་རིམ་འདི་ནི"དྲས་མཐུད་གཟུགས"ཞེས་འབོད་པའི་སྤྲི་དཀར་རྫས་འཕྲུལ་ཆས་ཀྱིས་གྲུབ་པ་ཡིན། དྲས་མཐུད་གཟུགས་ཐོབ་ལེན་ནི་ནུས་སློང་དང་འགྱུར་སྐྱལ་འགྱུར་འབྱུང་གི་བརྒྱུད་རིམ་ཁྲིད་ནམ་པ་མི་འདྲ་བའི་སྒྲིག་གཞི་ནི་ཆེས་རྨང་གཞི་ཡིན་ཞིང་འགྲན་རྩོད་རང་བཞིན་ཆེ་ཤོས་ཀྱི་དཀའ་གནད་ཅིག་ཀྱང་ཡིན། གྲུབ་འབྲས་འདི་ནིRNAདྲས་མཐུད་ཞིབ་འཇུག་གི་ལམ་ཚད་རྗེ་རིང་ཞིག་ཡིན།

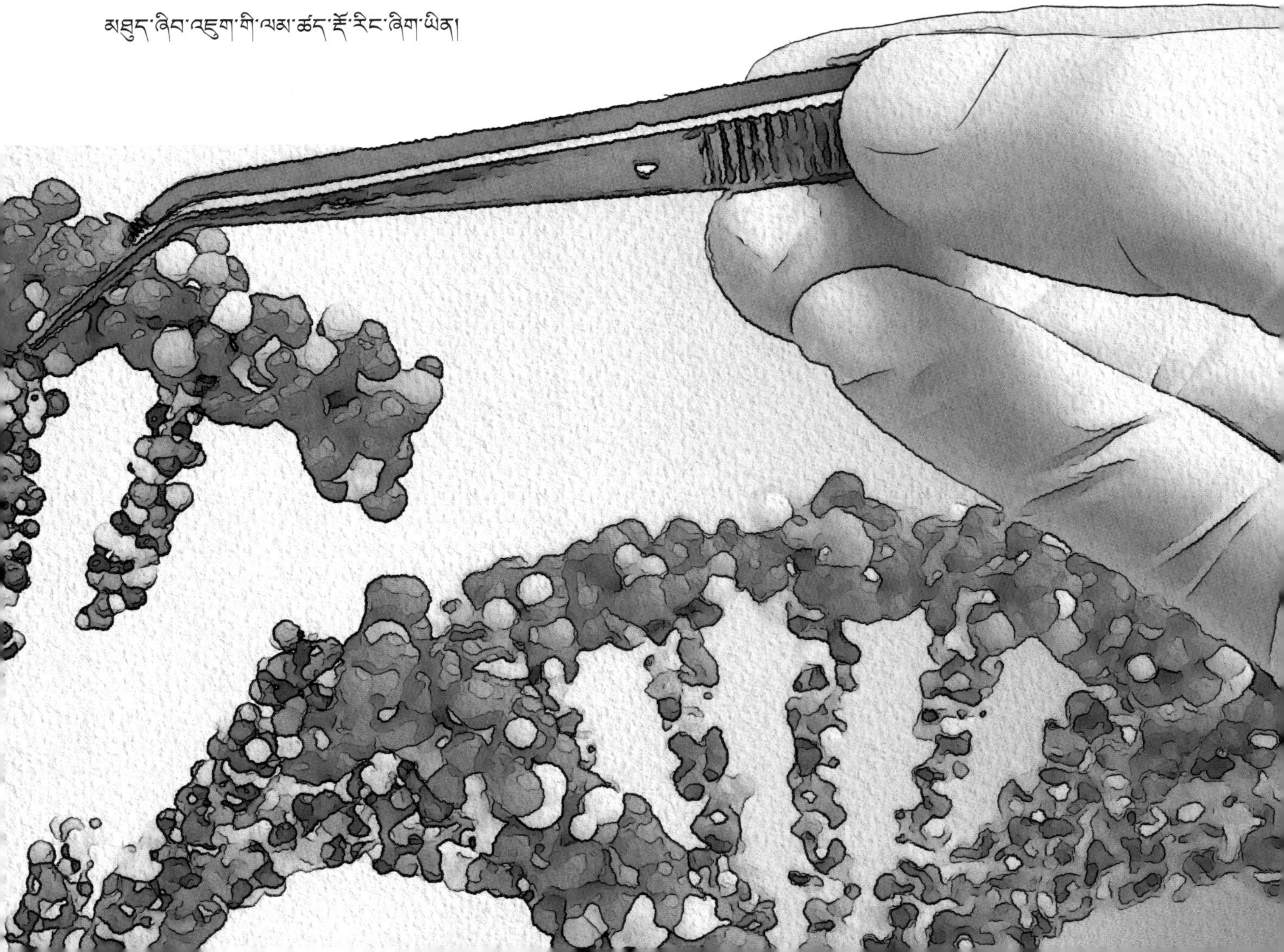

24 获得性性状的跨代遗传性

ཐོབ་པའི་རང་བཞིན་གྱི་ངོ་བོ་དང་གཟུགས་དབྱིབས་ཀྱི་རབས་བརྒལ་རྒྱུད་འདེད་རང་བཞིན།

据2016年1月22日的《科学》杂志报道，中国科学家发现了某些“获得性性状”会进行隔代遗传。该成果发表以后，很快就被广泛引用和评价，甚至引起了国际各大媒体的关注。

什么是获得性性状呢？比如，本来没有肥胖基因的人，只是因为生活环境和饮食结构的巨大改变而成了胖子，甚至患上了高脂饮食导致的肥胖症等代谢性疾病，这便是一种“获得性性状”。人们曾经认为，这种“获得性性状”是不会遗传的，毕竟许多胖子父母的小孩并不胖。后来，人们又发现，肥胖者的后代确实更容易肥胖。这是为什么呢？或者说，“获得性性状”到底会不会遗传呢？若要遗传，它是怎么遗传的呢，是通过何种渠道遗传的呢？

本成果就在回答这些疑问方面做出了重大贡献，原来，“获得性性状”确实可遗传。更具体地说，是跨代遗传，即父母不一定遗传给子女，而是遗传给孙子或更晚的后辈。

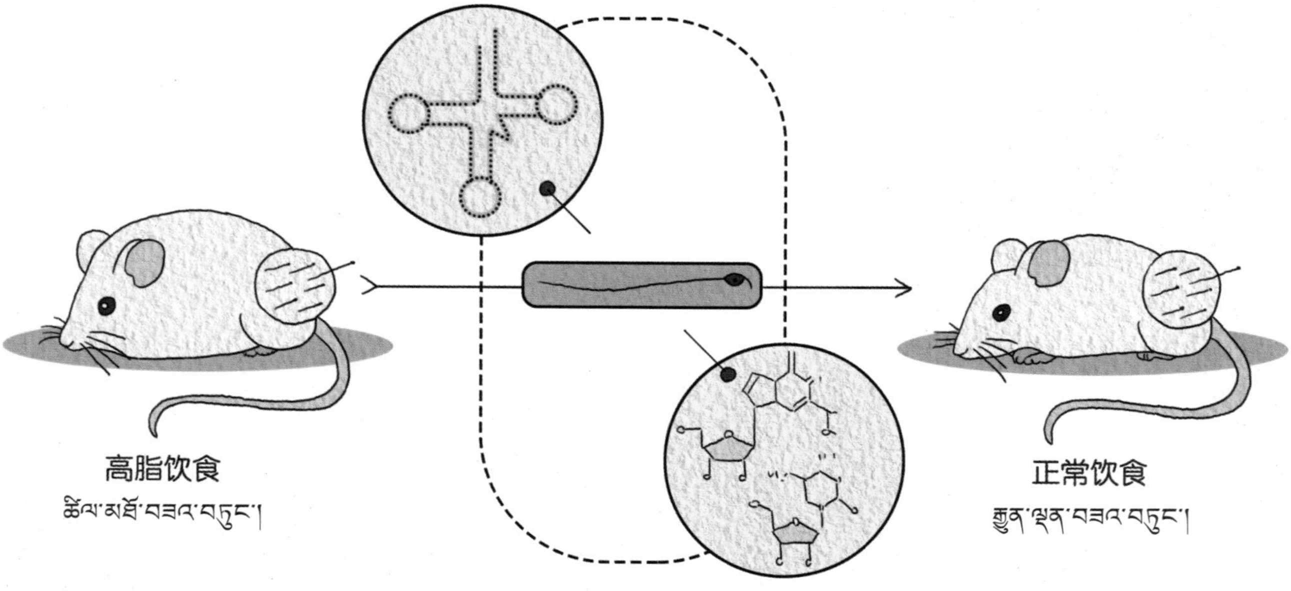
高脂饮食
ཚིལ་མཐོ་བཟའ་བཏུང་།
正常饮食
རྒྱུན་ལྡན་བཟའ་བཏུང་།

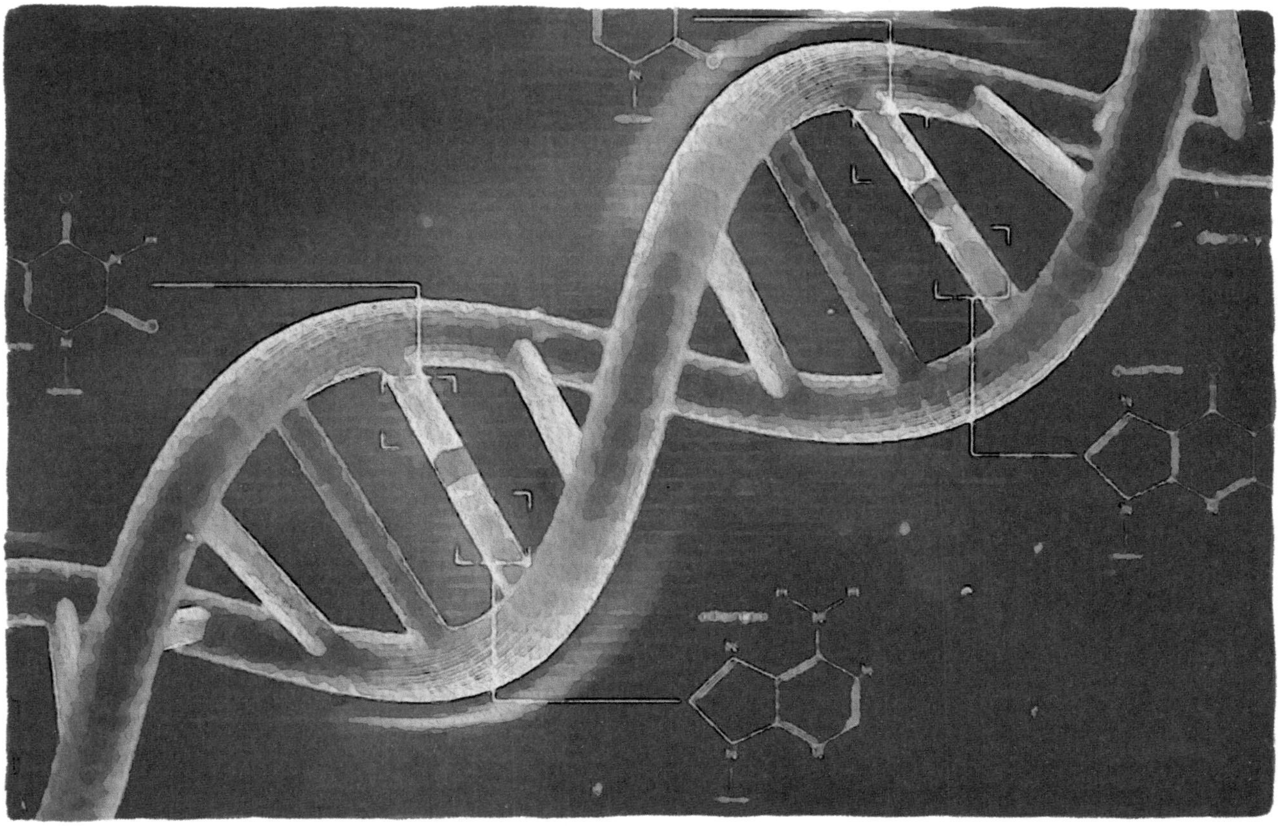

2016ལོའི་ཟླ1པའི་ཚེས22ཉིན་གྱི《ཚན་རིག》དུས་དེབ་སྟེང་དུ་སྤེལ་བའི་གནས་ཚུལ་ལྟར་ན། གྲུང་གོའི་ཚན་རིག་པས"ཐོབ་པའི་རང་བཞིན་གྱི་ངོ་བོ་དང་གཟུགས་དབྱིབས"ཁ་ཤས་མི་རབས་བར་རྒྱུད་འདེད་བྱས་ཆོག་པ་ཤེས་རྟོགས་བྱུང་། གྲུབ་འབྲས་དེ་ཉིད་སྤེལ་རྗེས་མགྱོགས་མྱུར་རྒྱ་ཁྱབ་དང་ལུང་འདྲེན་དང་གདེང་འཇོག་བྱས་པ་དང་། ཐ་ན་རྒྱལ་སྤྱིའི་སྨན་སྦྱོར་ཚེ་གྲས་ཁག་གིས་དོ་ཁུར་བྱེད་ཀྱིན་ཡོད།

ཅི་ཞིག་ལ་ཐོབ་པའི་རང་བཞིན་གྱི་ངོ་བོ་དང་གཟུགས་དབྱིབས་ཟེར་རམ་ཞེ་ན། དཔེར་ན། མ་གཞིར་ཚོན་པོའི་རྒྱུད་རྒྱུ་མེད་པའི་མི་ནི་འཚོ་བའི་ཁོར་ཡུག་དང་བཟའ་བཏུང་གི་སྒྲིག་གཞི་ལ་འགྱུར་ལྡོག་ཆེན་པོ་བྱུང་བའི་རྐྱེན་གྱིས་ཚོ་རྒྱགས་ཆགས་པ་དང་། ཐ་ན་ཚིལ་མཐོ་བའི་བཟའ་བཏུང་ལས་བྱུང་བའི་ཚོ་རྒྱགས་ནད་རྟགས་སོགས་སྙིང་ཚབ་གསར་བརྗེ་རང་བཞིན་གྱི་ནད་རིགས་ཐོག་པར་བྱེད། འདི་ནི"ཐོབ་པའི་རང་བཞིན་གྱི་ངོ་བོ་དང་གཟུགས་དབྱིབས"ཤིག་ཡིན། མི་རྣམས་ཀྱིས་སྔོན་ཆད"ཐོབ་པའི་རང་བཞིན་གྱི་ངོ་བོ་དང་གཟུགས་དབྱིབས"ནི་རྒྱུད་འདེད་བྱེད་མི་སྲིད་པར་འདོད་སྒོང་། གང་ལྟར་ཀྱང་ཕ་མ་མང་པོ་ཞིག་གཉིས་ཀ་ཚོན་པོ་ཡིན་ཡང་ཕྲུ་གུ་ཚོན་པོ་མིན། དེའི་འཕྲོར། མི་རྣམས་ཀྱིས་ཀྱང་ཤེས་རྟོགས་བྱུང་བ་ནི་ཚོན་པོའི་རྗེས་རབས་པར་རྒྱགས་པོ་ཆགས་སླ་བ་ཡིན། འདིའི་རྒྱུ་མཚན་གང་ཡིན་ནམ་ཞེ་ན། ཡང་ན"ཐོབ་པའི་རང་བཞིན་གྱི་ངོ་བོ་དང་གཟུགས་དབྱིབས"དེ་ཡང་སྙིང་རྒྱུད་འདེད་བྱེད་མི་བྱེད་དམ་ཞེ་ན། གལ་ཏེ་རྒྱུད་འདེད་བྱེད་བསམ་ན་དེ་ནི་ཐབས་ལམ་གང་འདྲ་ཞིག་བརྒྱུད་ནས་རྒྱུད་འདེད་བྱས་པ་ཡིན་ནམ།

གྲུབ་འབྲས་འདིས་དོགས་གནད་འདི་དག་ལ་ལན་འདེབས་པའི་ཐད་བྱས་རྗེས་གལ་ཆེན་བཞག་ཡོད་དེ། མ་གཞིར"ཐོབ་པའི་རང་བཞིན་གྱི་ངོ་བོ་དང་གཟུགས་དབྱིབས"དངོས་གནས་རྒྱུད་འདེད་བྱེད་ཐུབ། དེ་བས་ཀྱང་བྱེ་བྲག་ཏུ་བཤད་ན། འདི་ནི་རབས་བརྒྱལ་རྒྱུད་འདེད་དེ་ཕ་མས་ཕྲུ་གུར་རྒྱུད་འདེད་བྱེད་པའི་ངེས་པ་མེད་པར་ཚ་བོའམ་ཡང་ན་རྗེས་རབས་ལ་རྒྱུད་འདེད་བྱེད་པ་ཡིན།

25 人类原始生殖细胞
མིའི་རིགས་ཀྱི་གདོད་མའི་སྐྱེ་འཕེལ་ཕྲ་ཕུང་།

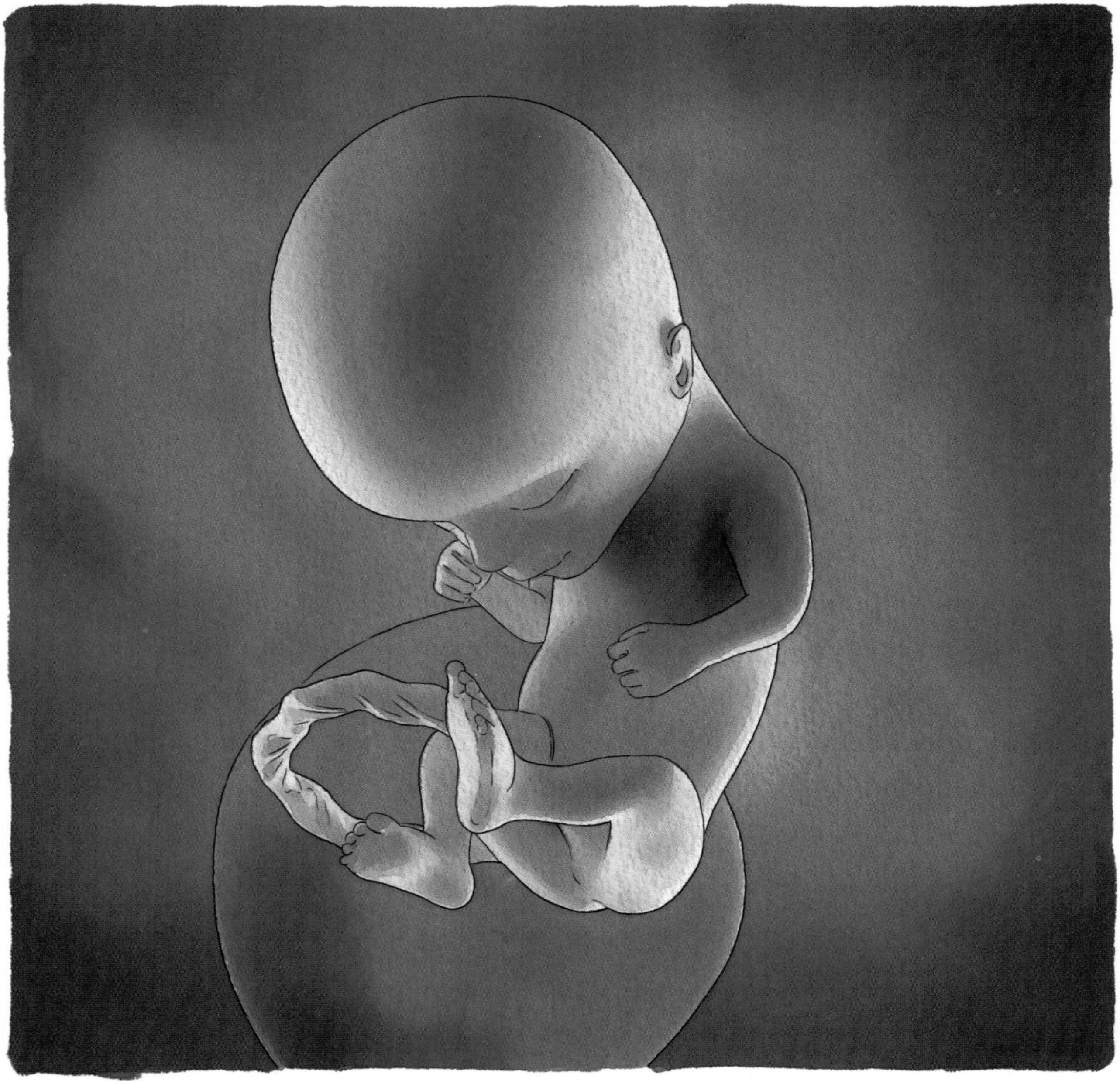

据2015年6月4日的《细胞》杂志报道，中国科学家首次发现了人类原始生殖细胞不同于小鼠原始生殖细胞的关键特征，首次为人类提供了一个原始生殖细胞发育过程中基因表达的表观遗传调控坐标，加深了对人类早期胚胎发育特征的认识。为人类生殖细胞的表观遗传、早期胚胎的建立等研究奠定了理论基础。

生殖细胞是人类生命延续、代代相传的种子和纽带。在妈妈肚子里，胎儿除了要完成自身发育，还要为其后代做好准备，形成原始生殖细胞并进行发育。这类特殊的原始生殖细胞与其他细胞有何不同呢？它们的基因表达调控特征是什么呢？祖父及父母们还会把哪些表观遗传记忆留在原始生殖细胞中呢？诸如此类的问题都非常重要，但人类至今却缺乏深刻认识，本成果就是探索上述问题万里长征中的重要一步。

2015ལོའི་ཟླ6པའི་ཚེས4ཉིན་གྱི《ཕྲ་ཕུང》དུས་དེབ་སྟེང་དུ་སྤེལ་བའི་གནས་ཚུལ་ལྟར་ན། ཀྲུང་གོའི་ཚན་རིག་པས་མིའི་རིགས་ཀྱི་གདོད་མའི་སྐྱེ་འཕེལ་ཕྲ་ཕུང་དང་བྱི་བ་ཆུང་ཆུང་གི་གདོད་མའི་སྐྱེ་འཕེལ་ཕྲ་ཕུང་གཉིས་མི་འདྲ་བའི་འགག་རྩའི་ཁྱད་ཆོས་ཐོག་མར་ཤེས་རྟོགས་བྱུང་སྟེ། ཐེངས་དང་པོར་མིའི་རིགས་ལ་གདོད་མའི་སྐྱེ་འཕེལ་ཕྲ་ཕུང་འཚར་སྐྱེའི་བརྒྱུད་རིམ་ཁྲོད་ཀྱི་རྒྱུད་རྒྱུ་མཚོན་པའི་མངོན་མཚོན་རྒྱུད་འདེད་སྙོམ་སྒྲིག་གནས་ཚད་མགོ་འདོན་བྱས་ཏེ། མིའི་རིགས་ཀྱི་སྔ་དུས་ཀྱི་སྦྲུམ་ཧྲེན་འཚར་སྐྱེའི་ཁྱད་ཆོས་ལ་ངོས་འཛིན་བྱེད་ཚད་ཟབ་ཏུ་བཏང་ཡོད་པ་རེད། འདིས་མིའི་རིགས་ཀྱི་སྐྱེ་འཕེལ་ཕྲ་ཕུང་གི་མངོན་མཚོན་རྒྱུད་འདེད་དང་། སྔ་དུས་ཀྱི་སྦྲུམ་ཧྲེན་འཛུགས་པ་སོགས་ཞིབ་འཇུག་གི་གཞུང་ལུགས་རྨང་གཞིར་བཏིངས་ཡོད།

སྐྱེ་འཕེལ་ཕྲ་ཕུང་ནི་མིའི་རིགས་ཀྱིས་ཚེ་སྲོག་རྒྱུན་མཐུད་དང་མི་རབས་ནས་མི་རབས་བར་རྒྱུན་འཛིན་བྱེད་པའི་ས་བོན་དང་འབྲེལ་ཐག་ཡིན། ཨ་མའི་ལྟོག་པའི་ནང་དུ་མངལ་གྱི་ཕྲུ་གུས་རང་ཉིད་ཀྱི་འཚར་སྐྱེ་འགྲུབ་དགོས་པར་མ་ཟད། ད་དུང་རྗེས་རབས་པར་གྲ་སྒྲིག་ལེགས་པོ་བྱས་ཏེ་གདོད་མའི་སྐྱེ་འཕེལ་ཕྲ་ཕུང་གྲུབ་པ་དང་མཚན་མའི་གཤེར་རྫིན་འཚར་སྐྱེ་ཡོང་བར་བྱས། འདི་རིགས་དམིགས་བསལ་ཅན་གྱི་གདོད་མའི་སྐྱེ་འཕེལ་ཕྲ་ཕུང་དང་ཕྲ་ཕུང་གཞན་དག་ལ་ཁྱད་པར་ཅི་ཞིག་ཡོད་དམ། འདི་དག་རྒྱུད་རྒྱུས་མཚོན་པའི་སྙོམ་སྒྲིག་ཁྱད་ཆོས་ཅི་ཞིག་ཡིན་ནམ། མེས་པོ་དང་ཕ་མ་རྣམས་ཀྱིས་ད་དུང་མངོན་མཚོན་རྒྱུད་འདེད་ཀྱི་དྲན་ཤེས་གང་དག་གདོད་མའི་སྐྱེ་འཕེལ་ཕྲ་ཕུང་ནང་དུ་བཞག་ཡོད་དམ། གནད་དོན་འདི་དག་ཚང་མ་ཧ་ཅང་གལ་ཆེན་པོ་ཡིན་མོད། འོན་ཀྱང་མིའི་རིགས་ཀྱིས་ད་ལྟའི་བར་དུ་ངོས་འཛིན་གཏིང་ཟབ་བྱུང་མེད་པ་དང་། གྲུབ་འབྲས་འདི་ནི་གོང་གསལ་གྱི་གནད་དོན་འཚོལ་ཞིབ་བྱེད་པའི་ལེ་དབར་ཁྲི་ཕྲག་རྒྱང་སྐྱོད་ཁྲོད་ཀྱི་གོམ་སྟབས་གལ་ཆེན་ཞིག་ཡིན་ནོ། །

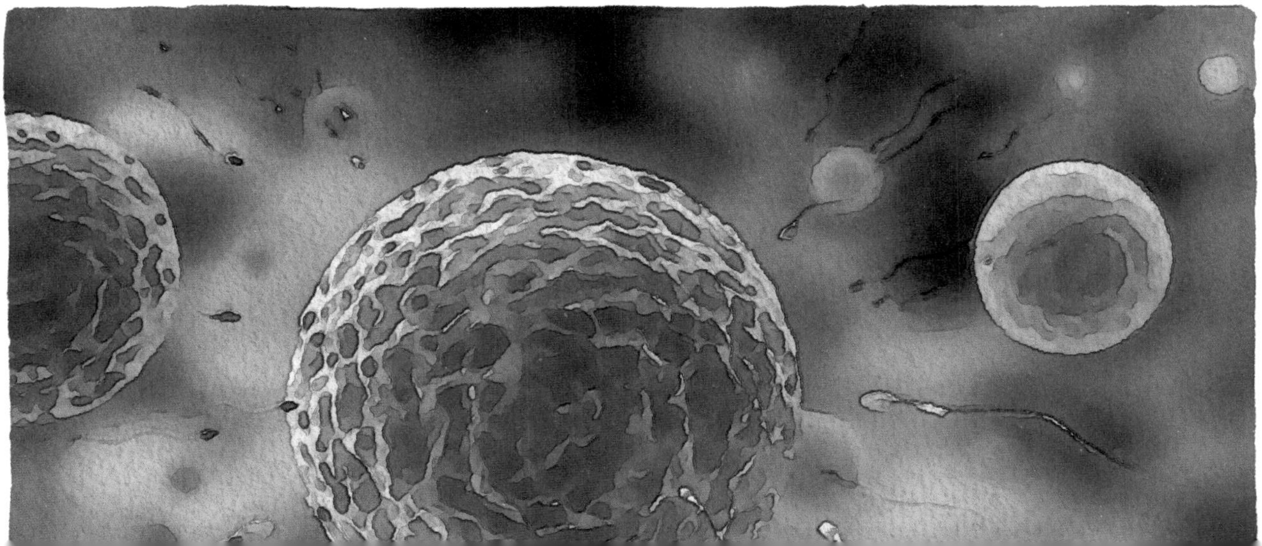

26 细胞焦亡的分子机制

ཕྲ་ཕུང་འཆིག་ཤིའི་ཆ་རྡུལ་འཕྲུལ་བཟོས།

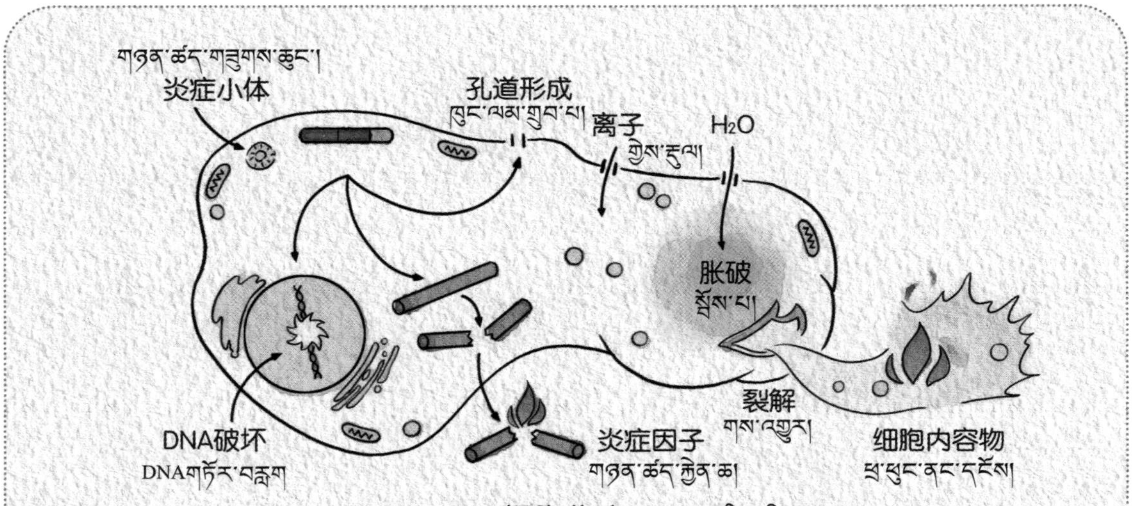
གཉན་ཚད་གཟུགས་ཆུང་།
炎症小体
孔道形成
ཁུང་ལམ་གྲུབ་པ།
离子
གྲེས་རྡུལ།
H_2O
胀破
སྦོས་པ།
裂解
གས་འགྱུར།
DNA破坏
DNAགཏོར་བརླག
炎症因子
གཉན་ཚད་རྐྱེན་ཆ།
细胞内容物
ཕྲ་ཕུང་ནང་དངོས།

细胞焦亡 ཕྲ་ཕུང་འཆིག་ཤི

据2015年10月29日的《自然》杂志报道，我国科学家首次发现了细胞焦亡的关键分子机制，为治疗痛风和败血症等免疫性疾病提供了理论指导，破解了悬疑20余年的重要科学难题，树立了新的里程碑，同时也开辟了天然免疫研究的新领域。

什么是细胞焦亡呢？原来，在成年人体内，每天都有大约500亿至700亿个细胞死亡，其中大部分都是细胞主动“自杀”。这种自杀有助于人类去除体内已完成正常生理功能的细胞，也有助于控制癌细胞繁殖，还有助于清除各种微生物病原体。细胞自杀的方式很多，细胞焦亡便是其中之一。

为什么需要细胞焦亡呢？原来，细胞像个“小屋”，病原体可躲在里边疯狂繁殖引发疾病。最好的办法就是炸开小屋，让病原体失去保护伞，同时激活免疫系统来消灭病原体，而细胞焦亡就是炸开小屋的有效方法。

但细胞焦亡是双刃剑，非正常的细胞焦亡会导致痛风等多种疾病，过度的细胞焦亡也是休克和败血症的根本原因，这便是了解细胞焦亡分子机制的意义所在。

2015ལོའི་ཟླ་10པའི་ཚེས29ཉིན་གྱི《རང་བྱུང》དུས་དེབ་སྟེང་དུ་སྤེལ་བའི་གནས་ཚུལ་ལྟར་ན། རང་རྒྱལ་གྱི་ཚན་རིག་པས་ཕྲ་ཕུང་འཆིག་ཤིའི་འགག་རྩའི་ཆ་རྡུལ་འཕྲུལ་བཟོས་ཐོག་མར་ཤེས་རྟོགས་བྱུང་། དེས་དྲིག་ནད་དང་ཁྲག་རུལ་ནད་སོགས་རིམས་ཐར་རང་བཞིན་གྱི་ནད་ཡམས་སྨན་བཅོས་བྱེད་པར་རིགས་པའི་གཞུང་ལུགས་ཀྱི་མཛུབ་སྟོན་མཁོ་སྤྲོད་བྱས་པ་དང་། ལོ་ངོ20ལྷག་ཙམ་གྱི་དོགས་གཞི་ཡོད་པའི་ཚན་རིག་གི་དཀའ་གནད་གལ་ཆེན་སེལ་ཏེ་ལམ་ཚད་རྗེ་རིང་གསར་བ་བརྩོད་ཅིང་། ད་དུང་རང་བྱུང་རིམས་འགོག་ཞིབ་

འཇུག་གི་ཁྱབ་ཁོངས་གསར་པ་ཞིག་ཀྱང་བརྗོད་ཡོད།

ཅི་ཞིག་ལ་ཕྲ་ཕུང་འཚོག་ཤི་ཟེར་རམ་ཞེ་ན། མ་གཞིར་མི་དར་མའི་ལུས་སྟེང་དུ་ཉིན་རེར་ཕྲ་ཕུང་དུང་ཕྱུར500ནས700བར་ཤི་བཞིན་ཡོད་པ་དང་། དེའི་ནང་གི་མང་ཆེ་བ་ནི་ཕྲ་ཕུང་རང་འགུལ་གྱིས"རང་ཤི་རྒྱག་པ"རེད། རང་ཤི་རྒྱག་པ་འདི་རིགས་ཀྱིས་མིའི་རིགས་ཀྱིས་ལུས་ཕུང་ནང་གི་རྒྱུན་ལྡན་གྱི་སྐྱེ་ཁམས་བྱེད་ནུས་ཀྱི་ཕྲ་ཕུང་མེད་པར་བཟོ་བར་ཕན་ཐོགས་ཡོད་ལ། འབྲས་སྐྲན་ཕྲ་ཕུང་སྐྱེ་འཕེལ་ཚོད་འཛིན་བྱེད་པའང་ཕན་ཐོགས་ཡོད་པར་མ་ཟད། ད་དུང་སྐྱེ་དངོས་ཕྲ་བའི་ནད་གཞི་སྣ་ཚོགས་གཙང་སེལ་བྱེད་པར་ཕན་ཐོགས་ཡོད་དོ། །ཕྲ་ཕུང་རང་ཤི་རྒྱག་པའི་ཐབས་ལམ་ཧ་ཅང་མང་བ་དང་ཕྲ་ཕུང་འཚོག་ཤི་ནི་དེའི་ནང་གི་གཅིག་ཡིན།

ཅིའི་ཕྱིར་ཕྲ་ཕུང་འཚོག་ཤི་བྱེད་དགོས་སམ་ཞེ་ན། མ་གཞིར་ཕྲ་ཕུང་ནི"ཁང་བ་ཆུང་ཆུང་"ཞིག་དང་མཚུངས་པར་ནད་གཞིའི་ནང་དུ་ཐུས་ནས་སྒྱུ་ཏམ་ཆེན་པོས་སྐྱེ་འཕེལ་བྱས་ནས་ནད་གཞི་སློང་གིན་ཡོད། ཐབས་ལམ་ལེགས་ཤོས་ནི་ཁང་བ་ཆུང་ཆུང་དེ་གཏོར་ནས་ནད་གཞི་སྲུང་སྐྱོབ་བྱེད་མཁན་མེད་པར་བཟོ་བ་དང་དུས་མཚུངས་སུ་རིམས་ཐར་མ་ལག་སྐུལ་ནས་ནད་གཞི་རྩ་མེད་དུ་གཏོང་རྒྱུ་དེ་ཡིན། ཕྲ་ཕུང་འཚོག་ཤི་ནི་ཁང་བ་ཆུང་ཆུང་གཏོར་བའི་ཐབས་ཤེས་ནུས་ལྡན་ཡིན།

འོན་ཀྱང་ཕྲ་ཕུང་འཚོག་ཤི་ནི་ཀྱི་དངོ་གཉིས་མ་ཡིན་ལ། རྒྱུན་ལྡན་མིན་པའི་ཕྲ་ཕུང་འཚོག་ཤིས་དྲེག་ནད་སོགས་ཀྱི་ནད་རིགས་སྣ་ཚོགས་སློང་སྲིད། ཚད་ལས་བརྒལ་བའི་ཕྲ་ཕུང་འཚོག་ཤི་དེ་ཡང་བརྒྱལ་ནད་དང་ཁྲག་རྫུལ་ནད་ཀྱི་རྩ་བའི་འབྱུང་རྐྱེན་ཡིན། དེ་བས་འདི་ནི་ཕྲ་ཕུང་འཚོག་ཤིའི་ཆ་རྫུལ་འཕྲུལ་བཟོས་ཤེས་དགོས་པའི་དོན་སྙིང་ཡིན་ནོ། །

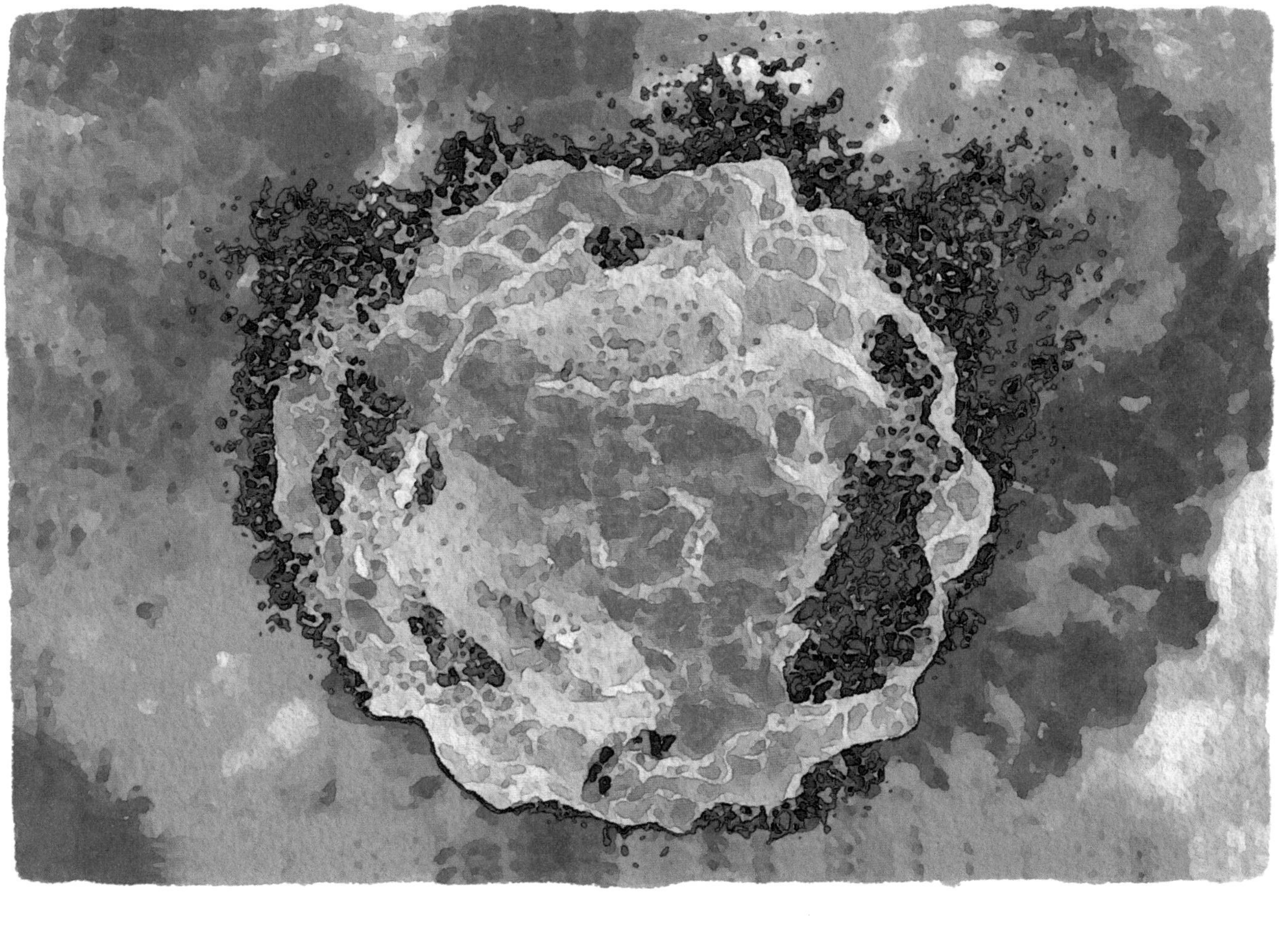

超级稻亩产首破一千公斤

རིམ་འདས་ཆུ་འབྲས་མུའུ་རེའི་ཐོན་ཚད་སྤྱི་ཀྲ་ཆིག་སྟོང་ལས་ཐོག་མར་བརྒལ་བ།

2014年，农业部组织专家分别对两块大面积试种的超级水稻进行了现场测产。结果发现，两地的平均亩产分别为1006.1公斤和1026.7公斤，首次实现了超级水稻百亩片区亩产超千公斤的目标，创造了一项世界纪录。同年，在全国13个省、市、自治区的30个超级水稻示范区中，虽有个别地区遭受了自然灾害，但整体平均亩产仍达900至950公斤，这标志着我国超级水稻研究的重大突破。

亩产超千公斤是什么意思呢？这样说吧，2013年中国实际水稻平均亩产仅为447.8公斤。换句话说，超级水稻的亩产至少翻倍。用袁隆平院士的话来说，就是“能多养活7000万人口，相当于多养活一个湖南省”。

亩产超千公斤的成绩，绝对来之不易，是相关科学家若干年来艰苦攻关的结果。实际上，2000年时，百亩示范区的亩产才只700公斤，2004年增至800公斤，2011年再到926.6公斤，2013年达988.1公斤，2014年才超过1000公斤。

2014ལོར་ཞིང་ལས་ཕྱུས་ཆེད་མཁས་རྩ་འཛུགས་བྱས་ནས་ཚོད་འདེབས་བྱས་པའི་གཞི་ཁྱོན་ཆེ་བ་གཉིས་ཀྱི་རིམ་འདས་ཆུ་འབྲས་ལ་ཡུལ་དངོས་ཚད་ལེན་བྱས་པ་ཡིན། མཇུག་འབྲས་ལས་ཤེས་རྟོགས་བྱུང་བ་ལྟར་ན། ས་ཁུལ་གཉིས་ཀྱི་ཆ་སྙོམས་མུའུ་རེའི་ཐོན་ཚད་སྤྱི་ཀྲ1006.1དང་སྤྱི་ཀྲ1026.7སོ་སོར་ཟིན་ཏེ། ཐོག་དང་པོར་རིམ་འདས་ཆུ་འབྲས་མུའུ་བརྒྱའི་ཁུལ་དུམ་གྱི་མུའུ་རེའི་ཐོན་ཚད་སྤྱི་ཀྲ་སྟོང་ལས་བརྒལ་བའི་དམིགས་ཚད་མངོན་འགྱུར་བྱུང་ནས་འཛམ་གླིང་གི་ཟིན་ཐོ་ཞིག་བསྐྲུན་ཡོད། ལོ་དེར་རྒྱལ་ཡོངས་ཀྱི་ཞིང་ཆེན་དང་། གྲོང་ཁྱེར། རང་སྐྱོང་ལྗོངས་བཅས13ཀྱི་རིམ་འདས་ཆུ་འབྲས་དཔེ་སྟོན་ཁུལ30ཡི་ནང་དུ། ས་ཁུལ་ཁག་ཅིག་ལ་རང་བྱུང་གནོད་འཚེ་ཐོག་ཡོད་མོད། འོན་ཀྱང་སྤྱི་ཡོངས་ཀྱི་ཆ་སྙོམས་མུའུ་རེའི་ཐོན་ཚད་སྔར་བཞིན་སྤྱི་ཀྲ900ནས950ཟིན་པ་དེའི་སྟེང་ནས་རང་རྒྱལ་གྱི་རིམ་འདས་ཆུ་འབྲས་ཞིབ་འཇུག་གི་ཐོད་རྒལ་གལ་ཆེན་བྱུང་བ་མཚོན་ཡོད།

མུའུ་རེའི་ཐོན་ཚད་སྤྱི་ཀྲ་སྟོང་ལས་བརྒལ་བའི་ནང་དོན་ཅི་ཞིག་ཡིན་ནམ་ཞེ་ན། འདི་ལྟར་བཤད་ཆོག་སྟེ། 2013ལོར་ཀྲུང་གོའི་དངོས་ཡོད་ཆུ་འབྲས་ཆ་སྙོམས་མུའུ་རེའི་ཐོན་ཚད་སྤྱི་ཀྲ447.8ལས་ཟིན་མེད། ཡང་སྐད་ཆ་བསྒྱུར་ནས་བཤད་ན། རིམ་འདས་ཆུ་འབྲས་ཀྱི་མུའུ་རེའི་ཐོན་ཚད་ཉུང་མཐར་ཡང་ལྡབ་འཕར་ཡོད། ཡོན་ཧྲི་ཡན་ལུང་ཕིང་གི་སྐད་ཆའི་སྟེང་ནས་བཤད་ན། འདི་ནི“མི་འབོར་ཁྲི7000གསོ་ཐུབ་པ་དང་། ད་རུང་ཧུའུ་ནན་ཞིང་ཆེན་གཅིག་གསོ་ཐུབ་པ་དང་མཚུངས”ཞེས་པ་ཇི་བཞིན་ཡིན་ནོ། །

མུའུ་རེའི་ཐོན་ཚད་སྤྱི་ཀྲ་སྟོང་ལས་བརྒལ་བའི་གྲུབ་འབྲས་ནི་ལས་སླ་པོར་ཐོབ་པ་ཞིག་གཏན་ནས་མིན་ཏེ། འདི་ནི་འབྲེལ་ཡོད་ཚན་རིག་པས་ལོ་ཁ་ཤས་རིང་དཀའ་སྤྱད་འགག་སྒྲོལ་བྱས་པའི་འབྲས་བུ་ཞིག་ཡིན། དོན་དངོས་ཐོག2000ལོར་མུའུ་བརྒྱའི་དཔེ་སྟོན་ཁུལ་གྱི་མུའུ་རེའི་ཐོན་ཚད་སྤྱི་ཀྲ700ལས་མེད་པ་དང་། 2004ལོར་སྤྱི་ཀྲ800ལ་འཕར། 2011ལོར་སྤྱི་ཀྲ926.6ལ་འཕར། 2013ལོར་སྤྱི་ཀྲ988.1ལ་འཕར། 2014ལོར་སྤྱི་ཀྲ1000ལས་བརྒལ་བའོ། །

28 人源葡萄糖转运蛋白结构

མིའི་འབྱུང་ཁུངས་རྒྱུན་མངར་གྱི་བརྒྱུད་འདྲེན་སྤྲི་དཀར་སྒྲིག་གཞི།

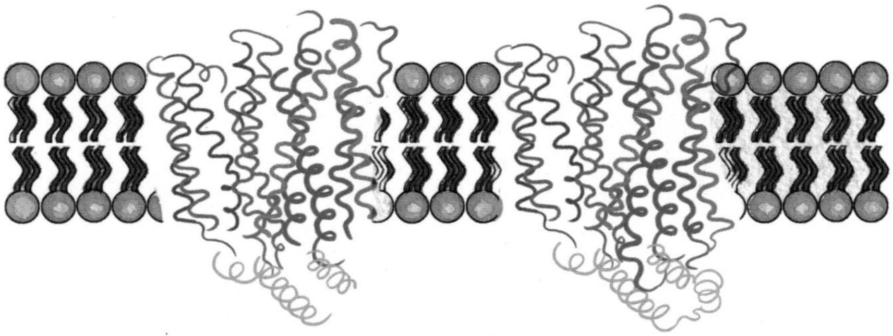

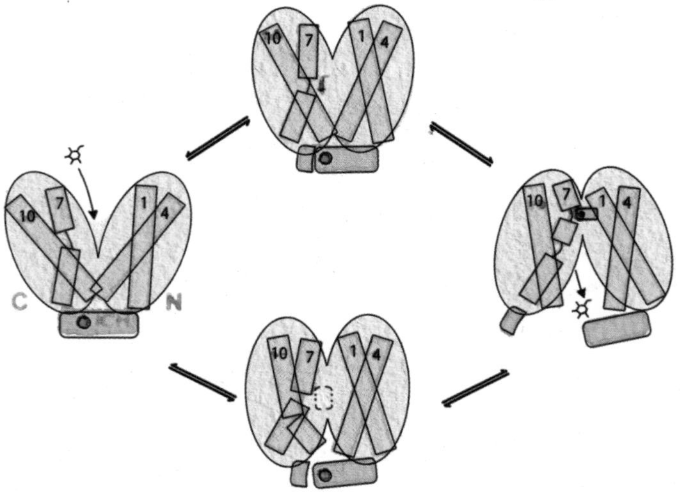
10
7
1
4
C
N

2014年6月5日，我国科学家在世界上首次解析了一种人源葡萄糖转运蛋白的晶体结构，初步揭示了其工作机制及相关疾病的致病机理。该成果被国际同行誉为里程碑式突破，因为它揭示了人体维持生命的基本物质进入细胞膜的过程。

什么是葡萄糖转运蛋白呢？原来，葡萄糖是生物最重要的能量来源，它若想发挥作用，就得先进入细胞。但葡萄糖是能溶于水的亲水性物质，而细胞膜是疏水性的，它就像一层油膜那样挡住了葡萄糖，让它无法进入细胞发挥作用，因此必须依靠转运蛋白这种“渡船”来摆渡。渡船嵌于细胞膜上，能将葡萄糖从细胞外转送到细胞内。

但是，“渡船”到底是如何摆渡的呢？为此，人类进行了近百年的研究，却始终没能取得实质性突破，以至该问题成了国际上最前沿，也是最困难的研究热点。而本成果则是该热点的重大突破，从科研角度说，它首次揭示了人源转运蛋白的结构；从临床医学角度说，它有助于了解幼儿癫痫、癌症、糖尿病的发病机制。

2014ལོའི་ཟླ6པའི་ཚེས5ཉིན། རང་རྒྱལ་གྱི་ཚན་རིག་པས་འཛམ་གླིང་སྟེང་གི་མིའི་འབྱུང་ཁུངས་རྒྱུན་མངར་གྱི་བརྒྱུད་འདྲེན་སྲི་དཀར་གྱི་ཤེལ་གཟུགས་སྒྲིག་གཞིར་ཞིབ་འགྲེལ་ཐེངས་དང་པོ་བྱས་པས། དེའི་ལས་ཀའི་སྒྲིག་གཞི་དང་འབྲེལ་ཡོད་ནད་འབྱུང་ནང་རྐྱེན་གསལ་སྟོན་རགས་ཙམ་བྱས་ཡོད། གྲུབ་འབྲས་དེར་རྒྱལ་སྤྱིའི་ལས་རིགས་གཅིག་པས་ལམ་ཚད་ཇོ་རིང་ལྟ་བུའི་ཐོད་རྒལ་ཞེས་བརྗོད་པ་ཡིན། རྒྱུ་མཚན་ནི་འདིས་མིའི་ལུས་པོའི་ཚེ་སྲོག་རྒྱུན་འཁྱོངས་བྱེད་པའི་གཞི་རྩའི་དངོས་པོ་ཕྲ་ཕུང་སྐྱི་མོར་ཞུགས་པའི་བརྒྱུད་རིམ་གསལ་སྟོན་བྱས་ཡོད་པས་སོ། །

ཅི་ཞིག་ལ་རྒྱུན་མངར་གྱི་འདྲེན་སྲི་དཀར་ཟེར་རམ་ཞེ་ན། མ་གཞིར་རྒྱུན་མངར་ནི་སྐྱེ་དངོས་ཀྱི་ཆེས་གལ་ཆེ་བའི་ནུས་ཚད་ཀྱི་འབྱུང་ཁུངས་ཡིན་པས། དེས་ནུས་པ་འདོན་སྤེལ་བྱེད་འདོད་ན་ཐོག་མར་ཕྲ་ཕུང་དུ་ཞུགས་དགོས། འོན་ཀྱང་རྒྱུན་མངར་ནི་ཆུའི་ནང་དུ་ཞུ་ཐུབ་པའི་ཆུ་མཐུན་རང་བཞིན་གྱི་དངོས་པོ་ཡིན་ལ། ཕྲ་ཕུང་སྐྱི་མོ་ནི་ཆུ་འབྲིད་རང་བཞིན་ཅན་ཡིན་པས། དེས་སྐྱམ་སྐྱི་རིམ་པ་ཞིག་དང་འདྲ་བར་རྒྱུན་མངར་བཀག་སྟེ་ཕྲ་ཕུང་གི་ནང་དུ་ཞུགས་ནས་ནུས་པ་འདོན་མི་ཐུབ་པས། ངེས་པར་དུ་སྲི་དཀར་གྱི"གྲུ་གཟིངས"ལ་བརྟེན་ནས་བརྒལ་དགོས། གྲུ་གཟིངས་དེ་ཕྲ་ཕུང་སྐྱི་མོའི་སྟེང་དུ་བཞག་ན་རྒྱུན་མངར་དེ་ཕྲ་ཕུང་གི་ཕྱི་ནས་ཕྲ་ཕུང་གི་ནང་དུ་བརྒྱུད་སྐྱོད་བྱེད་ཐུབ།

འོན་ཀྱང"གྲུ་གཟིངས"དེ་ཡང་སྙིང་ཇི་ལྟར་བརྒལ་བ་ཡིན་ནམ་ཞེ་ན། དེར་མིའི་རིགས་ཀྱིས་ལོ་བརྒྱ་ཙམ་རིང་ཞིབ་འཇུག་བྱས་ཀྱང་ཐོག་མཐའ་བར་གསུམ་དུ་དོན་དངོས་རང་བཞིན་གྱི་འགག་སྒྲོལ་བྱུང་མེད་པས། གནད་དོན་འདི་སྟར་བཞིན་རྒྱལ་སྤྱིའི་སྟེང་གི་ཆེས་མདུན་གྲལ་དང་ཆེས་དཀའ་ངལ་ཆེ་ཤོས་ཀྱི་ཞིབ་འཇུག་བྱ་ཡུལ་ཡིན་པ་རེད། དེ་ཡང་གྲུབ་འབྲས་འདི་ནི་ཚ་གནས་འདིའི་ཐོད་རྒལ་གལ་ཆེན་ཞིག་ཡིན། ཚན་རིག་ཞིབ་འཇུག་གི་ངོས་ནས་བཤད་ན། དེས་མིའི་འབྱུང་ཁུངས་སྲི་དཀར་གྱི་སྒྲིག་གཞི་ཐོག་མར་གསལ་སྟོན་བྱས་ཡོད། ནད་ཐོག་གསོ་རིག་གི་ངོས་ནས་བཤད་ན། དེས་བྱིས་པའི་བརྒྱལ་གཟེར་དང་། སྐྲན་ནད། གཅིན་སྙི་ཟ་ཁུ་ནད་བཅས་ཀྱི་ནད་འབྱུང་ནང་རྐྱེན་ཤེས་རྟོགས་བྱེད་པར་ཕན་ཐོགས་ཡོད་དོ། །

29 阿尔茨海默症蛋白结构
ཨར་ཚེ་ཧའི་མོ་ནད་ཀྱི་སྤྲི་དཀར་སྒྲིག་གཞི།

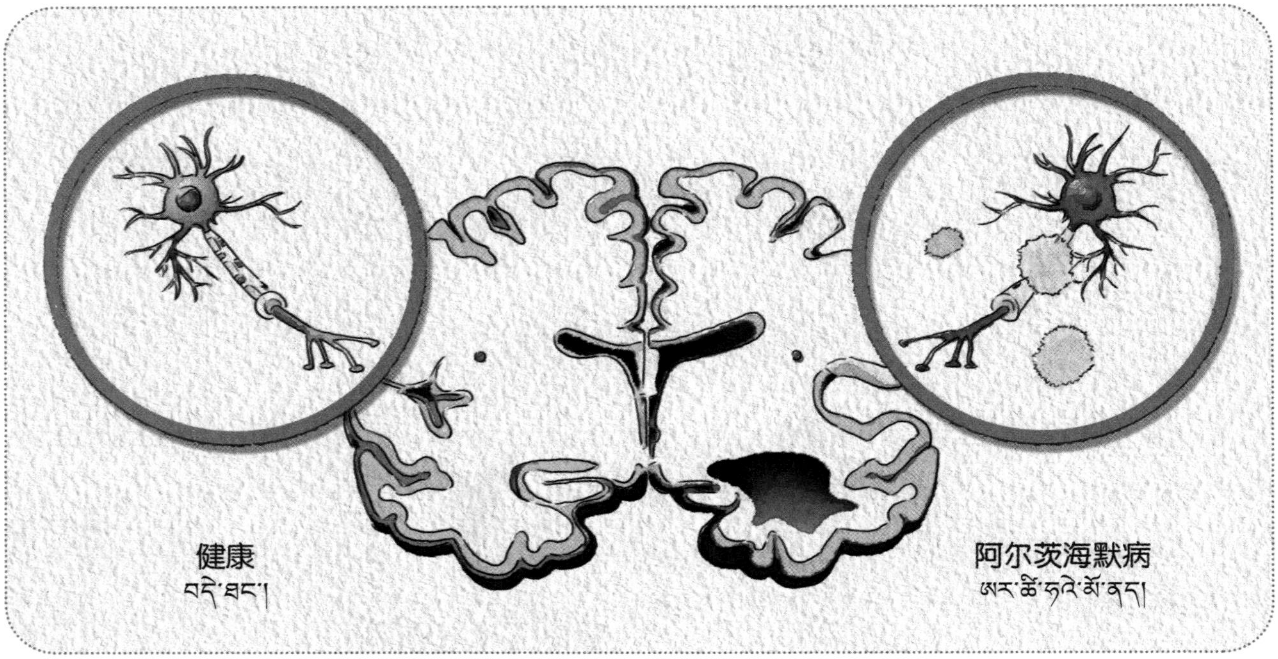
健康
བདེ་ཐང་།
阿尔茨海默病
ཨར་ཚེ་ཧའི་མོ་ནད།

据2014年6月29日的《自然》杂志报道，我国科学家在世界上首次揭示了阿尔茨海默症致病蛋白的精细三维结构，让该病的发病机理和后续医治迈出了关键一步，填补了重要空白。

阿尔茨海默症是一类发病隐匿的神经退行性疾病，其临床表现为记忆障碍、失语、失用、失认、视觉空间技能损害、执行功能障碍以及人格和行为改变等全面性痴呆，患者神经元逐渐死亡，病人逐渐丧失独立生活能力，最终因脑功能严重受损而死亡。美国前总统里根和英国前首相撒切尔夫人都罹患了该疾病。据不完全统计，我国目前有大约超过500万名阿尔茨海默症患者，占世界发病总数的四分之一。由于患者大部分为老年人，故俗称为老年痴呆症，该病目前还无特效药。

阿尔茨海默症的病因迄今未明，目前的假设病因多达30余种，如家族史、头部外伤、病毒感染、甲状腺病、低教育水平、母亲育龄过高或过低等。而本成果则有助于搞清病因，进而有助于对症下药。

2014ལོའི་ཟླ6པའི་ཚེས29ཉིན་གྱི《རང་བྱུང》དུས་དེབ་སྟེང་དུ་སྤེལ་བའི་གནས་ཚུལ་ལྟར་ན། རང་རྒྱལ་གྱི་ཚན་རིག་པས་འཛམ་གླིང་སྟེང་གི་ཨར་ཚེ་ཧའི་མོ་ནད་ཀྱི་ནད་འབྱུང་སྤྱི་དཀར་གྱི་ཞིབ་ཕྲའི་རྩ་གསུམ་སྒྲིག་གཞི་ཐེངས་དང་པོར་གསལ་སྟོན་བྱས་ནས་ནད་དེའི་ནད་འབྱུང་ནང་རྐྱེན་དང་རྗེས་མཐུད་སྨན་བཅོས་ཐད་ལ་འགག་རྩའི་གོམ་སྟབས་ཤིག་སྤོས་ནས་སྟོང་ཆ་གལ་ཆེན་བསྐྱངས་ཡོད།

ཨར་ཚེ་ཧའི་མོ་ནད་ནི་ནད་འབྱུང་སྦས་སྐྱུང་གི་དབང་རྩ་ཉམས་པའི་རང་བཞིན་གྱི་ནད་རིགས་ཤིག་ཡིན་པ་དང་། འདིའི་ནད་ཐོག་མངོན་ཚུལ་ནི་དྲན་ཤེས་ཉམས་པ་དང་། སྐད་ཆ་མི་བཤད་པ། སྤྱོད་མི་ཤེས་པ། ངོས་འཛིན་བྱེད་མི་ཐུབ་པ། མཐོང་ཚོར་བར་སྟོང་རྩལ་ནུས་ལ་གནོད་སྐྱོན་ཐོག་པ། ལག་བསྟར་བྱེད་ནུས་ལ་འགོག་རྐྱེན་བཟོ་བ། མི་གཤིས་དང་བྱ་སྤྱོད་འགྱུར་ལྡོག་སོགས་ཕྱོགས་ཡོངས་རང་བཞིན་གྱི་གློན་ནད་ཡིན་པ་དང་། ནད་པའི་དབང་རྩའི་གཞི་རིམ་བཞིན་ཤི་བ། ནད་པ་རིམ་བཞིན་རང་ཚུགས་ཀྱི་འཚོ་བའི་ནུས་པ་ཉམས་པར་གྱུར་ནས་མཐར་ཀླད་པའི་ནུས་པར་གནོད་འཚེ་ཚབས་ཆེན་ཐོག་ནས་ཤི་བ་ཡིན། ཨ་རིའི་ཙུང་ཐུང་ཱུར་པ་ལི་ཀིན་དང་དབྱིན་ཇིའི་དབུ་བཞུགས་བློན་ཆེན་ཱུར་པ་ལྕམ་མོ་སྦྲ་ཆེར་གཉིས་ཀར་ནད་འདི་ཐོག་ཡོད། བསྡོམས་རྩིས་རགས་ཙམ་བྱས་པ་ལྟར་ན། རང་རྒྱལ་དུ་མིག་སྔར་ཨར་ཚེ་ཧའི་མོ་ནད་ཐོག་པའི་ནད་པ་ཁྲི500ལས་བརྒལ་བས། འཛམ་གླིང་གི་ནད་ཐོག་པའི་བསྡོམས་གྲངས་ཀྱི་བཞི་ཆའི་གཅིག་ཟིན་ཡོད། ནད་པ་མང་ཆེ་བ་ནི་རྒན་པ་ཡིན་པས་ངག་རྒྱུན་དུ་རྒན་པའི་གློན་ནད་ཟེར། ནད་འདི་ལ་མིག་སྔར་དམིགས་བསལ་གྱི་སྨན་ནུས་པ་ཅན་མེད་དོ། །

ཨར་ཚེ་ཧའི་མོ་ནད་ཀྱི་ནད་རྐྱེན་ད་ལྟའི་བར་དུ་གསལ་པོ་མེད་པ་དང་། མིག་སྔར་ཆ་འཛོག་བྱས་པའི་ནད་རྐྱེན་གྱི་རིགས30ལྷག་ཡོད་པ་དཔེར་ན། ཁྱིམ་རྒྱུད་ཀྱི་ལོ་རྒྱུས་དང་མགོ་བོའི་ཕྱི་རྨས་ཐེབས་པ། ནད་དུག་འགོས་པ། ཨོལ་གོང་གཤེར་ རྨེན་ནད། སློབ་གསོའི་ཚད་དམའ་བ། ཨ་མའི་བཙའ་ལོ་མཐོ་དྲགས་པའམ་དམའ་དྲགས་པ་སོགས་ལྟ་བུ་ཡིན། གྲུབ་འབྲས་འདི་ནི་ནད་རྐྱེན་གཙང་སེལ་བྱེད་པར་ཕན་པ་དང་། རིམ་གྱིས་ནད་ཐོག་སྨན་བཅོས་བྱེད་པར་ཕན་ཐོགས་ཡོད་དོ། །

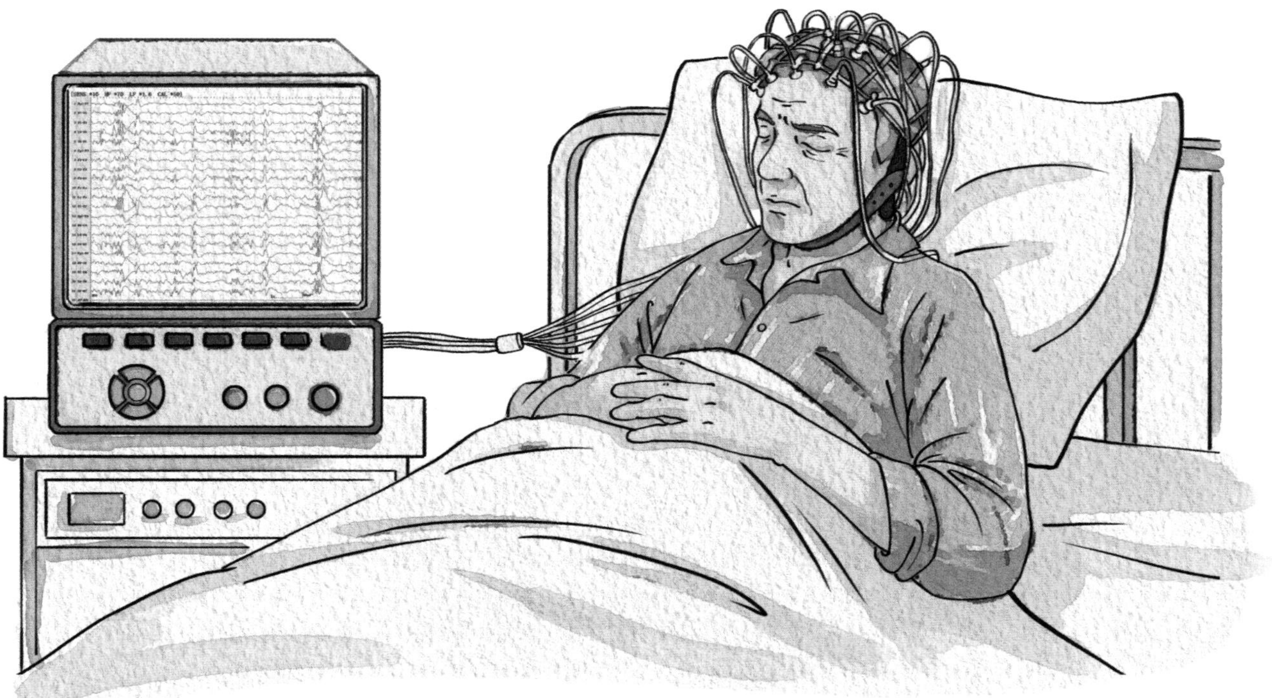

30 心脏再生新机制
སྙིང་བསྐྱར་སྐྱེས་ཀྱི་འཕྲུལ་བཟོས་གསར་བ།

最近，我国科学家在心脏的再生机制研究方面取得了一系列重大进展，相关成果分别发表在2014年和2017年的《自然》等权威学术杂志上，还被评为了“2014年中国科学十大进展”之一。比如，发现新生期心脏具有重新生成冠状动脉的能力，这就为先天性心脏病的治疗提供了新手段；找到了一种促进哺乳动物心肌细胞增殖的新方法，这就为心脏再生提供了新方向，特别是为心梗患者带来了福音。

众所周知，心梗是全球头号致死疾病，全球约有四千万患者，因心肌细胞的死亡而导致心脏衰竭。在严重的急性心梗中，心脏组织由于大量缺血而导致大面积心肌细胞死亡，剩余的心肌细胞由于缺乏再生能力，最终导致心脏衰竭。因此，如何使心脏损伤后再生，就成了心血管研究的根本问题。

受损后的哺乳动物心脏之所以不能再生，主要是因为心肌细胞的增殖能力很低。若能刺激心肌细胞的增殖，就能修复心脏，找到心脏再生的潜在手段。本成果就找到了促进心肌细胞增殖的新方法与新机制。

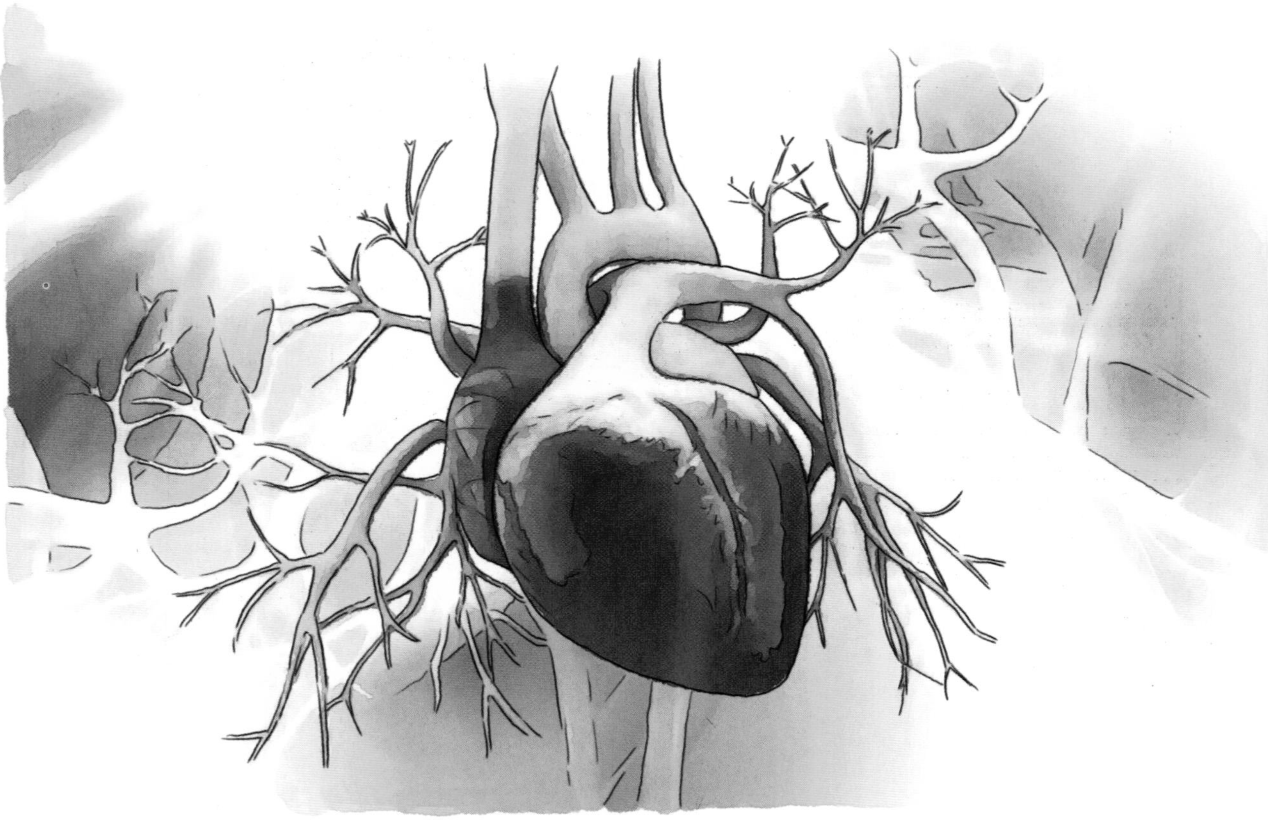

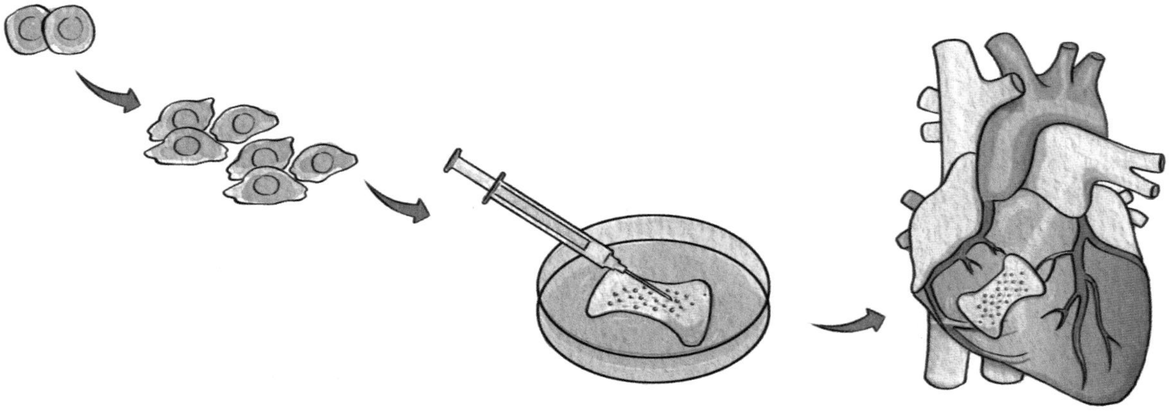

ཉེ་ཆར། རང་རྒྱལ་གྱི་ཚན་རིག་པས་སྙིང་བསྐྱར་སྐྱེས་ཀྱི་འཕྲུལ་བཟོས་ཞིབ་འཇུག་ཐད་ནས་འཕེལ་རྒྱས་ཡལ་ཆེན་རབ་དང་རིམ་པ་བྱུང་བ་དང་འབྲེལ་ཏེ། གྲུབ་འབྲས་འདི2014ལོ་དང2017ལོའི《རང་བྱུང》སོགས་དབང་གྲགས་ལྡན་པའི་རིག་གཞུང་དུས་དེབ་སྟེང་སོ་སོར་སྤེལ་བ་དང་། ད་དུང“2014ལོའི་ཀྲུང་གོའི་ཚན་རིག་གི་གོང་འཕེལ་ཆེན་པོ་བཅུ”ཡི་གྲས་སུ་བདམས་ཡོད་དེ། དཔེར་ན། གསར་སྐྱེས་དུས་ཀྱི་སྙིང་ལ་སླར་ཡང་ཧྲག་དཔྱིབས་འཕར་རྩ་གྲུབ་པའི་ནུས་པ་ལྡན་པ་ཤེས་རྟོགས་བྱུང་བ་དེས་ལྷན་སྐྱེས་སྙིང་ནད་སྨན་བཅོས་ལ་བྱེད་ཐབས་གསར་བ་མགོ་སྟོད་བྱས་ཡོད། བོ་འབྱུང་སྲོག་ཆགས་ཀྱི་སྙིང་རྩའི་ཕྲ་ཕུང་འཕེལ་སྐྱེར་སྐུལ་འདེད་གཏོང་བའི་ཐབས་ཤེས་གསར་བ་ཞིག་རྙེད་པས། སྙིང་བསྐྱར་སྐྱེས་ལ་ཁ་ཕྱོགས་གསར་བ་ཞིག་མགོ་སྟོད་བྱས་པ་དང་། ལྷག་པར་དུ་སྙིང་རྩ་འགགས་པའི་ནད་པར་འཕྲིན་བཟང་བསྒྲོན་པ་ཡིན།

ཀུན་གྱིས་ཤེས་གསལ་ལྟར། སྙིང་རྩ་འགགས་པ་ནི་འཛམ་གླིང་སྟེང་གི་འཆི་བར་བྱེད་པའི་ནད་རིགས་ཨང་དང་པོ་ཡིན་པ་དང་། འཛམ་གླིང་སྟེང་དུ་ནད་པ་ཁྲི་བཞི་སྟོང་ལྷག་ཡོད། སྙིང་རྩའི་ཕྲ་ཕུང་ཤི་བའི་རྐྱེན་གྱིས་སྙིང་ཁམས་ཉམས་པར་གྱུར། དོས་དྲག་རང་བཞིན་གྱི་སྙིང་རྩ་འགགས་ཚབས་ཆེ་བའི་ཁྲོད་དུ་སྙིང་གི་རྩ་འཛུགས་ལ་ཁྲག་མང་པོ་མི་འདང་བའི་དབང་གིས་གཞི་ཁྱོན་ཆེ་བའི་སྙིང་རྩའི་ཕྲ་ཕུང་ཤི་བ་དང་། སྙིང་རྩའི་ཕྲ་ཕུང་ལྷག་མ་ནི་བསྐྱར་སྐྱེས་ནུས་པ་མེད་པའི་དབང་གིས་མཐར་སྙིང་ཉམས་རྒྱུད་དུ་འགྲོ་བཞིན་ཡོད། དེའི་ཕྱིར་སྙིང་ལ་རྣམ་སྐྱོན་ཕོག་རྗེས་ཇི་ལྟར་བསྐྱར་སྐྱེས་བྱེད་པ་ནི་སྙིང་ཁམས་ཁྲག་རྩའི་ཞིབ་འཇུག་གི་རྩ་བའི་གནད་དོན་ཞིག་ཏུ་གྱུར་ཡོད།

གནོད་སྐྱོན་ཐེབས་རྗེས་ཀྱི་འོ་འབྱུང་སྲོག་ཆགས་ཀྱི་སྙིང་བསྐྱར་སྐྱེས་མི་ཐུབ་པའི་རྒྱུ་མཚན་གཙོ་བོ་ནི་སྙིང་རྩའི་ཕྲ་ཕུང་གི་འཕེལ་སྐྱེ་ནུས་པ་ཏ་ཅང་ཞན་པས་ཡིན། གལ་ཏེ་སྙིང་རྩའི་ཕྲ་ཕུང་གི་འཕེལ་སྐྱེ་འཕེལ་ལ་ཟུག་སྣོང་བཏང་ན་སྙིང་སླར་གསོ་བྱེད་ཐུབ་པར་མ་ཟད། སྙིང་བསྐྱར་སྐྱེས་ཀྱི་མངོན་མེད་བྱེད་ཐབས་རྙེད་ཐུབ། གྲུབ་འབྲས་འདིས་སྙིང་རྩའི་ཕྲ་ཕུང་གི་འཕེལ་སྐྱེའི་སྐུལ་འདེད་གཏོང་བའི་བྱེད་ཐབས་གསར་བ་དང་འཕྲུལ་བཟོས་གསར་བ་རྙེད་ཡོད།

31 细菌脂多糖的先天免疫受体
འབུ་ཕྲའི་ཚིལ་མང་མངར་ཆའི་ལྷན་སྐྱེས་ཀྱི་རིམས་ཐར་ཚོར་གཟུགས།

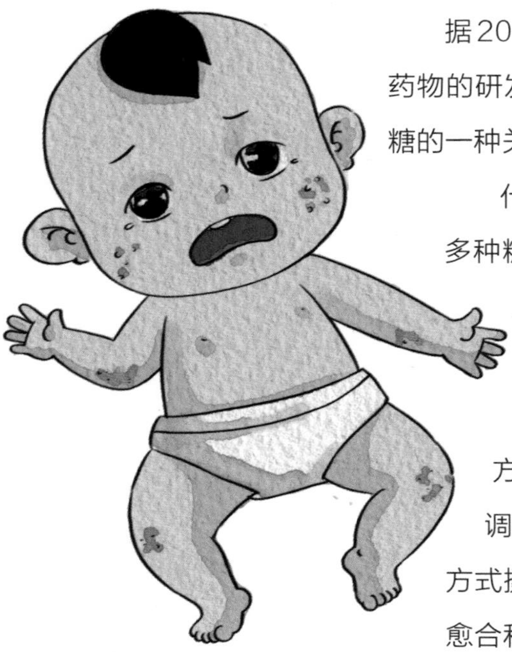

据2014年10月9日的《自然》杂志报道，我国科学家在败血症药物的研发方面取得了重要基础性成果，即在细胞内发现了细菌脂多糖的一种关键的先天免疫受体。

什么是细菌脂多糖呢？细菌脂多糖，简称LPS，是由油脂和多种糖类构成的一种物质，它附着在一种特殊细菌细胞壁的外壁上。该特殊细菌会在一种名叫“革兰氏染色法”的细菌鉴别染色法之下呈红色。在自然界中，LPS除了来源于肠道细菌以外，还附着在许多食用植物中。若通过口服或注射等方式来摄取LPS，不但无毒，反而有助于免疫系统的成熟和调节。例如，婴幼儿若想避免成为过敏性体质，便可通过自然方式摄入LPS。又比如，在皮肤方面，LPS信号的转导对于伤口愈合和抑制过敏至关重要。总之，LPS能维持身体的免疫功能。

为什么LPS能增强身体的免疫功能呢？这正是本成果的核心，因为它发现LPS的一种先天性免疫受体。该受体就是炎症性的可用于肿瘤细胞检测的“半胱天冬酶”。

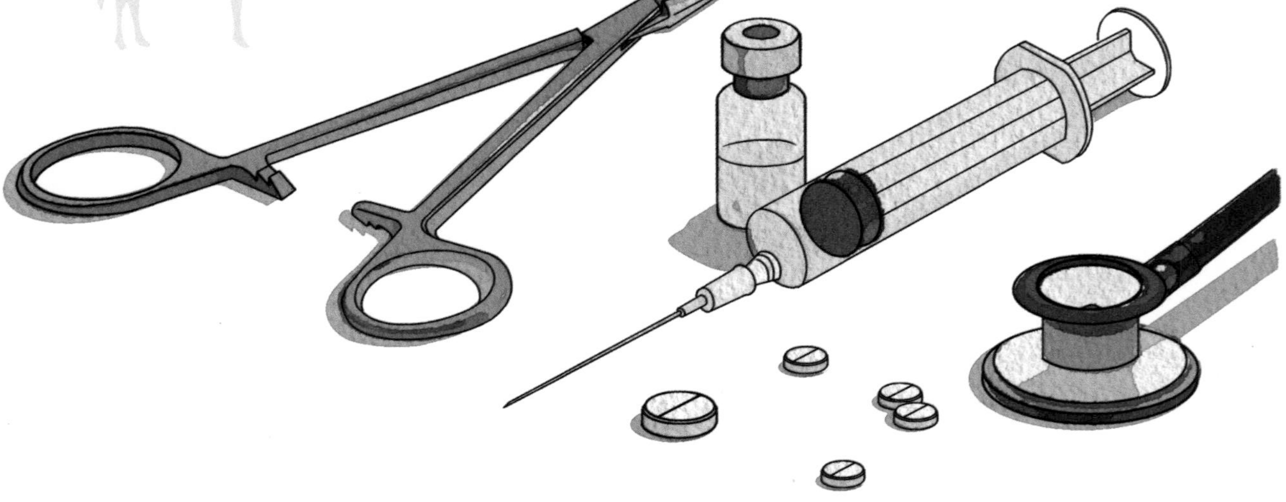

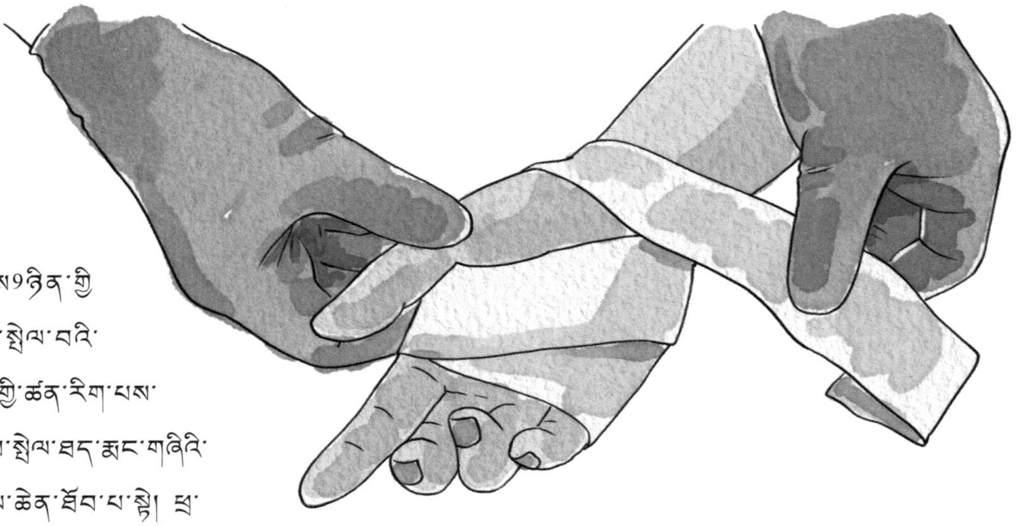

2014ལོའི་ཟླ10པའི་ཚེས9ཉིན་གྱི《རང་བྱུང》དུས་དེབ་སྟེང་དུ་སྤེལ་བའི་གནས་ཚུལ་ལྟར་ན། རང་རྒྱལ་གྱི་ཚན་རིག་པས་ཁྲག་ཉུལ་ནད་ཀྱི་སྨན་རྫས་ཞིབ་སྤེལ་ཐད་རྨང་གཞིའི་རང་བཞིན་གྱི་གྲུབ་འབྲས་གལ་ཆེན་ཐོབ་པ་སྟེ། ཕྲ་ཕུང་ནང་འབུ་ཕྲའི་སྒྲུམ་ཚིལ་མངར་མང་གི་འགག་རྩའི་ལྷན་སྐྱེས་རིམས་ཐར་ནུས་པ་ཚོར་གཟུགས་ཤིག་ཤེས་རྟོགས་བྱུང་བ་ཡིན།

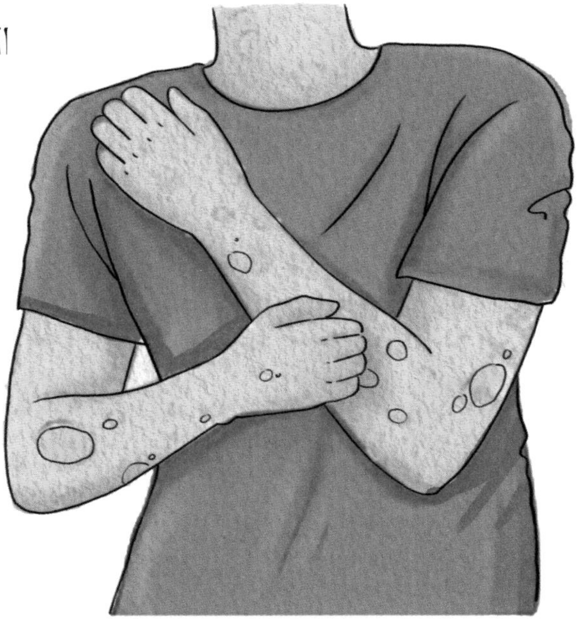

ཅི་ཞིག་ལ་འབུ་ཕྲའི་སྒྲུམ་ཚིལ་མངར་མང་ཟེར་རམ་ཞེ་ན། འབུ་ཕྲའི་སྒྲུམ་ཚིལ་མངར་མང་གི་བསྡུས་མིང་ལLPSཟེར། དེ་ནི་སྒྲུམ་ཚིལ་དང་མངར་ཆའི་རིགས་སྣ་མང་པོའི་གྲུབ་པའི་དངོས་པོ་ཞིག་ཡིན། དེ་ནི་འབུ་ཕྲའི་ཕྲ་ཕུང་ཁྱད་པར་ཅན་གྱི་ཕྱི་ངོས་སུ་འབྱར་ཡོད། ཁྱད་པར་ཅན་གྱི་འབུ་ཕྲ་དེ་ནི“ཀོ་ལན་ཧྲི་མདོག་བསྒྱུར་ཐབས”ཞེས་པའི་འབུ་ཕྲ་ཞིག་གིས་དབྱེ་འབྱེད་མདོག་བསྒྱུར་ཐབས་འོག་ཏུ་དམར་པོར་མངོན། རང་བྱུང་ཁམས་སུLPSརྒྱུ་མའི་འབུ་ཕྲ་ལས་བྱུང་བ་ཕུད། ད་དུང་བཟའ་བཅའི་རྫི་ཤིང་མང་པོའི་ནང་དུ་འབྱར་ཡོད། གལ་ཏེ་ཧོང་དུ་བསྟེན་པའམ་ཡང་ན་ཁབ་རྒྱག་པ་སོགས་ཀྱི་ཐབས་ལ་བརྟེན་ནསLPSབླངས་ན། དུག་མེད་པར་མ་ཟད། དེ་ལས་ལྡོག་སྟེ་རིམས་ཐར་མ་ལག་འཕྲུལ་ཤུགས་ཆང་དང་སྙོམ་སྒྲིག་བྱེད་པར་ཕན་པ་ཡོད་དེ། དཔེར་ན། ཕྲུ་གུས་གལ་ཏེ་ཚོར་ལྷག་ལོག་པའི་རང་བཞིན་གྱི་གཟུགས་གཞི་རུ་འགྱུར་བར་མི་འདོད་ན། རང་བྱུང་བྱེད་སྟངས་བརྒྱུད་དེLPSསྤུད་ལེན་བྱས་ཆོག ཡང་དཔེར་ན། སྐྱི་པགས་ཀྱི་ཕྱོགས་ནསLPSབཟ་རྟགས་བརྒྱུད་སྦྱོད་བྱེད་པ་འདི་རྨ་ཁ་སོས་པ་དང་ཚོར་ལྷག་མི་འཕྲོད་པ་འགོག་པར་ཡལ་འགངས་ཤིན་ཏུ་ཆེ། མདོར་ནLPSཡིས་ཡུས་ཕུང་གི་རིམས་འགོག་ནུས་པ་རྒྱུན་འཁྱོངས་བྱེད་ཐུབ།

LPSཡིས་ལུས་ཕུང་གི་རིམས་ཐར་ནུས་པ་ཇི་ཙམ་དུ་གཏོང་ཐུབ་པའི་རྒྱུ་མཚན་ཅི་ཡིན་ནམ་ཞེ་ན། འདི་ནི་གྲུབ་འབྲས་དེའི་ལྟེ་སྙིང་ཡིན་པ་དང་། དེའི་རྒྱུ་མཚན་ནིLPSལྷན་སྐྱེས་རང་བཞིན་གྱི་རིམས་ཐར་ཚོར་གཟུགས་ཤིག་ཤེས་རྟོགས་བྱུང་བས་ཡིན། ཚོར་གཟུགས་འདི་ནི་ཚ་ནད་རང་བཞིན་གྱི་སྐྲན་ནད་ཕྲ་ཕུང་ལ་ཞིབ་བཤེར་ཚད་ལེན་བྱེད་པར་བཀོལ་ཆོག་པའི“བྱེད་ཀོན་ཐེན་ཏུང་རྩབས”ཡིན་ནོ། །

32 慢性高原病青海标准
དལ་འཕར་མཐོ་སྒང་ནད་ཀྱི་མཚོ་སྔོན་ཚད་གཞི།

2004年8月，第六届世界高原医学大会召开，全世界二三十个国家的一百多名从事高原医学领域的专家齐聚中国西宁，吴天一代表的中国团队专家组提出以慢性高原病的流行病学、病理生理学、临床学几个方面为基础的慢性高原病记分量化诊断系统。通过艰巨的协商讨论，结束了自1997年来国际上对诊断标准一直争议不休的局面，应用了以我国为主要意见的“慢性高山病诊断记分系统”，建立了医学界国际“慢性高原病青海标准”，也是第一个以我国地名命名的国际标准。

什么是慢性高原病？它是一个严重影响久居在海拔3000米以上地区居民健康的公共疾患，主要表现为红细胞增多、肺动脉高压等损害，人群患病率高达4.5%。而全世界居住在海拔3000米以上的高原高山地区人口约1.4亿多，我国居住在青藏高原的人口约1000万，是世界上居住高原高山地区人口最多的国家。“慢性高原病青海标准”的建立，围绕慢性高原病的诊断、流行病学、病理生理，使慢性高原病的诊断、防治有章可循，在高原医学史上具有里程碑的意义。

2004ལོའི་ཟླ8པར། འཛམ་གླིང་གི་མཐོ་སྒང་གསོ་རིག་ཚོགས་ཆེན་སྐབས་དྲུག་པ་འཚོགས་ཤིང་། འཛམ་གླིང་ཡོངས་ཀྱི་རྒྱལ་ཁབ་ཉི་ཤུ་སུམ་ཅུ་ལྷག་གི་མཐོ་སྒང་གསོ་རིག་ཁྱབ་ཁོངས་སུ་ཞུགས་པའི་ཆེད་མཁས་པ་བརྒྱ་ལྷག་ཀྲུང་གོའི་ཟི་ལིང་དུ་འདུས། ཝུའུ་ཐེན་དབྱི་ཡིས་འཐུས་ཚབ་བྱས་པའི་ཀྲུང་གོའི་ཚོགས་པའི་ཆེད་མཁས་ཚོགས་ཆུང་གིས་དལ་འཕར་མཐོ་སྒང་ནད་ཀྱི་རིམས་ནད་རིག་པ་དང་། ནད་གཞིའི་ལུས་ཁམས་རིག་པ། ནད་ཐོག་རིག་པ་སོགས་རྨང་གཞིར་བྱས་པའི་མཐོ་སྒང་གི་ནད་གཞིའི་རང་བཞིན་གྱི་ཚད་འབེབས་ནད་བརྟག་མ་ལག་བཏོན་ཡོད། དཀའ་ཚོགས་ཆེ་བའི་གྲོས་མོལ་དང་གྲོས་བསྡུར་བྱས་པ་བརྒྱུད་དེ། 1997ལོ་ནས་བཟུང་རྒྱལ་སྤྱིའི་སྟེང་ནད་གཞི་བརྟག་དཔྱད་ཚད་གཞིར་ཐོག་མཐའ་བར་གསུམ་དུ་རྩོད་གླེང་མཚམས་མི་འཇོག་པའི་རྣམ་པ་མཇུག་སྒྲིལ། རང་རྒྱལ་གྱི་བསམ་འཆར་གཙོ་བོར་ཡིན་པའི“དལ་འཕར་མཐོ་སྒང་གི་ནད་བརྟག་སྐར་འགོད་མ་ལག”ལ་གསོ་རིག་ལས་རིགས་ཀྱི་རྒྱལ་

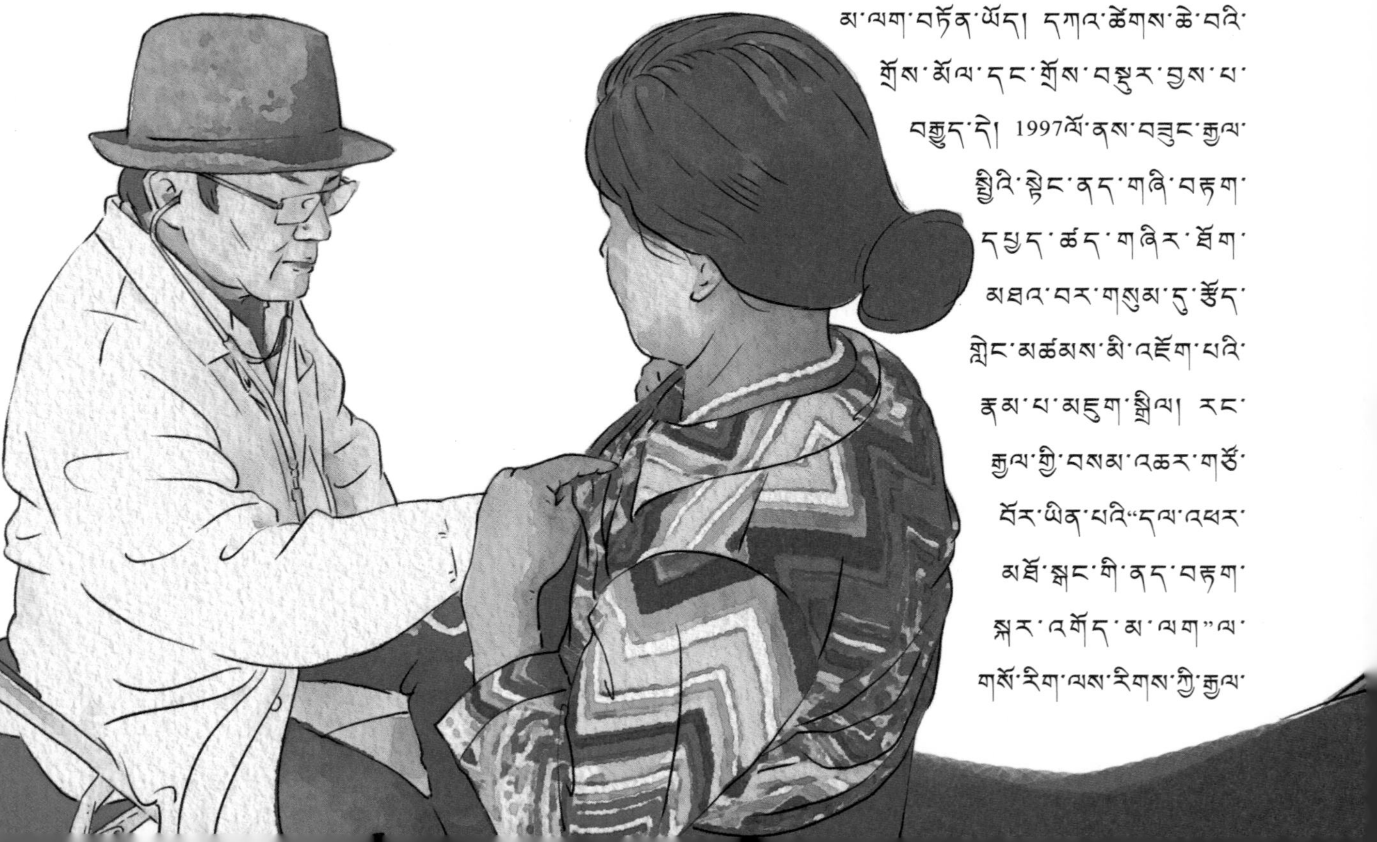

སྤྱིའི"དལ་འཕར་མཐོ་སྐྱང་ནད་ཀྱི་མཚོ་སྟོན་ཚད་གཞི"ཞེས་པ་བཙུགས། དེ་ནི་རང་རྒྱལ་གྱི་ས་མིང་གིས་བཏགས་པའི་རྒྱལ་སྤྱིའི་ཚད་གཞི་ཐོག་མ་ཡིན་ནོ། །ཅི་ཞིག་ལ་དལ་འཕར་མཐོ་སྐྱང་ནད་ཟེར་ཞེ་ན། དེ་ནི་མཚོ་ངོས་ལས་སྨི3000བརྒལ་བའི་ས་ཁུལ་དུ་ཡུན་སྡོད་བྱེད་པའི་མིའི་བདེ་ཐང་ལ་ཤུགས་རྐྱེན་ཚབས་ཆེན་ཐེབས་པའི་སྤྱི་པའི་ནད་རིགས་ཤིག་ཡིན་ཏེ། གཙོ་བོར་ཁྲག་ཕུང་དམར་པོ་ཧ་ཅང་དུ་སོང་བ་དང་གློ་བའི་འཕར་རྩ་མཐོ་གནོན་སོགས་ཀྱི་གནོད་སྐྱོན་མངོན་པར་མཚོན་ཞིང་། མི་ཚོགས་ལ་ནད་ཐོག་ཚད4.5%ཟིན། དེ་ཡང་འཛམ་གླིང་ཡོངས་སུ་མཚོ་ངོས་ལས་མཐོ་ཚད་སྨི3000ཡན་གྱི་མཐོ་སྐྱང་ས་ཁུལ་དུ་འཚོ་སྡོད་བྱེད་པའི་མི་གྲངས་དུང་ཕྱུར1.4%ལྷག་ཡོད། རང་རྒྱལ་གྱི་མཚོ་བོད་མཐོ་སྐྱང་དུ་འཚོ་སྡོད་བྱེད་པའི་མི་གྲངས་ཏ་ལམ་ཁྲི1000ཡོད་པ་དང་། འཛམ་གླིང་སྟེང་མཐོ་སྐྱང་ས་ཁུལ་དུ་འཚོ་སྡོད་བྱེད་པའི་མི་གྲངས་ཆེས་མང་བའི་རྒྱལ་ཁབ་ཡིན། "དལ་འཕར་མཐོ་སྐྱང་ནད་ཀྱི་མཚོ་སྟོན་ཚད་གཞི"བཙུགས་པས། དལ་འཕར་མཐོ་སྐྱང་ནད་ཀྱི་ནད་གཞི་བརྟག་དཔྱད་དང་། རིམས་ནད་རིག་པ། ནད་གཞིའི་ལུས་ཁམས་བཅས་ལ་དམིགས་ཏེ། དལ་འཕར་མཐོ་སྐྱང་ནད་ཀྱི་ནད་གཞི་བརྟག་དཔྱད་དང་འགོག་བཅོས་བྱེད་པར་གཞི་འཛིན་ས་ཡོད་པར་གྱུར་ཏེ། མཐོ་སྐྱང་གསོ་རིག་གི་ལོ་རྒྱུས་སྟེང་ལམ་ཚད་རྗེ་རིང་གི་དོན་སྙིང་ལྡན་ནོ། །

6000米
5000米
4000米
3000米
2000米
1000米
500米
0米

33 神经炎症抑制机制

དབང་རྩའི་གཉན་ཚད་ཚོད་འཛིན་གྲུབ་ཚུལ།

据2013年2月7日的《自然》杂志报道，我国科学家在国际上首次发现了神经炎症的一种抑制机制，即，发现星形胶质细胞多巴胺D2受体能通过αB晶状体蛋白来调节先天免疫反应，从而导致炎症的过度产生，促进脑老化和神经退行性疾病的发生和发展。形象地说，该成果提供了一种新的炎症抑制策略，即，基于先天免疫反应来抑制衰老和疾病中的炎症反应。难怪，该成果一经发表就受到了国际上多家颇有影响力的学术期刊或媒体追捧，被认为“对认识一系列与神经炎症和神经退行性病变相关的神经精神疾病具有广泛意义”。

该成果的重要性体现在哪呢？原来，随着我国人口老龄化速度的加快，以阿尔茨海默症和帕金森病等为代表的神经退行性疾病越来越多。可惜，迄今为止,大脑老化和神经退行性疾病的起因尚不清楚。人们只知道中年以后，大脑会呈现衰老迹象，同时也伴随着多巴胺D2受体水平的下降，但却对其中的关联机制一窍不通。本成果则揭示了该关联机制中的核心奥秘。

2013ལོའི་ཟླ2པའི་ཚེས7ཉིན་གྱི《རང་བྱུང》དུས་དེབ་སྟེང་དུ་སྤེལ་བའི་གནས་ཚུལ་ལྟར་ན། རང་རྒྱལ་གྱི་ཚན་རིག་པས་རྒྱལ་སྤྱིའི་སྟེང་གི་དབང་རྩའི་གཉན་ཚད་ཀྱི་ཚོད་འཛིན་གྲུབ་ཚུལ་ཞིག་ཐོག་མར་ཞིབ་རྟོགས་བྱུང་བ་སྟེ། དེ་ནི་སྐར་དབྱིབས་སྦྱིན་རྒྱུའི་ཕྲ་ཕུང་ཏུའོ་པ་ཡནD2ཚོར་གཟུགསαBབདར་གཟུགས་དབྱིབས་ཀྱི་སྤྲི་དཀར་བརྒྱུད་དེ་ལྷན་སྐྱེས་ཀྱི་རིམས་ཐར་འགྱུར་འབྱུང་སྙོམ་སྒྲིག་བྱས་ཏེ་གཉན་

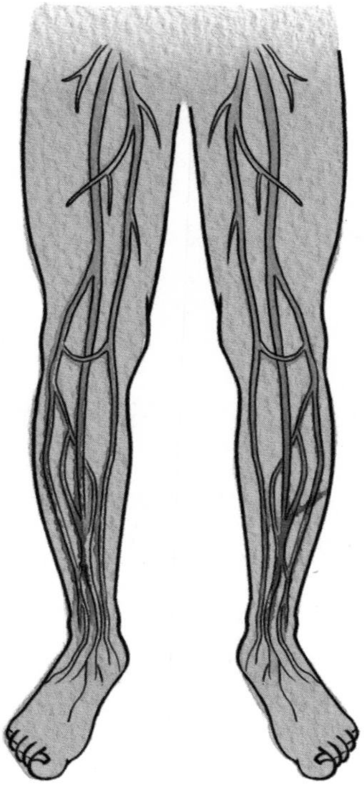

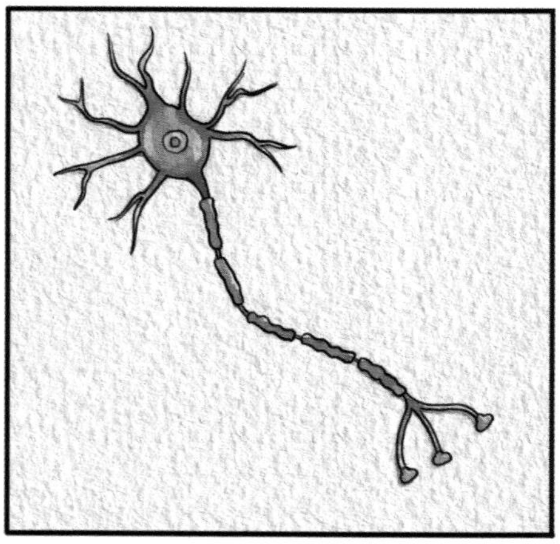

不健康的神经

བདེ་ཐང་མིན་པའི་དབང་རྩ།

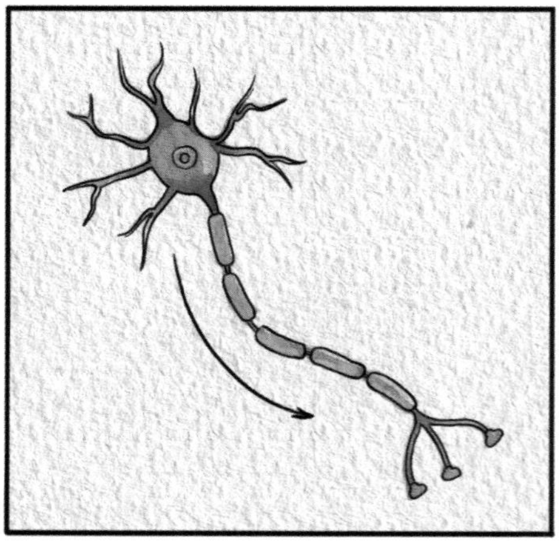

健康的神经

བདེ་ཐང་གི་དབང་རྩ།

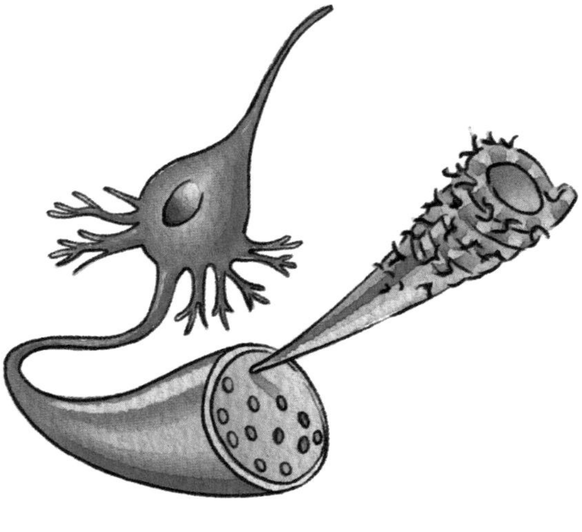

健康神经元
བདེ་ཐང་གི་དབང་རྩའི་གཞི་རྒྱུ།

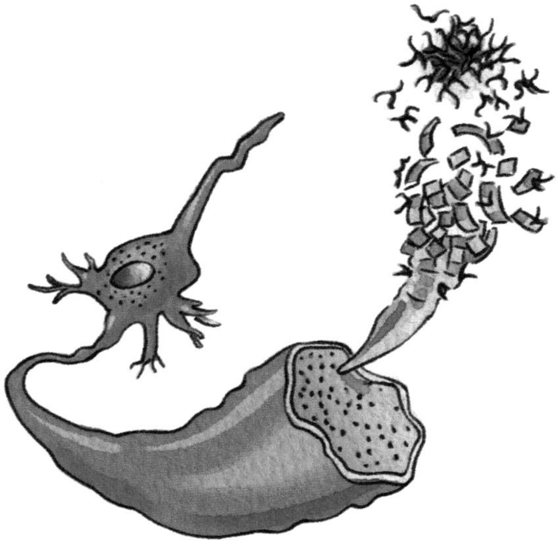

病态神经元
ནད་ཅན་གྱི་དབང་རྩའི་གཞི་རྒྱུ།

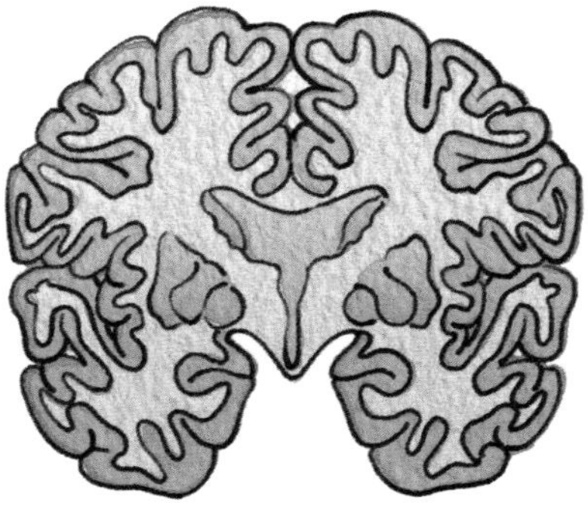

健康大脑
བདེ་ཐང་གི་ཀླད་ཆེན།

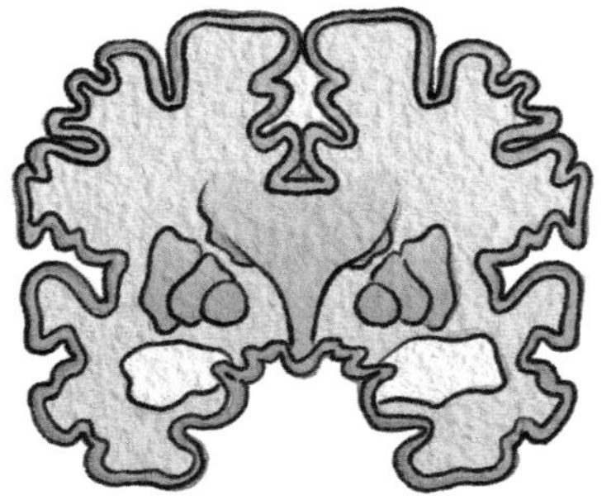

阿尔兹海默症患者大脑
ཨར་ཚི་ཧའི་མོ་ནད་ཐོག་མཁན་གྱི་ཀླད་ཆེན།

ཚད་ཚད་ལས་བརྒལ་ནས་ཐོན་པ་དང་། ཀླད་པའི་རྒས་འགྱུར་དང་དབང་རྩའི་ཉམས་ཞན་རང་བཞིན་གྱི་ནད་རིགས་བྱུང་བ་དང་འཕེལ་རྒྱས་འོང་བར་སྐུལ་སློང་བྱས་པ་ཡིན། གཟུགས་སྣང་གི་སྒོ་ནས་བཤད་ན། གྲུབ་འབྲས་འདིས་གཉན་ཚད་ཚོད་འཛིན་གྱི་ཐབས་ཇུས་གསར་པ་ཞིག་འདོན་སྤྲོད་བྱས་ཡོད་དེ། ལྷན་སྐྱེས་ཀྱི་རིམས་ཐར་འགྱུར་འབྱུང་ལ་བརྟེན་ནས་རྒ་བ་དང་ནད་རིགས་ཁྲོད་ཀྱི་གཉན་ཚད་འགྱུར་འབྱུང་ཚོད་འཛིན་བྱེད་པ་ཡིན། གྲུབ་འབྲས་འདི་སློབ་མ་ཐག་རྒྱལ་སྤྱིའི་སྙིང་གི་ཤུགས་རྐྱེན་ཆེན་པོ་ལྡན་པའི་རིག་གཞུང་དུས་དེབ་དང་སྨན་སྦྱོར་མང་པོས་དགའ་བསུ་ཐོབ་སྟེ། "དབང་རྩའི་གཉན་ཚད་དང་དབང་རྩ་ཉམས་ཞན་རང་བཞིན་གྱི་ནད་འགྱུར་དང་འབྲེལ་ཡོད་དབང་རྩའི་བསམ་པའི་ནད་རིགས་རབ་དང་རིམ་པ་ངོས་འཛིན་བྱེད་པར་དོན་སྙིང་ཆེན་པོ་ལྡན་པ"ཞེས་བསྔགས་སོ། །

གྲུབ་འབྲས་འདིའི་གལ་ཆེའི་རང་བཞིན་གང་དུ་མཚོན་ཡོད་དམ་ཞེ་ན། དོན་དངོས་སྟེང་རང་རྒྱལ་གྱི་མི་འབོར་ན་རྒས་ཅན་དུ་འགྱུར་ཚད་མགྱོགས་སུ་ཕྱིན་པ་དང་བསྟུན་ཏེ་ཨར་ཚི་ཧའི་མོ་ནད་དང་པ་ཅིན་སེན་ནད་སོགས་ཀྱི་མཚོན་པའི་དབང་རྩའི་ཉམས་ཞན་རང་བཞིན་གྱི་ནད་རིགས་ཇེ་མང་དུ་འགྲོ་བཞིན་ཡོད། ཡིད་ཕངས་པ་ཞིག་ལ། ད་ལྟའི་བར་དུ་ཀླད་པའི་རྒས་འགྱུར་དང་དབང་རྩའི་ཉམས་ཞན་རང་བཞིན་གྱི་ནད་རིགས་འབྱུང་རྐྱེན་ད་དུང་གསལ་པོ་ཞིག་མི་ཤེས་ཤིང་། མི་རྣམས་ཀྱིས་ཤེས་ཐུབ་པ་ནི་དར་མའི་རྗེས་སུ་ཀླད་ཆེན་རྒས་པའི་རྣམ་པ་མངོན་པ་དང་། དུས་མཚུངས་སུ་ཏུའོ་པ་ཨན་D2ཚོར་གཟུགས་ཆུ་ཚད་མར་ཆག་པ་དང་བསྟུན་ནས་དེའི་ནང་གི་འབྲེལ་བའི་གྲུབ་ཚུལ་ཅི་ཡང་མི་ཤེས་པ་ཡིན། གྲུབ་འབྲས་འདིས་འབྲེལ་བའི་གྲུབ་ཚུལ་དེའི་ཁྲོད་ཀྱི་རྩ་བའི་གསང་བ་གསལ་སྟོན་བྱས་ཡོད་དོ། །

34 白血病治疗新机制

ཁྲག་དཀར་ནད་ཀྱི་སྨན་བཅོས་ལམ་སྲོལ་གསར་བ།

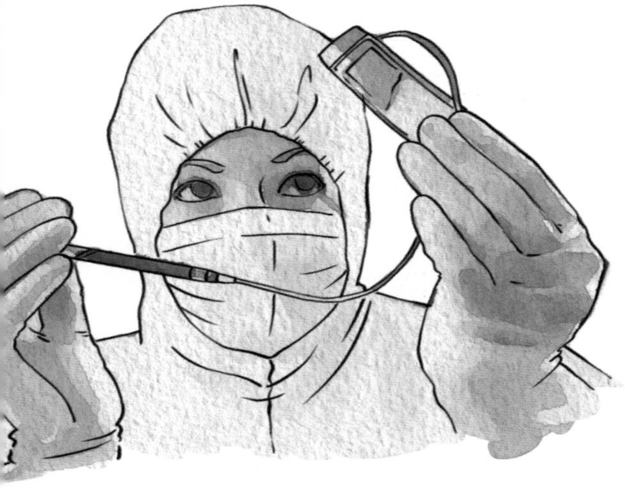

据2012年的《科学》和《自然》杂志报道，中国科学家揭示了两种利用天然产物靶向特异蛋白来治疗白血病的新机制。该成果一经发表就获得了国内外的一致好评，认为它不仅为白血病的治疗提供了天然来源的先导化合物，还为治疗白血病新药开辟了新方向，具有重要的科学和应用意义。难怪，该成果在发表的当年就入选了“2012年中国科学十大进展”。

白血病是一类造血干细胞恶性克隆性疾病，患者的相关细胞因为增殖失控、分化障碍、凋亡受阻等原因，便在骨髓和其他造血组织中大量增殖累积，并浸润其他非造血组织和器官，同时也抑制了正常造血功能。常见的首发症状包括发热、进行性贫血、显著的出血倾向或骨关节疼痛等。起病缓慢者以老年及部分青年病人居多，病情逐渐进展。

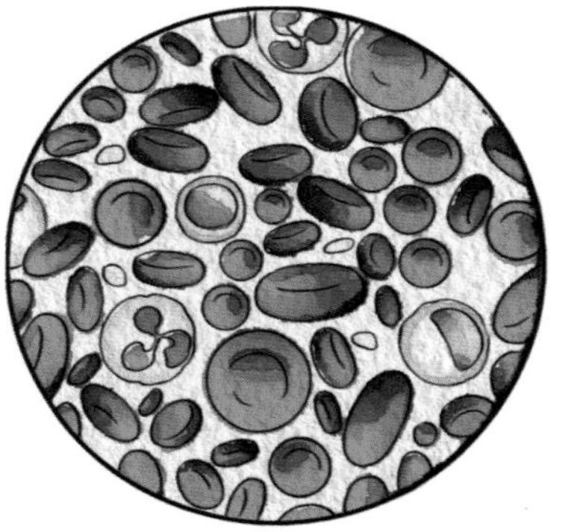

虽然白血病是不治之症年代已经过去，但它至今仍没有较好的治疗方法，目前主要有化学治疗、放射治疗、靶向治疗、免疫治疗和干细胞移植等。而本成果则有可能给出另一种新的治疗方法。

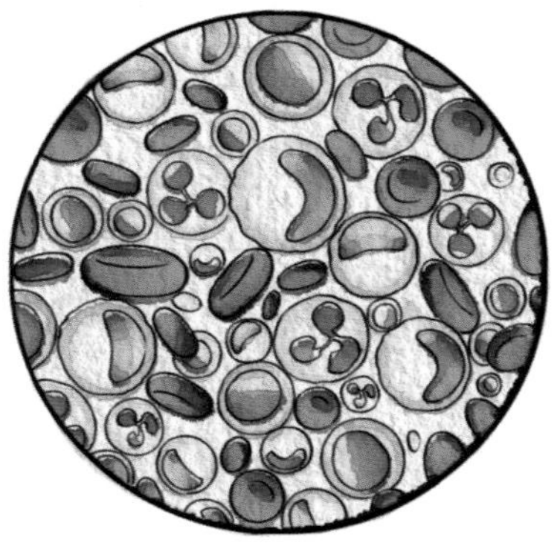

2012ལོའི《ཚན་རིག》དང《རང་བྱུང》དུས་དེབ་སྟེང་དུ་སྤེལ་བའི་གནས་ཚུལ་ལྟར་ན། ཀྲུང་གོའི་ཚན་རིག་པས་རང་བྱུང་ཐོན་དངོས་ཀྱི་འབེན་དངོས་ཐུན་མིན་སྲི་དཀར་བེད་སྦྱུད་ནས་ཁྲག་དཀར་ནད་སྨན་བཅོས་བྱེད་པའི་ལམ་སྲོལ་གསར་བ་གཉིས་གསལ་སྟོན་བྱས་འདུག ཀྲུབ་འབྲས་འདི་སྤེལ་མ་ཐག་རྒྱལ་ཁབ་ཕྱི་ནང་གི་གདེང་འཇོག་ལེགས་པོ་ཐོབ་པ་དང་། དེས་ཁྲག་དཀར་ནད་སྨན་བཅོས་བྱེད་པར་རང་བྱུང་ཡོང་ཁུངས་ཀྱི་སྣེ་ཁྲིད་འདྲེས་འགྱུར་རྫས་མགོ་འདོན་བྱས་པར་མ་ཟད། ད་དུང་ཁྲག་དཀར་ནད་སྨན་བཅོས་བྱེད་སྦྱུད་སྨན་གསར་ཐོན་རྒྱུར་ཁ་ཕྱོགས་གསར་བ་བཏོད་ཡོད་པས་ཚན་རིག་དང་བཀོལ་སྤྱོད་ཀྱི་དོན་སྙིང་གལ་ཆེན་ལྡན་ནོ། །དེ་བས། ཀྲུབ་འབྲས་འདི་འདོན་སྤེལ་བྱས་པའི་ལོ་དེར“2012ལོའི་ཀྲུང་གོའི་ཚན་རིག་གོང་འཕེལ་ཆེན་པོ་བཅུ”ཡི་ཁྲོད་དུ་བདམས་པ་ཡིན་ནོ། །

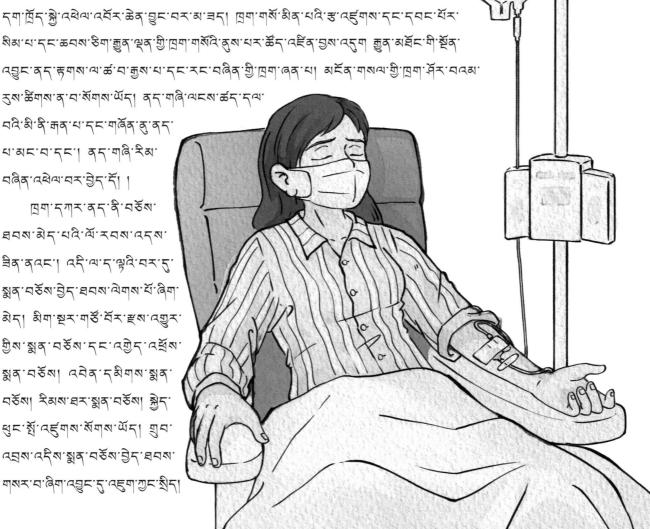

ཁྲག་དཀར་ནད་ནི་ཁྲག་གསོ་སྐྱེད་ཕུང་རྒྱུད་བཤུས་རང་བཞིན་གྱི་གཉན་ནད་རིགས་ཤིག་ཡིན་པ་དང་། ནད་པའི་འབྲེལ་ཡོད་ཕྲ་ཕུང་སྐྱེ་འཕེལ་ལ་ཚོད་འཛིན་མི་ཐུབ་པ་དང་། འགོག་པ་ཕྲལ་འགྱུར། ཤི་བར་བཀག་འགོག་ཐེབས་པ་སོགས་རྐྱེན་གྱིས་རྐང་མར་དང་ཁྲག་གསོ་རྩ་འཛུགས་གཞན་དག་ཁྲོད་སྐྱེ་འཕེལ་འཕོར་ཆེན་བྱུང་བར་མ་ཟད། ཁྲག་གསོ་མིན་པའི་རྩ་འཛུགས་དང་དབང་པོར་སིམ་པ་དང་ཆབས་ཅིག་རྒྱུན་ལྡན་གྱི་ཁྲག་གསོའི་ནུས་པར་ཚོད་འཛིན་བྱས་འདུག རྒྱུན་མཐོང་གི་སྟོན་འབྱུང་ནད་རྟགས་ལ་ཚ་བ་རྒྱས་པ་དང་རང་བཞིན་གྱི་ཁྲག་ཞན་པ། མངོན་གསལ་གྱི་ཁྲག་ཤོར་བའམ་རུས་ཚིགས་ན་བ་སོགས་ཡོད། ནད་གཞི་ལངས་ཚད་དལ་བའི་མི་ནི་རྒན་པ་དང་གཞོན་ནུ་ནད་པ་མང་བ་དང་། ནད་གཞི་རིམ་བཞིན་འཕེལ་བར་བྱེད་དོ། །

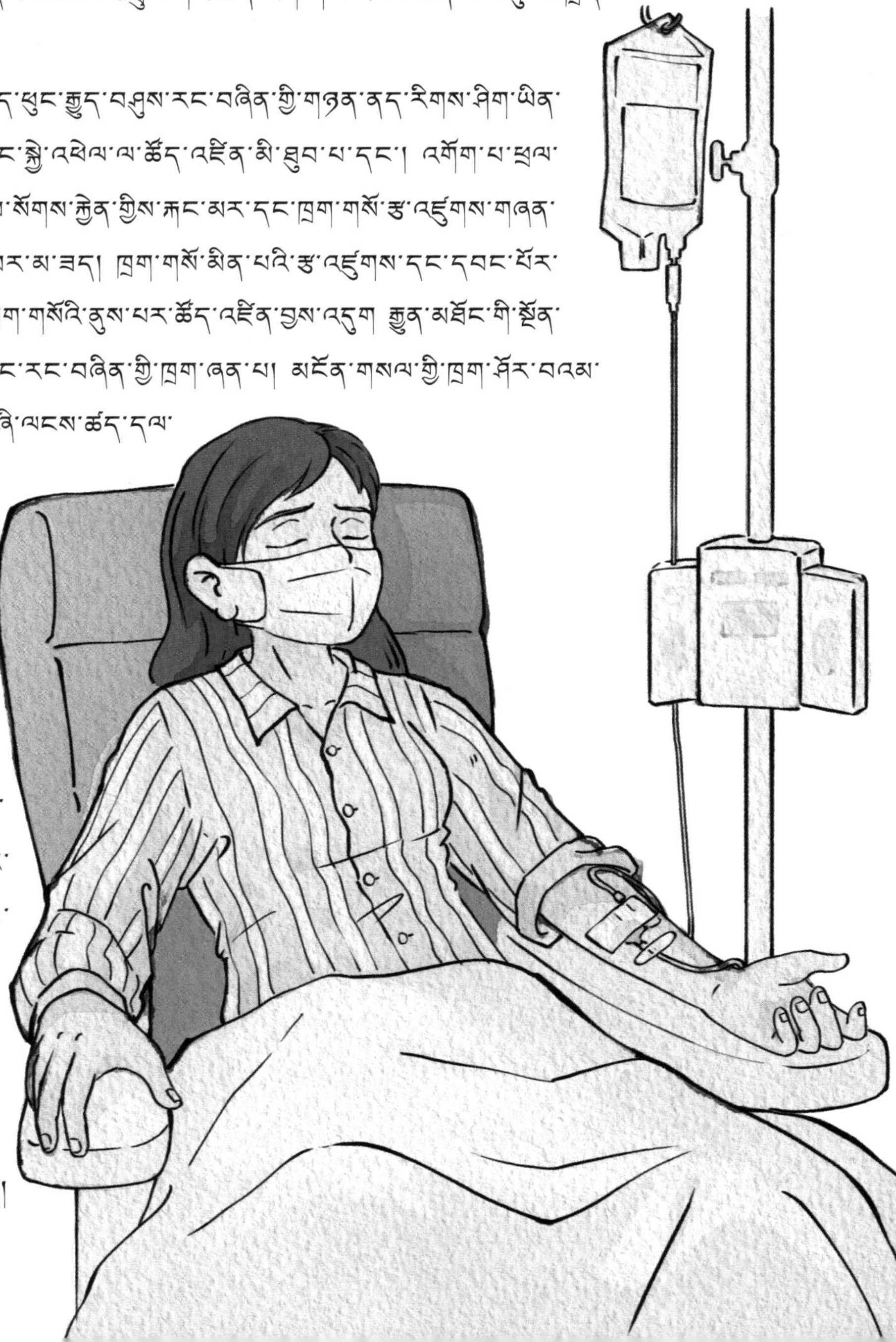

ཁྲག་དཀར་ནད་ནི་བཅོས་ཐབས་མེད་པའི་ལོ་རབས་འདས་ཟིན་ནའང་། འདི་ལ་ད་ལྟའི་བར་དུ་སྨན་བཅོས་བྱེད་ཐབས་ལེགས་པོ་ཞིག་མེད། མིག་སྔར་གཙོ་བོར་རྫས་འགྱུར་གྱིས་སྨན་བཅོས་དང་འགྱེད་འཕྲོས་སྨན་བཅོས། འབེན་དམིགས་སྨན་བཅོས། རིམས་ཐར་སྨན་བཅོས། སྐྱེད་ཕུང་སྲོ་འཛུགས་སོགས་ཡོད། ཀྲུབ་འབྲས་འདིས་སྨན་བཅོས་བྱེད་ཐབས་གསར་བ་ཞིག་འབྱུང་དུ་འཇུག་ཀྱང་སྲིད།

35 单倍体孤雄干细胞的奇能
ལྷེབ་གཅིག་གཟུགས་རྐྱང་ཕྲ་ཕུང་རྐམ་པོའི་ཡ་མཚན་ནུས་པ།

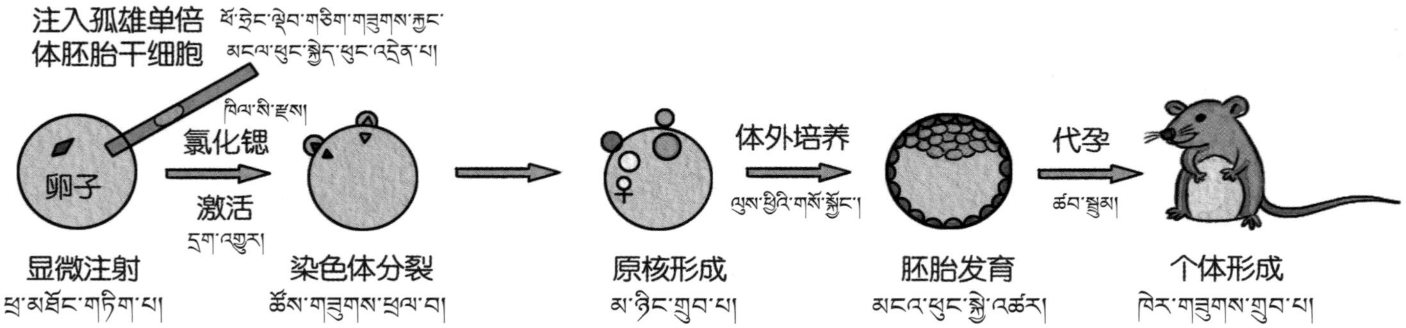
注入孤雄单倍
体胚胎干细胞
ས་རྗེང་ལྷེབ་གཅིག་གཟུགས་རྐྱང་
མངལ་ཕུང་སྐྱེད་ཕུང་འདྲེན་པ།
ཁྲོལ་སི་རྫས།
氯化锶
激活
དྭག་འགྱུར།
卵子
显微注射
ཕྲ་མཐོང་གཏིག་པ།
染色体分裂
ཚོས་གཟུགས་ཕྲལ་བ།
体外培养
ལུས་ཕྱིའི་གསོ་སྐྱོང་།
原核形成
མ་ཉིང་གྲུབ་པ།
胚胎发育
མངའ་ཕུང་སྐྱེ་འཚར།
代孕
ཚབ་སྦྲུམ།
个体形成
ཁེར་གཟུགས་གྲུབ་པ།

据2012年的《细胞》和《自然》杂志报道，中国的两组科学家分别从不同角度证实了这样一个神奇事实，即，单倍体孤雄干细胞不但能替代精子，还能快速传递基因修饰信息。具体说来，可利用核移植和干细胞技术来建立小鼠孤雄单倍体干细胞系，使它们具有成为小鼠胚胎的潜能，并能形成嵌合体小鼠。也就是说，当把这些细胞注入卵母细胞后，就能代替精子完成授精任务并产生健康小鼠。若对这些细胞进行基因修饰后，还可快速而便捷地获得健康的转基因小鼠，从而大幅缩短基因修饰流程，提高基因修饰效率。

其实，本成果的取得相当困难，因为生殖细胞是单倍体细胞，它们不能在体外培养和增殖，这就使得生殖发育研究面临严重障碍。总之，该成果不但为遗传与发育调控机理提供了新体系，还为获得遗传操作动物模型提供了重要手段，更揭示了有性繁殖的奥秘，有助于生殖发育转化的深入研究，为造福人类生殖健康提供了重要工具。难怪，它被评为了“2012年中国十大科学进展”之一。

2012ལོའི《ཕྲ་ཕུང》དང《རང་བྱུང》དུས་དེབ་སྟེང་དུ་སྤེལ་བའི་གནས་ཚུལ་ལྟར་ན། ཀྲུང་གོའི་ཚན་རིག་མཁས་པའི་ཚན་ཆུང་གཉིས་ཀྱིས་ཟུར་ཚད་མི་འདྲ་བའི་ངོས་ནས་ངོ་མཚར་ཆེ་བའི་དོན་དངོས་འདི་འདྲ་ཞིག་ར་སྤྲོད་བྱས་པ་སྟེ། ལྷེབ་གཅིག་གཟུགས་རྐྱང་གི་ཕྲ་ཕུང་རྐམ་པོས་ཁམས་དཀར་གྱི་ཚབ་བྱེད་ཐུབ་པར་མ་ཟད། ད་དུང་མགྱོགས་མྱུར་ངོམས་རྒྱུད་རྒྱུའི་རྒྱན་སྤྲས་ཆ་འཕྲིན་བརྒྱུད་སྤྲོད་བྱེད་ཐུབ་པ་ཡིན། བྱེ་བྲག་ཏུ་བཤད་ན། ཉིང་སྤོ་འཛུགས་དང་ཕྲ་ཕུང་གཙོ་བོའི་ལག་རྩལ་སྤྱད་དེ་བྱི་བའི་ལྷེབ་གཅིག་གཟུགས་རྐྱང་གི་ཕྲ་ཕུང་རྐམ་པའི་མ་ལག་བཙུགས་ཏེ། དེ་དག་ལ་བྱི་བ་ཆུང་ཆུང་གི་སྦྲུམ་རྟེན་གྱི་མི་མངོན་པའི་ནུས་པ་ལྡན་པར་མ་ཟད། འདྲེས་གཟུགས་ཀྱི་བྱི་བ་ཆུང་ཆུང་གྲུབ་ཐུབ། དེ་ཡང་གསལ་པོར་བཤད་ན། ཕྲ་ཕུང་འདི་དག་ཁམས་དམར་མའི་ཕྲ་ཕུང་དུ་ཞུགས་རྗེས། ཁམས་དཀར་གྱི་ཚབ་

བྱས་ནས་ཁམས་དཀར་སྦྱོར་བའི་ལས་འགན་གྲུབ་ནས་བདེ་ཐང་གི་བྱི་བ་ཆུང་ཆུང་སྐྱེས་ཐུབ། གལ་ཏེ་ཕྲ་ཕུང་འདི་དག་ལ་རྒྱུད་རྒྱུའི་རྒྱན་སྤྲས་བྱས་རྗེས་ད་དུང་མགྱོགས་མྱུར་དང་སྟབས་བདེའི་སྒོ་ནས་རྒྱུད་རྒྱུ་སྒྱུར་བའི་བྱི་བ་ཆུང་ཆུང་ཐོབ་ཐུབ་པ་དང་། རྒྱུད་རྒྱུའི་རྒྱན་སྤྲས་ཀྱི་བརྒྱུད་རིམ་ཇེ་ཐུང་དུ་བཏང་ནས་རྒྱུད་རྒྱུའི་རྒྱན་སྤྲས་ཀྱི་ལས་ཕྱོད་ཇེ་མཐོར་གཏོང་བ་ཡིན།

དོན་དངོས་སུ་གྲུབ་འབྲས་འདི་ཐོབ་པར་དཀའ་ངལ་ཆེན་པོ་ཡོད་དེ། རྒྱ་མཚན་སྐྱེ་འཕེལ་ཕྲ་ཕུང་ནི་ལྷུབ་གཅིག་གཟུགས་ཀྱི་ཕྲ་ཕུང་ཡིན་པས། འདི་དག་ལུས་ཕྱིར་གསོ་སྐྱོང་དང་སྐྱེ་འཕེལ་བྱེད་མི་ཐུབ་ཅིང་། སྐྱེ་འཕེལ་འཚར་ལོངས་ཞིབ་འཇུག་ལ་འགོག་རྐྱེན་ཚབས་ཆེན་བཟོས་ཡོད། མདོར་ན། གྲུབ་འབྲས་འདིས་རྒྱུད་བཤུས་དང་འཚར་སྐྱེ་སློམ་སྦྲིག་གི་རྐྱེན་རྩ་ལ་མ་ལག་གསར་བ་མགོ་འདོན་བྱས་པར་མ་ཟད། ད་དུང་རྒྱུད་བཤུས་བཀོལ་སྤྱོད་སྲོག་ཆགས་ཀྱི་དཔེ་དབྱིབས་ཐོབ་པར་བྱེད་ཐབས་གལ་ཆེན་མགོ་འདོན་བྱས་ཡོད་ལ། མཚན་མའི་སྐྱེ་འཕེལ་གྱི་གསང་བ་གསལ་སྟོན་བྱས་ཡོད་པས། སྐྱེ་འཕེལ་འཚར་སྐྱེ་ལ་ཞིབ་འཇུག་ཟབ་མོ་བྱེད་པར་ཕན་པ་དང་། མིའི་རིགས་ཀྱི་སྐྱེ་འཕེལ་བདེ་ཐང་ལ་ཕན་པའི་ཆེད་དུ་ལག་ཆ་གལ་ཆེན་འདོན་སྤྲོད་བྱས་པས། འདི་ཉིད"2012ལོའི་ཀྲུང་གོའི་ཚན་རིག་གོང་འཕེལ་ཆེན་པོ་བཅུ"ཡི་ཁྲོད་དུ་བདམས་ཡོད་དོ། །

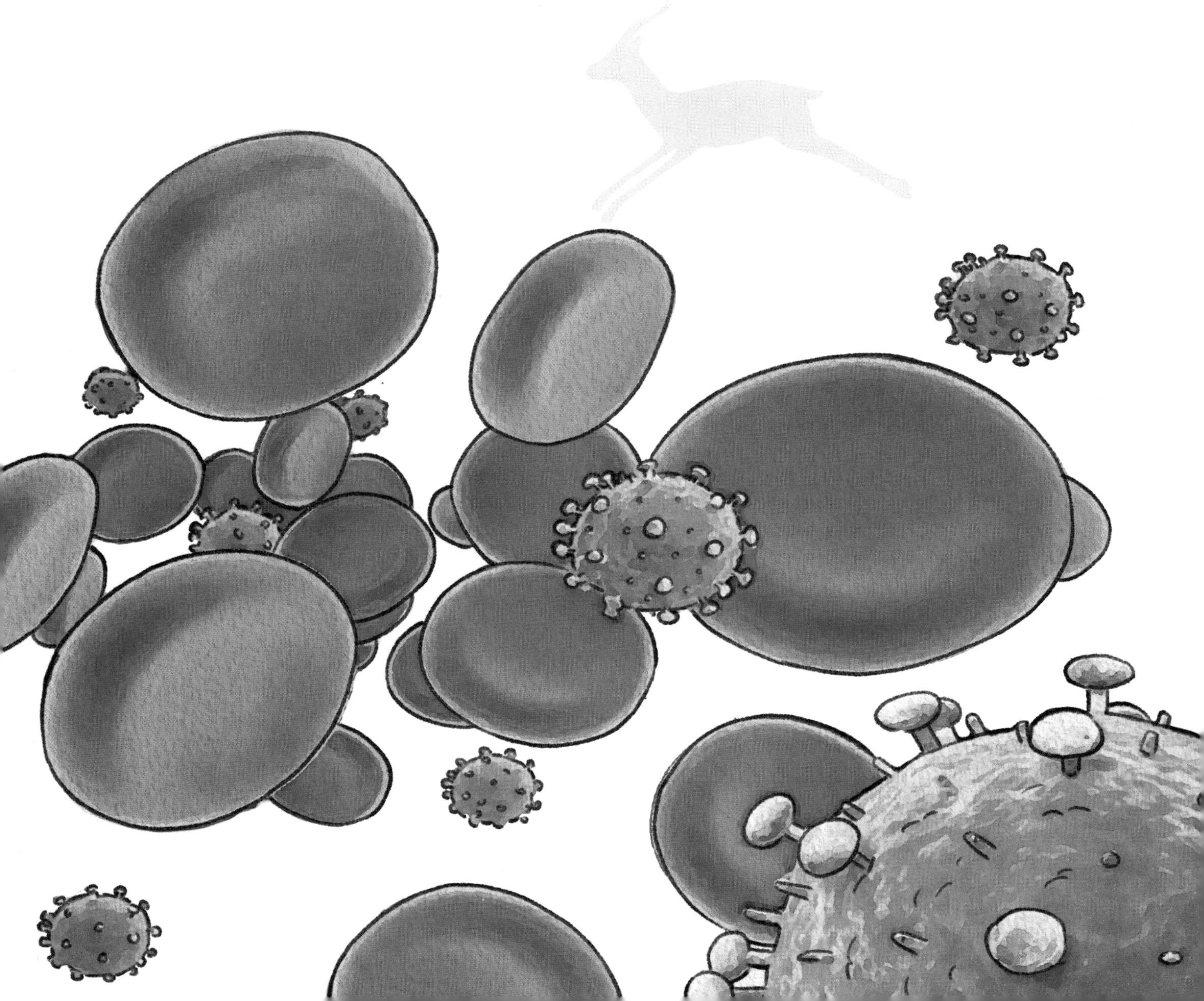

36 Bt转基因棉花的防虫奇效
Btརྒྱུད་རྒྱ་བསྒྱུར་བའི་སྲིན་བལ་གྱི་འབུ་འགོག་ཡ་མཚན་ནུས་པ།

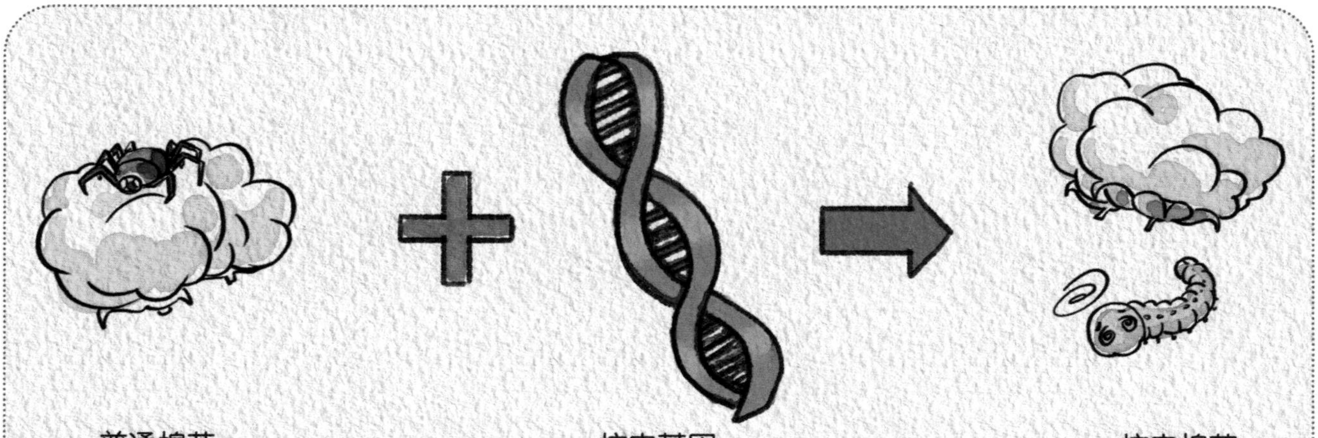
普通棉花
ཕྱིར་བཏང་གི་སྲིན་བལ།
抗虫基因
འབུ་འགོག་རྒྱུད་རྒྱ།
抗虫棉花
འབུ་འགོག་སྲིན་བལ།

Bt转基因棉花很神奇，普通棉花的天敌,棉铃虫一旦吃了Bt转基因棉花的叶子或棉桃就会立马死亡，就像人类吃了砒霜一样。但是，据2012年的《自然》杂志报道，中国科学家基于长期的田间系统生态学试验和大量的观测数据分析，竟然发现了另一个更神奇的现象，即，伴随Bt转基因棉花的广泛种植和杀虫剂使用量的减少，瓢虫、草蛉和蜘蛛等三类益虫的种群数量显著上升，并通过它们的捕食作用，显著降低了棉花伏蚜害虫的自然种群数量。同时，这些益虫还从Bt转基因棉田进入邻近的其他田地，对多种蚜虫发挥了自然控制作用。

该发现在国际上首次明确了Bt转基因棉花可增强农业生态系统害虫自然控制的能力，深化和丰富了人们对转基因农作物环境影响的认知，对发展利用转基因技术、促进农业生产力的提高和生物多样性保护具有重要科学意义。难怪，它被评为“2012年中国十大科学进展”之一，毕竟它显著拓展了人们对于抗虫转基因农作物生态效应的认识。

Btརྒྱུད་རྒྱ་བསྒྱུར་བའི་སྲིན་བལ་ད་ཅང་ངོ་མཚར་ཆེ་ཞིང་། སྲིན་བལ་དཀྱུས་མའི་རང་བྱུང་དགྲ་བྱ་ཡིན་ལ། སྲིན་བལ་གནོད་འབུསBtརྒྱུད་རྒྱ་བསྒྱུར་བའི་སྲིན་བལ་གྱི་ལོ་མའམ་སྲིན་བལ་གྱི་ཁམ་བུ་ཟོས་ཚེ་དེ་མ་ཐག་ཏུ་ཤི་འགྲོ་བ་ཡིན། དེ་ནི་མིའི་རིགས་ཀྱིས་དུག་ཆེན་ཟོས་པ་དང་གཅིག་མཚུངས་ཡིན། འོན་ཀྱང་། 2012ལོའི《རང་བྱུང་》དུས་དེབ་སྟེང་དུ་སྤེལ་བའི་གནས་ཚུལ་ལྟར་ན། ཀྲུང་གོའི་ཚན་རིག་པས་དུས་ཡུན་རིང་པོའི་ཞིང་ཁའི་ས་ལག་གི་སྐྱོད་བཅུད་རིག་པའི་ཚོད་ལྟ་དང་ལྟ་ཞིབ་ཚད་ལེན་གྱི་གྲངས་གཞི་འབོར་ཆེན་

ལ་གཞིགས་ནས་དབྱེ་ཞིབ་བྱས་པ་བརྒྱུད་ནས། ངོ་མཚར་ཆེ་བའི་སྣང་ཚུལ་གཞན་ཞིག་ཤེས་རྟོགས་བྱུང་ཡོད་དེ། Btརྒྱུད་རྒྱུ་བསྒྱུར་བའི་སྲིང་བལ་རྒྱ་ཁྱབ་ངང་འདེབས་འཛུགས་དང་འབུ་གསོད་སྨན་རྫས་སྤྱོད་ཚད་ཇེ་ཉུང་དུ་ཕྱིན་པ་དང་བསྟུན་ཏེ། འབུ་སྐྱོགས་དང་རྣའི་འབུ་ཕྲན། སྤོམ་སོགས་ཕན་ལྡན་འབུ་སྲིན་རིགས་གསུམ་གྱི་གྲངས་འབོར་མངོན་གསལ་དོད་པོས་ཇེ་མང་དུ་སོང་བར་མ་ཟད། འདི་དག་གིས་གཟན་འཚོལ་ནུས་པ་བརྒྱུད་དེ་སྲིང་བལ་གྱི་གནོད་འབུའི་རང་བྱུང་ཁྲ་ཚོགས་ཀྱི་གྲངས་འབོར་མངོན་གསལ་སྐྱོས་ཇེ་ཉུང་དུ་སོང་ཡོད། དེ་དང་ཆབས་ཅིག་ཏུ། ཕན་འབུ་འདི་དག་Btརྒྱུད་རྒྱུ་བསྒྱུར་བའི་སྲིང་བལ་ཞིང་ཁ་ནས་ཉེ་འགྲམ་གྱི་ས་ཞིང་གཞན་པའི་སྟེང་དུ་སོང་ནས་སྐྱེ་དངོས་གནོད་འབུ་སྣ་ཚོགས་ལ་རང་བྱུང་ཚོད་འཛིན་གྱི་ནུས་པ་ཐོན་བཞིན་ཡོད།

ཤེས་རྟོགས་དེས་རྒྱལ་སྤྱིའི་སྟེང་དུ་ཐོག་མརBtརྒྱུད་རྒྱུ་བསྒྱུར་བའི་སྲིང་བལ་གྱིས་ཞིང་ལས་སྟོད་བཅུད་མ་ལག་གི་གནོད་འབུ་རང་བྱུང་ཚོད་འཛིན་ནུས་པ་ཇེ་ཆེར་གཏོང་ཐུབ་པ་དང་། མི་རྣམས་ཀྱིས་རྒྱུད་རྒྱུ་བསྒྱུར་བའི་ཞིང་ལས་སྐྱེ་དངོས་ཀྱི་ཁོར་ཡུག་ལ་ཤུགས་རྐྱེན་ཐེབས་པའི་ངོས་འཛིན་ཟབ་ཏུ་དང་ཕུན་སུམ་ཇེ་ཚོགས་སུ་བཏང་ནས། རྒྱུད་རྒྱུ་བསྒྱུར་བའི་ལག་རྩལ་འཕེལ་རྒྱས་དང་བེད་སྤྱོད། ཞིང་ལས་ཐོན་སྐྱེད་ནུས་ཤུགས་ཇེ་ཆེར་གཏོང་བ། སྐྱེ་དངོས་སྣ་མང་རང་བཞིན་སྲུང་སྐྱོང་བཅས་ལ་སྐུལ་འདེད་གཏོང་བ་སོགས་ཀྱི་ཐད་ལ་ཚན་རིག་གི་དོན་སྙིང་གལ་ཆེན་ལྡན་པས། “2012ལོའི་ཀྲུང་གོའི་ཚན་རིག་གོང་འཕེལ་ཆེན་པོ་བཅུ”ཡི་གྲས་སུ་བདམས་པ་དང་། མི་རྣམས་ཀྱི་འབུ་འགོག་པའི་རྒྱུད་རྒྱུ་བསྒྱུར་བའི་སྐྱེ་དངོས་ཀྱི་སྟོད་བཅུད་ནུས་པར་ངོས་འཛིན་མངོན་གསལ་གྱིས་ཇེ་མཐོར་སོང་ཡོད་དོ། །

37 营养匮乏引发细胞自噬的分子机制

འཚོ་བཅུད་མི་འདང་བ་ལས་ཕྲ་ཕུང་རང་གིས་ཁྱུར་མིད་གཏོང་བའི་ཆ་རྡུལ་ལམ་སྲོལ།

伙计，听说过食尾蛇的故事吗？对，就是传说中的那种贪吃蛇，它在肚子饿了后就靠吃自己的尾巴充饥。其实，人类也有类似的故事，甚至还有一个成语叫割肉救母，说的是有一个穷孝子，为了给病重的妈妈滋补身体，竟割下自己的肉来熬汤。虽不知上面人和蛇的故事是否真实，但在生物界确实存在“割肉救己”的普遍现象，它就是所谓的“细胞自噬”。

顾名思义，细胞自噬就是细胞吃掉自己的意思。它是真核生物进行物质周转的重要过程，即，某些受损细胞器会被自噬小泡包裹后再降解掉。虽然人们早就知道细胞自噬现象的存在，但因细胞会将胞内成分包裹在膜中形成囊状结构，并运到一个负责回收的小隔间后再进行降解，所以很难搞清自噬机制。难怪，2016年的诺贝尔生理学或医学奖会颁给首次揭示细胞自噬机理的成果。

根据2012年的《科学》杂志报道，中国科学家最近也揭示了另一种情况下的细胞自噬机理，即，因营养匮乏而引发的细胞自噬机理。难怪，该成果会被评为“2012年中国科学十大进展”之一。

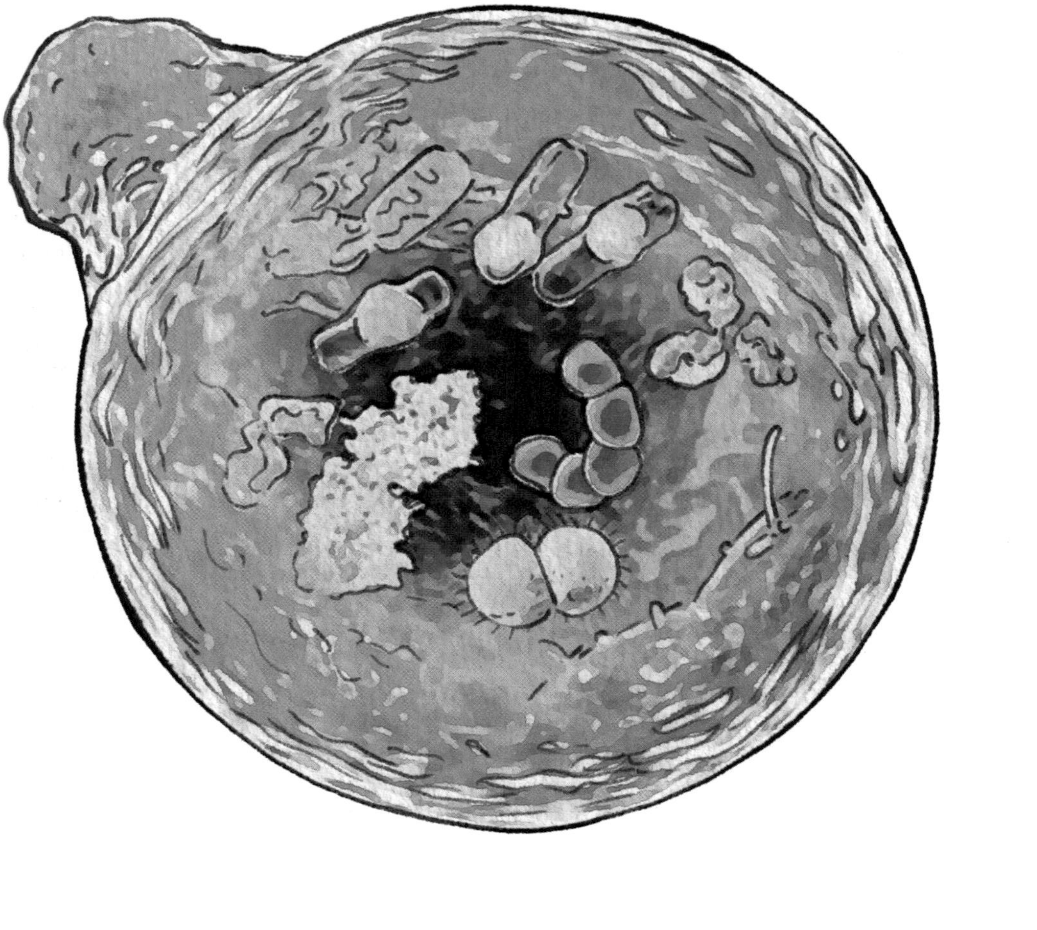

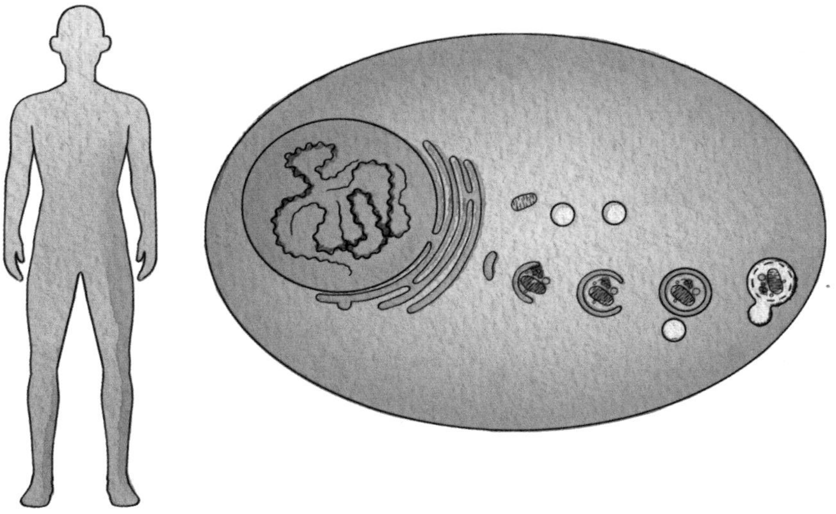

ཀློག་པོ་ལགས། ཁྱེད་ཀྱི་སྒྲུལ་ཇ་བཟའ་ཡི་གཏམ་རྒྱུད་གོ་མྱོང་ངམ། རེད་ལགས། ངག་རྒྱུན་ཁྲིད་ཀྱི་སྦྲུལ་ཇ་བཟའ་དེའི་རིགས་ལ་ཟེར་བ་དང་། དེས་ཐོ་བ་ལྟོགས་རྗེས་རང་གི་ཇ་མ་ཟོས་ནས་ལྟོགས་སེལ་བྱེད་པ་ཡིན། དོན་དངོས་སུ། མིའི་རིགས་ལའང་འདི་དང་འདྲ་བའི་གཏམ་རྒྱུད་ཡོད་དེ། ཐ་ན་ད་དུང་གཏམ་དཔེ་ཞིག་ཡོད་པ་ལ་ཤ་གཏུབས་ནས་ཨ་མ་སྐྱོབ་པ་ཟེར། དེ་ནི་དབུལ་ཕོངས་ཀྱི་བུ་ཕྲུག་ཅིག་ཡོད་ཅིང་། ནད་ཕྱིས་མནར་བའི་ཨ་མའི་ལུས་ཕུང་གསོ་བའི་ཆེད་དུ། རང་གི་ཤ་བཅད་ནས་ཁུ་བ་སྐོལ་བ་ཡིན། གོང་གི་མི་དང་སྦྲུལ་གྱི་གཏམ་རྒྱུད་ངོ་མ་ཡིན་མིན་མི་ཤེས་མོད། འོན་ཀྱང་སྐྱེ་དངོས་ཀྱི་ཁམས་སུ"ཤ་བཅད་ནས་རང་སྐྱོབ"པའི་ཡོངས་ཁྱབ་ཀྱི་སྣང་ཚུལ་དངོས་སུ་གནས་ཡོད་དེ། "ཕྲ་ཕུང་རང་གིས་ཁྱུར་མིད་གཏོང་བ"ཞེས་པ་དེ་ཡིན།

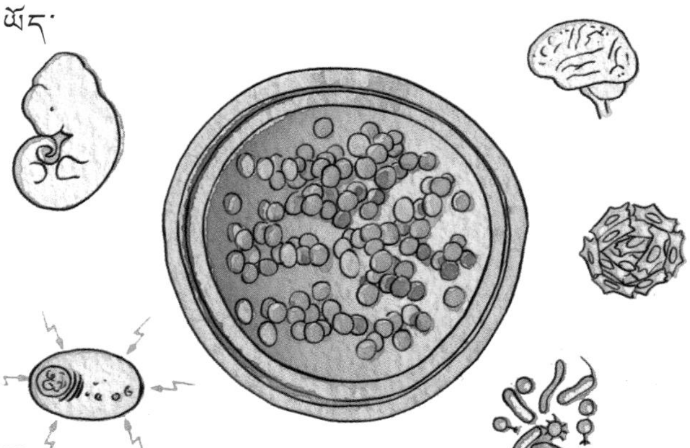

མིང་ལས་དོན་བརྟག་པ་ཇི་བཞིན། ཕྲ་ཕུང་རང་གིས་ཁྱུར་མིད་བྱེད་པ་ནི་ཕྲ་ཕུང་གིས་རང་ཉིད་ཟ་བའི་དོན་ཡིན། དེ་ནི་ཉིང་དངོས་སྐྱེ་དངོས་ཀྱི་དངོས་པོའི་འཁོར་རྒྱུག་བྱེད་པའི་གོ་རིམ་གལ་ཆེན་ཞིག་ཡིན་ཏེ། གནོད་སྐྱོན་ཐེབས་པའི་ཕྲ་ཕུང་གི་ཡོ་བྱད་ཁ་ཤས་རང་གིས་ལྷུ་ཚང་ཟོས་རྗེས་ད་གཟོད་འབེབས་འཕྲོད་བྱེད་ཐུབ། མི་རྣམས་ཀྱིས་སྔ་མོ་ནས་ཕྲ་ཕུང་གིས་ཁྱུར་མིད་བྱེད་པའི་སྣང་ཚུལ་ཡོད་པ་ཤེས་མོད། འོན་ཀྱང་ཕྲ་ཕུང་གིས་ཕྲ་ཕུང་གི་གྲུབ་ཆ་སྐྱི་མོའི་ནང་དུ་ཐུམ་སྒྲིལ་བྱས་ནས་ཁུག་མའི་དབྱིབས་ཀྱི་སྒྲིག་གཞི་གྲུབ་པར་མ་ཟད། ཚོར་སྐྱུད་འགག་འཁྱུར་པའི་ཁང་མིག་ཆུང་ཆུང་ཞིག་ཏུ་བསྐྱལ་ནས་ཡང་བསྐྱར་འབེབས་འཕྲོད་བྱེད་བཞིན་ཡོད་པས། རང་གི་ཁྱུར་མིད་གཏོང་བའི་ནང་རྐྱེན་སྤྱིལ་དཀའ། 2016ལོའི་ནོ་པེར་ལུས་ཁམས་རིག་པའམ་གསོ་རིག་བྱ་དགའི་ཚོགས་པས་ཕྲ་ཕུང་རང་གིས་ཁྱུར་མིད་གཏོང་བའི་རྐྱེན་རྩ་ཐོག་མར་གསལ་སྟོན་བྱས་པའི་གྲུབ་འབྲས་ལ་བྱ་དགའ་གནང་བ་ཡིན།

2012ལོའི《ཚན་རིག》དུས་དེབ་སྟེང་དུ་སྤེལ་བའི་གནས་ཚུལ་ལྟར་ན། ཉེ་ཆར་ཀྲུང་གོའི་ཚན་རིག་པས་གནས་ཚུལ་གཞན་པའི་འོག་ཏུ་ཕྲ་ཕུང་རང་གིས་ཁྱུར་མིད་གཏོང་བའི་རྐྱེན་རྩ་གསལ་སྟོན་བྱས་ཡོད་པ་སྟེ། འཚོ་བཅུད་དཀོན་པའི་རྐྱེན་གྱིས་ཕྲ་ཕུང་རང་གིས་ཁྱུར་མིད་གཏོང་བའི་རྐྱེན་རྩ་ཡིན། གྲུབ་འབྲས་དེ་ཉིད"2012ལོའི་ཀྲུང་གོའི་ཚན་རིག་གོང་འཕེལ་ཆེན་པོ་བཅུ"ཡི་ཁྲོད་དུ་བདམས་ཡོད་དོ། །

38 肝癌预防与治疗新法

མཆིན་པའི་འབྲས་སྐྲན་སྔོན་འགོག་དང་གསོ་བཅོས་བྱེད་ཐབས་གསར་པ།

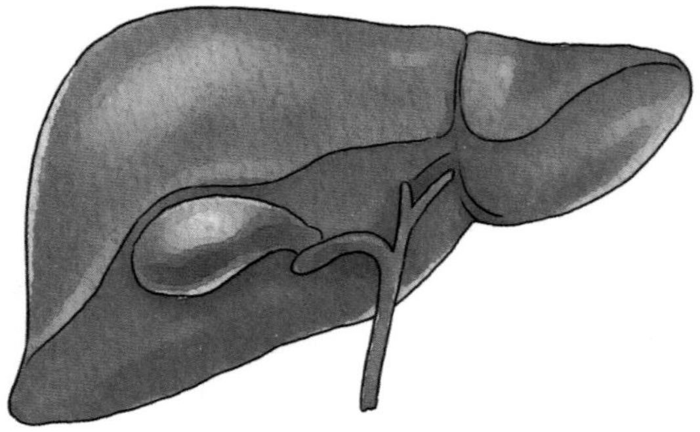

健康的肝脏
བདེ་ཐང་གི་མཆིན་པ།

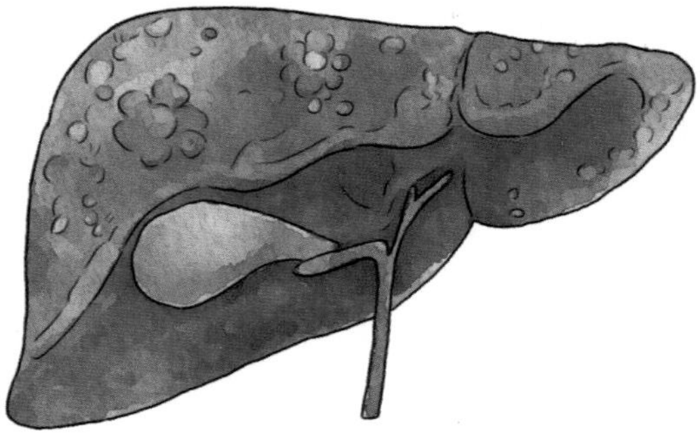

肝癌
མཆིན་པའི་འབྲས་སྐྲན།

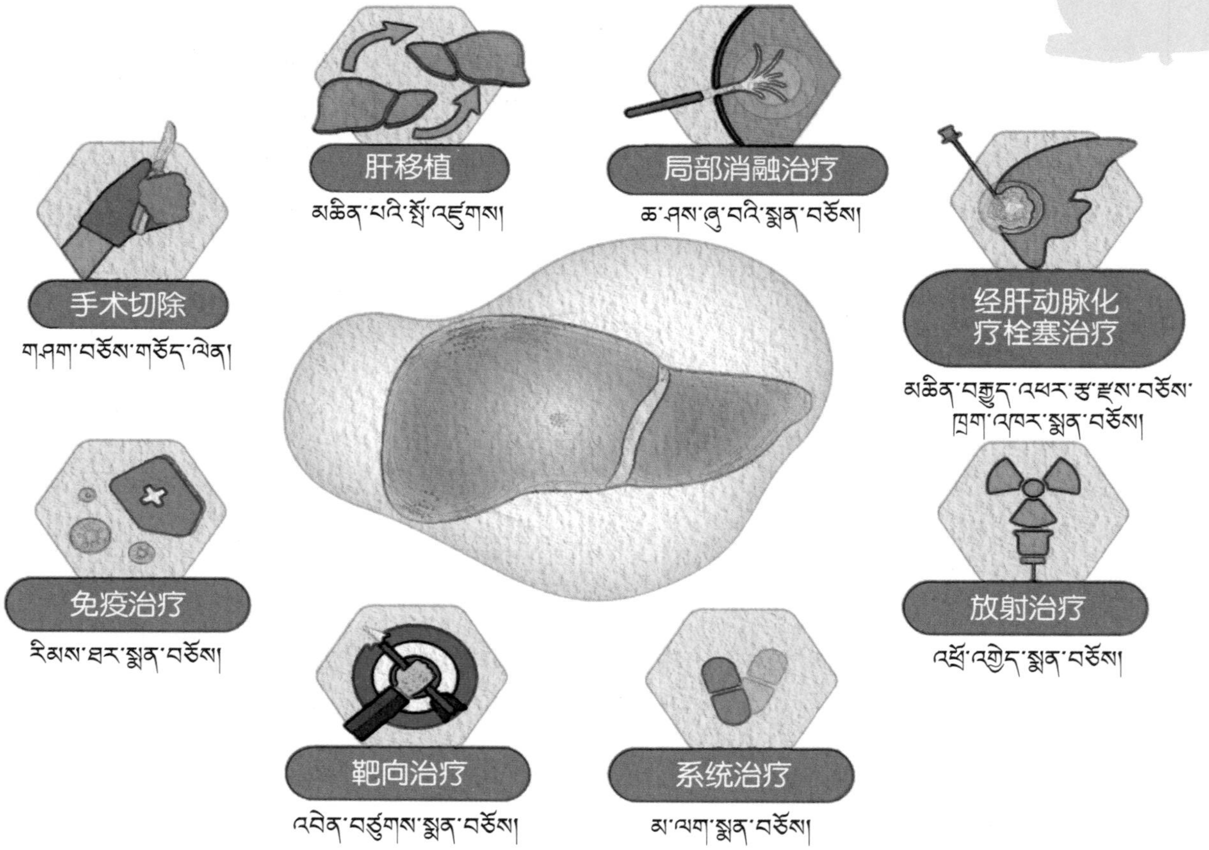

肝移植
མཆིན་པའི་སྤོ་འཛུགས།
局部消融治疗
ཆ་ཤས་ཞུ་བའི་སྨན་བཅོས།
手术切除
གཤག་བཅོས་གཅོད་ལེན།
经肝动脉化疗栓塞治疗
མཆིན་བརྒྱུད་འཕར་རྩ་རྫས་བཅོས་ཁྲག་འཁར་སྨན་བཅོས།
免疫治疗
རིམས་ཐར་སྨན་བཅོས།
放射治疗
འཕྲོ་འགྱེད་སྨན་བཅོས།
靶向治疗
འབེན་བཙུགས་སྨན་བཅོས།
系统治疗
མ་ལག་སྨན་བཅོས།

据2011年2月15日的国际学术刊物《癌细胞》报道，中国科学家发现了一种肝癌预后判断和治疗新靶标。形象地说，就是为肝癌的预防判断提供了新的潜在靶标，为肝癌的生物治疗提出了一种新方法。具体说来，他们通过深度测序技术，在分析比较了正常肝脏、病毒性肝炎肝脏、肝硬化肝脏和肝癌的相关基因后，发现了一种特殊基因，该基因表达程度的高低与肝癌患者的预后密切相关，从而证明了该基因能显著抑制肝癌，这就为肝癌的预防判断与生物治疗提供了新思路。

肝癌是肝脏的恶性肿瘤，可分为原发性和转移性两大类。前者起源于肝脏的上皮或间叶组织，是我国高发的、危害极大的恶性肿瘤。后者是指胃、肺、胆道、胰腺、卵巢、子宫、乳腺、结直肠等器官的癌症转移到肝。肝癌危害巨大，特别是对晚期患者，目前缺乏有效的治疗手段，因此很有必要像该项研究这样，对肝癌发生发展的分子机制进行研究，并结合肝癌患者临床资料寻找新的预后判断标志物和治疗靶标。

2011ལོའི་ཟླ2པའི་ཚེས15ཉིན་གྱི་རྒྱལ་སྤྱིའི་རིག་གཞུང་དུས་དེབ《འབྲས་སྐྲན་ཕྲ་ཕུང》ཞེས་པའི་སྟེང་དུ་སྤེལ་བའི་གནས་ཚུལ་ལྟར་ན། ཀྲུང་གོའི་ཚན་རིག་པས་མཆིན་པའི་འབྲས་སྐྲན་གྱི་རྗེས་འབྱུང་ཚོད་དཔག་དང་སྨན་བཅོས་བྱེད་པའི་འབེན་རྟགས་གསར་པ་ཞིག་རྙེད། གཟུགས་སྣང་གི་སྒོ་ནས་བཤད་ན། མཆིན་པའི་འབྲས་སྐྲན་གྱི་སྔོན་འགོག་བརྡར་གཅོད་ལ་མི་མངོན་པའི་འབེན་རྟགས་གསར་པ་ཞིག་འདོན་སྤྲོད་བྱས་ཏེ། མཆིན་པའི་འབྲས་སྐྲན་གྱི་སྐྱེ་དངོས་གསོ་བཅོས་ལ་ཐབས་ཤེས་གསར་པ་ཞིག་བཏོན་པ་ཡིན། བྱེ་བྲག་ཏུ་བཤད་ན། ཁོ་ཚོས་གཏིང་ཟབ་པའི་གོ་རིམ་ཚད་ལེན་ལག་རྩལ་ལ་བརྟེན་ནས་རྒྱུན་ལྡན་གྱི་མཆིན་པ་དང་ནད་དུག་རང་བཞིན་གྱི་མཆིན་པ། མཆིན་པ་སྲ་འགྱུར་གྱི་མཆིན་པ། མཆིན་པའི་འབྲས་སྐྲན་གྱི་འབྲེལ་ཡོད་རྒྱུད་རྒྱུ་བཅས་ལ་དབྱེ་ཞིབ་དང་ཞིབ་བསྡུར་བྱས་རྗེས། རྒྱུད་རྒྱུ་དམིགས་བསལ་ཅན་ཞིག་རྙེད་ཅིང་། རྒྱུད་རྒྱུ་དེའི་མཚོན་པའི་ཚད་ཀྱི་མཐོ་དམའ་དང་མཆིན་པའི་འབྲས་སྐྲན་ནད་པའི་རྗེས་དཔོག་གཉིས་གར་འབྲེལ་བ་དམ་པོ་ཡོད་པས། རྒྱུད་རྒྱུ་དེས་མཆིན་པའི་འབྲས་སྐྲན་ལ་ཚོད་འཛིན་མངོན་གསལ་བྱེད་ཐུབ་པ་ར་སྤྲོད་བྱས་ཤིང་། དེས་མཆིན་པའི་འབྲས་སྐྲན་སྔོན་འགོག་དང་སྐྱེ་དངོས་གསོ་བཅོས་བྱེད་པར་བསམ་ཕྱོགས་གསར་པ་ཞིག་འདོན་སྤྲོད་བྱས་ཡོད།

མཆིན་པའི་འབྲས་སྐྲན་ནི་མཆིན་པའི་སྐྲན་ངན་ཞིག་ཡིན་ལ། དེར་གདོད་འབྱུང་རང་བཞིན་དང་སྤོ་སྒྱུར་རང་བཞིན་གྱི་རིགས་ཆེན་པོ་གཉིས་སུ་དབྱེ་ཡོད་དེ། སྔོན་མ་ནི་མཆིན་པའི་སྟེང་གི་ཕྱི་སྐྱིའམ་ལོ་མའི་ཕུང་ཀྲུབ་ལས་བྱུང་བ་དང་། རང་རྒྱལ་གྱི་ནད་འབྱུང་ཚད་མཐོ་བ་དང་ཉེན་ཁ་ཆེ་བའི་སྐྲན་ངན་ཚབས་ཆེན་ཞིག་ཡིན། རྗེས་མ་ནི་ཕོ་བ་དང་གློ་བ། མཁྲིས་ལམ། གཉེར་མ། བསམ་བསེའུ། བུ་སྣོད། ནུ་མའི་གཉེར་རྩེན་དང་གཞང་དཀར་ནག་སོགས་དབང་པོའི་འབྲས་སྐྲན་མཆིན་པའི་ནང་དུ་སྤོ་སྒྱུར་བྱས་པ་ལ་ཟེར། མཆིན་པའི་འབྲས་སྐྲན་གྱི་གནོད་འཚེ་ཧ་ཅང་ཆེ་བ་དང་། ལྷག་པར་དུ་དུས་མཇུག་གི་ནད་པར་མིག་སྔར་ནུས་ལྡན་གྱི་སྨན་བཅོས་བྱེད་ཐབས་མེད་པས། ཞིབ་འཇུག་འདི་དང་འདྲ་བར་མཆིན་པའི་འབྲས་སྐྲན་འཕེལ་རྒྱས་འགྲོ་བའི་ཆ་རྡུལ་གྱི་ནང་རྐྱེན་ལ་ཞིབ་འཇུག་བྱེད་དགོས་པར་མ་ཟད། མཆིན་པའི་འབྲས་སྐྲན་ནད་པའི་ནད་ཐོག་གི་རྒྱུ་ཆ་དང་ཟུང་འབྲེལ་བྱས་ཏེ། རྗེས་དཔག་བརྡར་ཤ་གཅོད་པའི་མཚོན་རྟགས་དངོས་པོ་དང་སྨན་བཅོས་འབེན་རྟགས་གསར་པ་འཚོལ་དགོས།

39 成纤维细胞到肝细胞的转化

ཚི་སྣའི་ཕྲ་ཕུང་གྲུབ་ནས་མཆིན་པའི་ཕྲ་ཕུང་གི་འཕོ་འགྱུར།

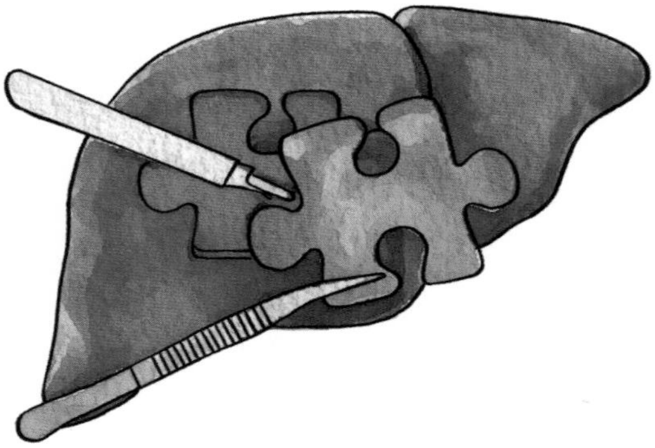

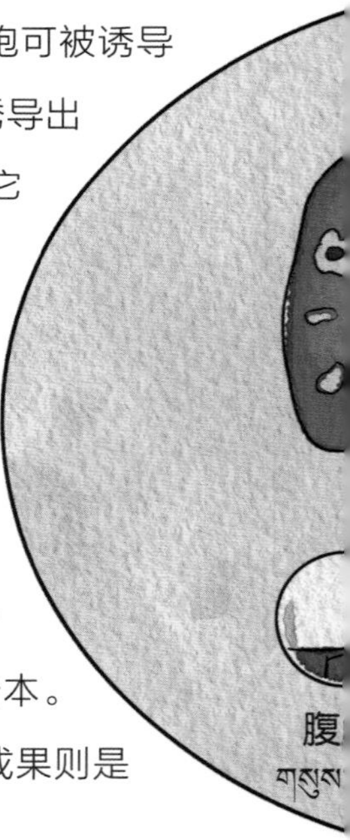
腹

据2011年5月19日的《自然》杂志报道，中国科学家首次证明肝脏以外的体细胞可被诱导直接转化为肝细胞，并证明转化的细胞具有正常功能，为今后从病人自己的体细胞中诱导出肝细胞进行移植奠定了理论基础。难怪《自然》杂志的评审专家高度评价该成果，认为它“所建立的技术体系是一项重大突破，对该领域的研究具有指导意义”。

病毒性肝炎、肝硬化和肝癌严重危害着我国人民的身体健康。在全球约3.5亿慢性乙型肝炎病毒携带者中，中国人就占约1/3。乙肝诱发的慢性肝病已成为中国感染性疾病死亡的第2位主因。

肝脏移植是许多晚期患者的最好治疗手段，但因供体严重不足，许多病人都在等待中无奈地失去了生命。为了提高供体器官的利用率，人们虽已开始尝试将供体肝脏分离出的肝细胞移植给患者，从而使一个供体器官可治疗多个病人，但仍然只是治标不治本。此外，即使成功实施了移植手术，但因获得的是异体器官，也不得不终身服药，而本成果则是想治本。

2011ལོའི་ཟླ5པའི་ཚེས19ཉིན་གྱི《རང་བྱུང》དུས་དེབ་སྟེང་དུ་སྤེལ་བའི་གནས་ཚུལ་ལྟར་ན། ཀྲུང་གོའི་ཚན་རིག་པས་ཐེངས་དང་པོར་མཆིན་པ་ཕུད་པའི་ལུས་པོའི་ཕྲ་ཕུང་ཐད་ཀར་མཆིན་པའི་ཕྲ་ཕུང་དུ་འགྱུར་ཐུབ་པ་ར་སྤྲོད་བྱས་པར་མ་ཟད། འཕོ་འགྱུར་གྱི་ཕྲ་ཕུང་ལ་རྒྱུན་ལྡན་གྱི་ནུས་པ་ལྡན་པར་ར་སྤྲོད་བྱས་ཤིང་། རྗེས་ཕྱོགས་ནད་པ་རང་ཉིད་ཀྱི་ཕྲ་ཕུང་ཁྲོད་ནས་མཆིན་པའི་ཕྲ་ཕུང་སྤོ་འཛུགས་བྱེད་པར་རིགས་པའི་གཞུང་ལུགས་ཀྱི་རྨང་གཞི་བཏིངས་ཡོད་པས། 《རང་བྱུང》དུས་དེབ་ཀྱི་ཞིབ་དཔྱད་ཆེད་མཁས་པས་གྲུབ་འབྲས་

དེར་ཚད་མཐོའི་གདེང་འཇོག་བྱས་ཡོད་ཅིང་། དེས"བཙུགས་པའི་ལག་རྩལ་མ་ལག་ནི་ཐོད་རྒྱལ་གལ་ཆེན་ཞིག་ཡིན་པས། ཁྱབ་ཁོངས་འདིའི་ཞིབ་འཇུག་ལ་མཇུབ་སྟོན་རང་བཞིན་གྱི་དོན་སྙིང་ལྡན་པར་ངེས་འཛིན་བྱེད་བཞིན་ཡོད"ཅེས་བཤད།

ནད་དུག་རང་བཞིན་གྱི་མཆིན་ཚད་དང་མཆིན་པ་སྲ་འགྱུར། མཆིན་པའི་འབྲས་སྐྲན་བཅས་ཀྱིས་རང་རྒྱལ་མི་དམངས་ཀྱི་ལུས་ཕུང་བདེ་ཐང་ལ་གནོད་འཚེ་ཚབས་ཆེན་བཟོ་བཞིན་ཡོད་དེ། འཛམ་གླིང་ཡོངས་ཀྱི་ཡུན་རིང་རང་བཞིན་གྱི་མཆིན་ཚད་ཁ་པའི་ནད་དུག་ཐོག་མཁན་ཧ་ལམ་དུང་ཕྱུར3.5ཡོད་པའི་ཁྲོད་དུ། ཀྲུང་གོ་པས་ཧ་ལམ1/3ཟིན། མཆིན་ཚད་ཁ་པའི་བསླངས་པའི་ཡུན་རིང་རང་བཞིན་གྱི་མཆིན་ནད་ནི་ཀྲུང་གོའི་འགོས་ནད་རང་བཞིན་གྱི་ནད་རིགས་ཀྱིས་ཚེ་འདས་རྒྱུ་རྐྱེན་གཙོ་བོ་གཉིས་པ་ཡིན།

མཆིན་པ་སྐྱོ་འཇུགས་ནི་དུས་མཚུངས་གི་ནད་པ་མང་པོའི་ཆེས་བཟང་བའི་སྨན་བཅོས་བྱེད་ཐབས་ཤིག་ཡིན་མོད། འོན་ཀྱང་རྫས་འགྱུར་གཞི་ཚོགས་འདོན་སྤྲོད་བྱེད་ཐུབ་པའི་དངོས་པོ་ཤིན་ཏུ་མི་འདང་བའི་རྐྱེན་གྱིས་ནད་པ་མང་པོ་ཞིག་གིས་རེ་སྒུག་ཁྲོད་དུ་ཚེ་སྲོག་ཤོར་བཞིན་ཡོད། རྫས་འགྱུར་གཞི་ཚོགས་འདོན་སྤྲོད་བྱེད་ཐུབ་པའི་དངོས་པོའི་དབང་པོའི་སྤྱོད་ཚད་ཇེ་མཐོར་གཏོང་ཆེད། མི་རྣམས་ཀྱིས་རྫས་འགྱུར་གཞི་ཚོགས་འདོན་སྤྲོད་བྱེད་ཐུབ་པའི་དངོས་པོའི་མཆིན་པ་དབྱེ་འབྱེད་བྱས་པའི་མཆིན་པའི་ཕྲ་ཕུང་ནད་པར་སྐྱོ་འཇུགས་བྱས་ཏེ། རྫས་འགྱུར་གཞི་ཚོགས་འདོན་སྤྲོད་བྱེད་ཐུབ་པའི་དངོས་པོའི་དབང་པོ་གཅིག་གིས་ནད་པ་མང་པོར་སྨན་བཅོས་བྱེད་ཐུབ་མོད། འོན་ཀྱང་སྔར་བཞིན་ཡན་ལག་བཅོས་པ་ལས་རྩ་བ་སྒྱུར་མི་ཐུབ་པའི་རྣམ་པ་ཆགས་ཡོད། གཞན་ཡང་། སྐྱོ་འཇུགས་གཤགས་བཅོས་ལེགས་གྲུབ་བྱུང་ཞིང་ལུས་གཞན་དབང་པོ་ཐོབ་ནའང་། ཚེ་གང་པོར་སྨན་མི་བསྟེན་ཐབས་མེད་ཡིན། གྲུབ་འབྲས་འདིས་རྩ་བཅོས་བྱེད་འདོད་པ་ཡིན་ནོ། །

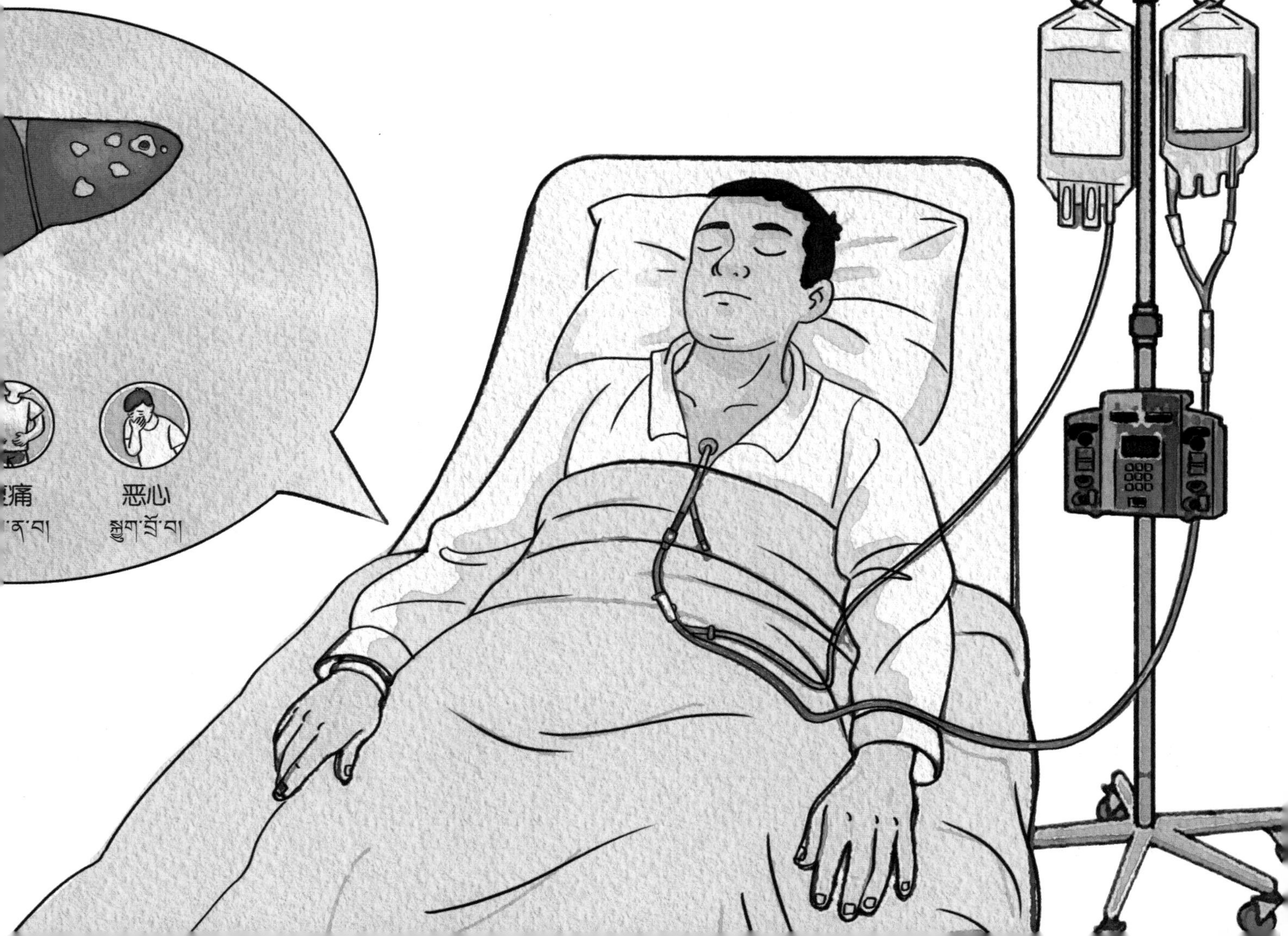
痛
恶心
སྐྱུག་སྦྲོ་བ།

40 TET双加氧酶与哺乳动物表观遗传

TETཟུང་སྣོན་དབྱང་རྫབས་དང་འོ་གསོས་སྲོག་ཆགས་ཀྱི་མངོན་མཐོང་རྒྱུད་བརྒྱུས།

据2010年的《自然》和《科学》杂志报道，中国科学家首次揭示了一种名叫“TET双加氧酶”的物质在影响哺乳动物表观遗传方面的调控作用。该成果一经发表就在学术界引起轰动，以至很快被评为“2011年中国科学十大进展”之一。原来，对表观遗传信息调控机制的研究，有助于了解生长发育与疾病发生发展的分子机理，从而为维护人类健康，尤其是再生医学技术的开发提供重要理论依据。

什么是表观，什么又是表观遗传呢？表观是指一个生物体可以观察到的性状或特征，是特定的基因型与环境相互作用的结果。典型的表观，包括个体形态、功能等各方面的表现，比如，身高、肤色、血型、酶活力、药物耐受力乃至性格等。表观遗传就是指在基因的DNA序列没有发生改变的情况下，基因功能发

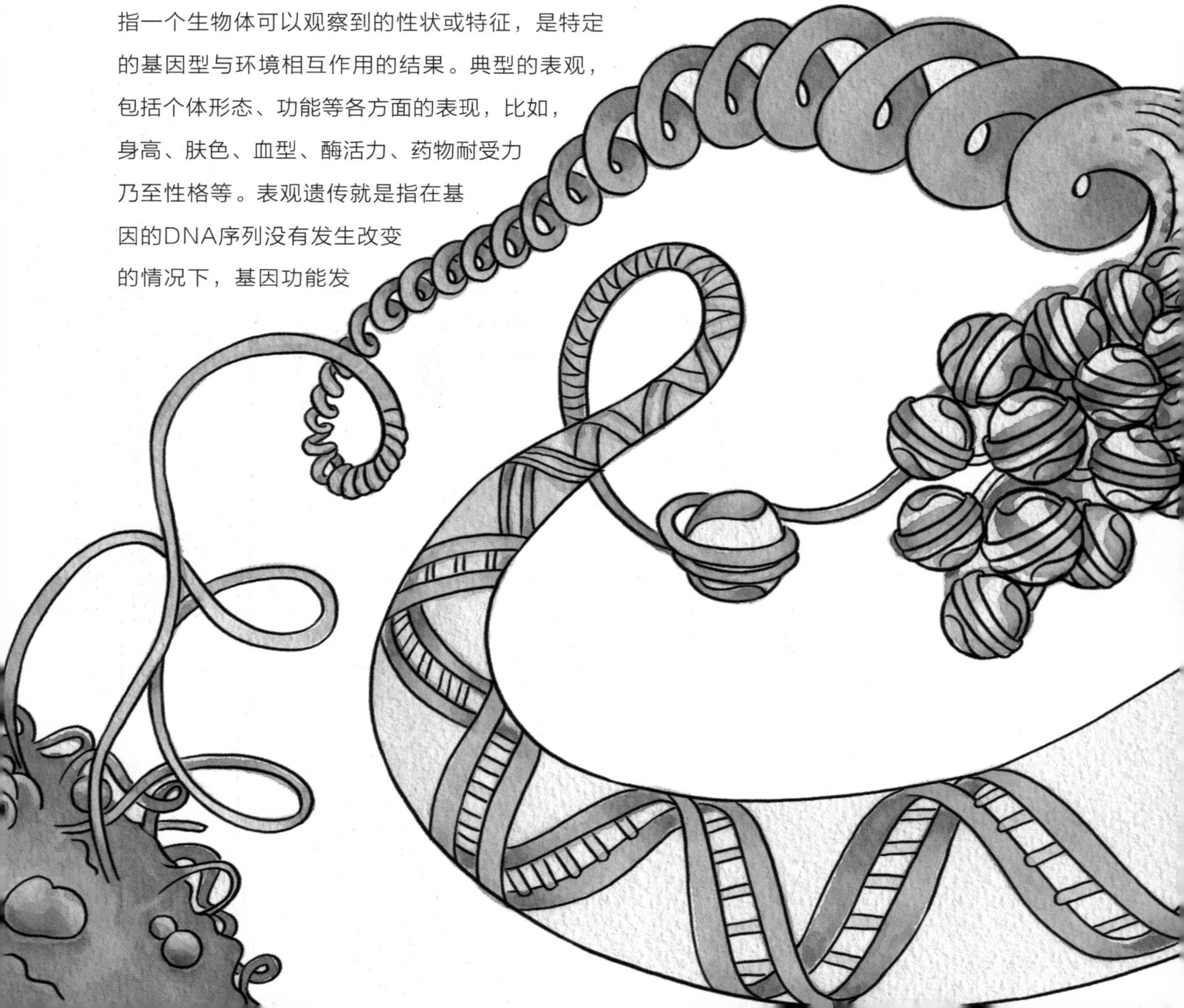

生了可遗传的变化，并最终导致了表型的变化。表观遗传与普通遗传的区别在于，后者是由于基因序列改变所引起的基因功能变化，从而导致性状发生可遗传的改变，而本成果则属于前者。

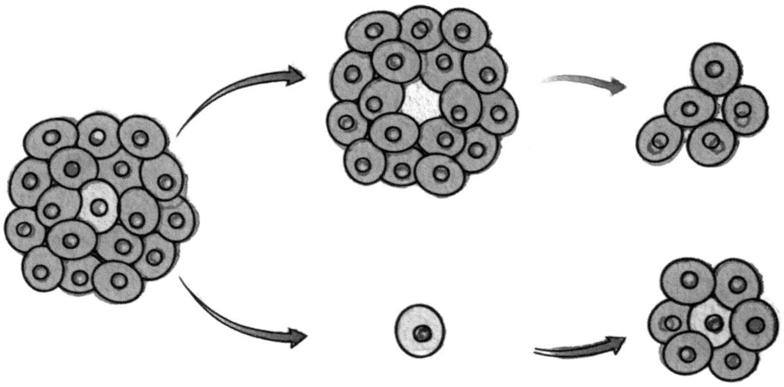

2010ལོའི《རང་བྱུང》དང《ཚན་རིག》དུས་དེབ་སྟེང་དུ་སྤེལ་བའི་གནས་ཚུལ་ལྟར་ན། གྲུང་གོའི་ཚན་རིག་པས་ཐེངས་དང་པོར་མིང་ལ“TETཟུང་སྟོན་དབྱང་རྩབས”ཞེར་བའི་དངོས་པོ་ཞིག་གིས་འོ་གསོས་སྲོག་ཆགས་ཀྱི་མངོན་མཐོང་རྒྱུད་བཤུས་ལ་ཤུགས་རྐྱེན་ཐེབས་པའི་ཐད་ཀྱི་སྙོམ་སྒྲིག་ནུས་པ་ཞིག་གསལ་སྟོན་བྱས་ཡོད། གྲུབ་འབྲས་འདི་སྤེལ་མ་ཐག རིག་གཞུང་ལས་རིགས་སུ་སྐད་གྲགས་ཆེད་ཅིང་། མགྱོགས་མྱུར་ངང“2011ལོའི་གྲུང་གོའི་ཚན་རིག་གོང་འཕེལ་ཆེན་པོ་བཅུ”ལ་བདམས་ཐོན་བྱུང་། དོན་དངོས་སུ། མངོན་མཐོང་རྒྱུད་བཤུས་ཆ་འཕྲིན་སྙོམ་སྒྲིག་ལམ་སྲོལ་ལ་ཞིབ་འཇུག་བྱས་ན། སྐྱེ་འཕེལ་འཚར་ལོངས་དང་ནད་གཞི་འབྱུང་བའམ་འཕེལ་རྒྱས་སུ་འགྲོ་བའི་ཆ་རྐྱལ་གྱི་རྐྱེན་རྩ་ཤེས་རྟོགས་བྱེད་པར་ཕན་ཐོགས་ཡོད་པ་དང་། མིའི་རིགས་ཀྱི་བདེ་ཐང་སྲུང་སྐྱོང་བྱེད་ཐུབ་ཅིང་ལྷག་པར་དུ་བསྐྱར་སྐྲུན་གསོ་རིག་ལག་རྩལ་གསར་སྤེལ་བྱེད་པར་རིགས་པའི་གཞུང་ལུགས་ཀྱི་གཞི་འཛིན་ས་གལ་ཆེན་མཁོ་འདོན་བྱེད་ཐུབ།

ཅི་ཞིག་ལ་མངོན་མཐོང་ཟེར་བ་དང་། ཅི་ཞིག་ལ་མངོན་མཐོང་རྒྱུད་བཤུས་ཟེར་རམ་ཞེ་ན། མངོན་མཐོང་ཞེས་པ་ནི་སྐྱེ་དངོས་ཀྱི་ཕུང་པོ་ཞིག་གིས་ལྟ་ཞིབ་བྱེད་ཐུབ་པའི་ངོ་བོ་དང་གཟུགས་དབྱིབས་སམ་ཁྱད་རྟགས་ལ་ཟེར་ཞིང་། དེ་ནི་རྒྱུད་རྒྱ་ངེས་ཅན་ཞིག་དང་ཁོར་ཡུག་ཕན་ཚུན་བྱེད་ནུས་ཐོན་པའི་མཇུག་འབྲས་ཡིན། དཔེ་མཚོན་གྱི་མངོན་མཐོང་ལ་དངོས་པོ་བྱེ་བྲག་པའི་རྣམ་པ་དང་བྱེད་ནུས་སོགས་ཕྱོགས་གང་ཅིའི་ཐད་ཀྱི་མཚོན་ཚུལ་ཚུད་ཡོད་དེ། དཔེར་ན། གཟུགས་པོའི་རིང་ཚད་དང་ཤ་མདོག ཁྲག་རིགས། རྩབས་ཀྱི་གསོན་ཤུགས། སྨན་རྫས་ཀྱི་བཟོད་ཤུགས་དང་གཉིས་ཀ་སོགས་ཡིན། མངོན་མཐོང་རྒྱུད་བཤུས་ཞེས་པ་ནི་རྒྱུད་རྒྱུའིDNAརིམ་པར་འགྱུར་ལྡོག་མ་བྱུང་བའི་གནས་ཚུལ་འོག་ཏུ། རྒྱུད་རྒྱུའི་ནུས་པར་རྒྱུད་བཤུས་ཐུབ་པའི་འགྱུར་ལྡོག་བྱུང་བར་མ་ཟད། མཇུག་མཐར་ཕྱི་ངོས་ཀྱི་འགྱུར་ལྡོག་བྱུང་བ་ཡིན། མངོན་མཐོང་རྒྱུད་བཤུས་དང་སྤྱིར་བཏང་གི་རྒྱུད་བཤུས་ཀྱི་ཁྱད་པར་ནི། ཕྱི་མ་ནི་རྒྱུད་རྒྱུའི་གོ་རིམ་འགྱུར་ལྡོག་བྱུང་བ་ལས་བྱུང་བའི་རྒྱུད་རྒྱུའི་བྱེད་ལས་ལ་འགྱུར་ལྡོག་བྱུང་བས། ངོ་བོ་དང་གཟུགས་དབྱིབས་ལ་རྒྱུད་བཤུས་བྱེད་ཐུབ་པའི་འགྱུར་ལྡོག་བྱུང་བ་དང་། གྲུབ་འབྲས་འདི་ཉིད་ནི་སྔ་མའི་རིགས་སུ་གཏོགས་པ་ཡིན་ནོ། །

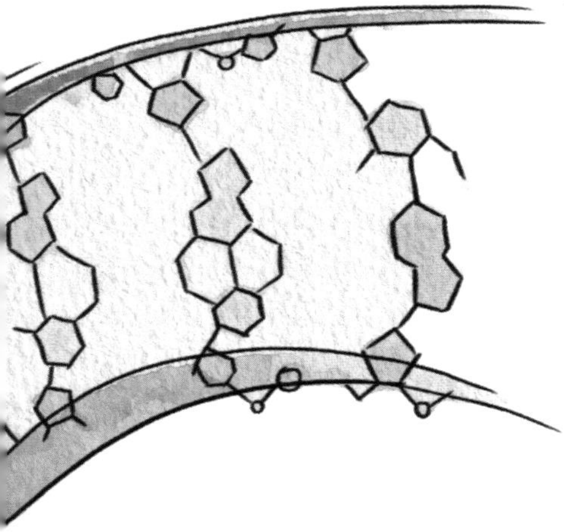

41 戊肝疫苗

ཟུའུ་མཆིན་རིམས་འགོག་སྨན་ཁབ།

据2010年8月23日的国际权威医学刊物《柳叶刀》报道，中国科学家在国际上率先研制出了一种能有效预防戊肝的疫苗，它将保护大部分成年人免受戊肝困扰。实际上，在第三期临床试验中，该疫苗对身体健康的成年男女均表现出了100%的预防效果，且几乎没有或只有轻微的副作用。难怪，该疫苗于2012年10月27日在中国正式上市，2017年、2018年先后通过泰国、巴基斯坦的官方认证。特别是在2019年，获得了美国食品药品监督管理局批准，允许在美国临床试验，这也是美国官方首次对中国疫苗开绿灯。

戊肝是最流行的五种病毒性肝炎之一，主要经消化道传播，因此受污染的水源、猪肉、海鲜等均可传播该病毒。据世界卫生组织估计，全球三分之一的人口都曾感染过戊肝病毒，每年新增约两千万例，导致三百多万例急性肝炎和7万例死亡；仅在南亚和东亚每年就有约650万例，导致16万人死亡及2700例孕妇流产。我国戊肝发病率也逐年上升，已在成人急性肝炎中位居首位。

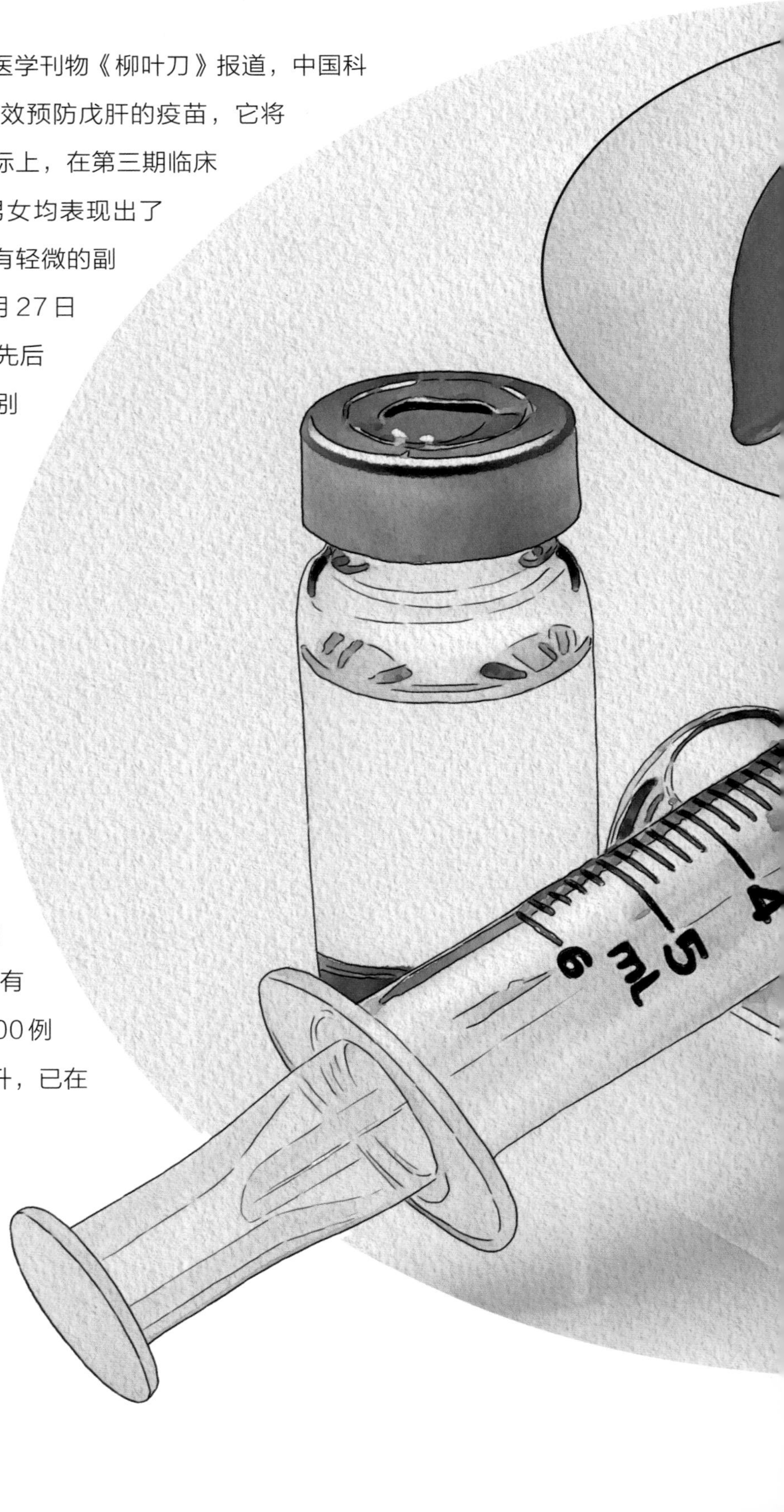
4
5
6
mL

2010ལོའི་ཟླ8པའི་ཚེས23ཉིན་གྱི་རྒྱལ་སྤྱིའི་དབང་གྲགས་གསོ་རིག་དུས་དེབ《ལྷང་ལོའི་གྲི》ཞེས་པའི་སྟེང་དུ་སྤེལ་བའི་གནས་ཚུལ་ལྟར་ན། ཀྲུང་གོའི་ཚན་རིག་པས་རྒྱལ་སྤྱིའི་སྟེང་དུ་ཐོག་མར་ཕྲུའུ་མཆིན་སྔོན་འགོག་ནུས་ལྡན་བྱེད་ཐུབ་པའི་རིམས་འགོག་སྨན་ཁབ་ཅིག་ཞིབ་བཟོ་བྱས་པ་དང་། དེས་མི་དར་མ་མང་ཆེ་བར་ཕྲུའུ་མཆིན་ནད་ཀྱི་དཀའ་ངལ་མི་ཡོང་བར་སྲུང་སྐྱོབ་བྱེད་ཐུབ། དོན་དངོས་སུ་དུས་རིམ་གསུམ་པའི་ནད་ཐོག་ཚོད་ལྟའི་ཁྲོད་དུ། རིམས་འགོག་སྨན་ཁབ་དེས་ལུས་པོ་བདེ་ཐང་གི་དར་མ་དང་བུད་མེད་ཚང་མར100%སྔོན་འགོག་ཕན་འབྲས་ཐོན་ཡོད་པར་མ་ཟད། ཞོར་རྐྱེན་ངན་པ་ཅི་ཡང་མེད་པ་དང་ཡང་ན་ཞོར་རྐྱེན་ངན་པ་ཆུང་ངུ་ལས་མེད། རིམས་འགོག་སྨན་ཁབ་འདི2012ལོའི་ཟླ10པའི་ཚེས27ཉིན་ཀྲུང་གོར་དངོས་སུ་ཚོང་རར་བཏོན་པ་དང་། 2017ལོ་དང2018ལོར་སྔ་གཞུག་ཏུ་ཐེ་ལན་དང་པ་ཁི་སི་ཐན་གཞུང་ཕྱོགས་ཀྱི་ཁས་ལེན་ཐོབ། ལྷག་པར་དུ2019ལོར་ཨ་རིའི་བཟའ་བཅའ་དང་སྨན་རྫས་ལྟ་སྐུལ་དོ་དམ་ཅུས་ཆོག་མཆན་ཐོབ་ནས་ཨ་རིར་ནད་ཐོག་སྨན་བཅོས་ཚོད་ལྟ་བྱས་ཆོག་ཚུལ་བསྟན་པས། འདི་ནི་ཨ་རིའི་གཞུང་ཕྱོགས་ཀྱིས་ཀྲུང་གོའི་རིམས་འགོག་སྨན་ཁབ་བཀོལ་སྤྱོད་བྱེད་པ་ཐེངས་དང་པོ་ཡིན།

ཕྲུའུ་མཆིན་ནི་མཆེད་རྒྱ་ཆེས་ཆེ་བའི་ནད་དུག་རང་བཞིན་གྱི་མཆིན་ཚད་ལྡའི་གྲས་ཤིག་ཡིན་ལ། གཙོ་བོར་འཛུ་ལམ་བརྒྱུད་ནས་མཆེད་པ་ཡིན། དེའི་ཕྱིར་འབག་བཙོག་ཐེབས་པའི་ཆུ་ཁུངས་དང་ཕག་ཤ་མཚོ་སོས་སོགས་ཚང་མས་ནད་དུག་དེ་འགོས་སྲིད། འཛམ་གླིང་འཕྲོད་བསྟེན་ཚ་འཛུགས་ཀྱིས་ཚོད་དཔག་བྱས་པ་ལྟར་ན། འཛམ་གླིང་ཡོངས་ཀྱི་མི་གྲངས་གསུམ་ཆ་གཅིག་ལ་སྔོན་ཆད་ཕྲུའུ་མཆིན་ནད་དུག་འགོས་མྱོང་བ་དང་། ལོ་རེར་ཏ་ལམ་ཁྲི་གཉིས་ལྷག་གསར་དུ་འཕར་ཏེ། མྱུར་གཤིས་མཆིན་ཚད་ཁྲི་སུམ་བརྒྱ་ལྷག་དང་མི་ཁྲི7ཆེ་ལས་འདས་བཞིན་ཡོད། ཨེ་ཤ་ཡ་ལྷོ་མ་དང་ཨེ་ཤ་ཡ་ཤར་མ་ནས་ལོ་རེར་ཁྲི650ཙམ་འབྱུང་བཞིན་ཡོད་ཅིང་། མི་ཁྲི16ཆེ་ལས་འདས་པ་དང་སྨྲུམ་མ2700ཡི་མངལ་ཤོར་ཡོད། རང་རྒྱལ་གྱི་ཕྲུའུ་མཆིན་འབྱུང་ཚད་ཀྱང་ལོ་རེ་བཞིན་ཇེ་མཐོར་འགྲོ་བཞིན་ཡོད་ལ། དར་མའི་མྱུར་གཤིས་མཆིན་ཚད་ཁྲོད་ཀྱི་ཨང་དང་པོར་སླེབས་ཡོད་དོ། །

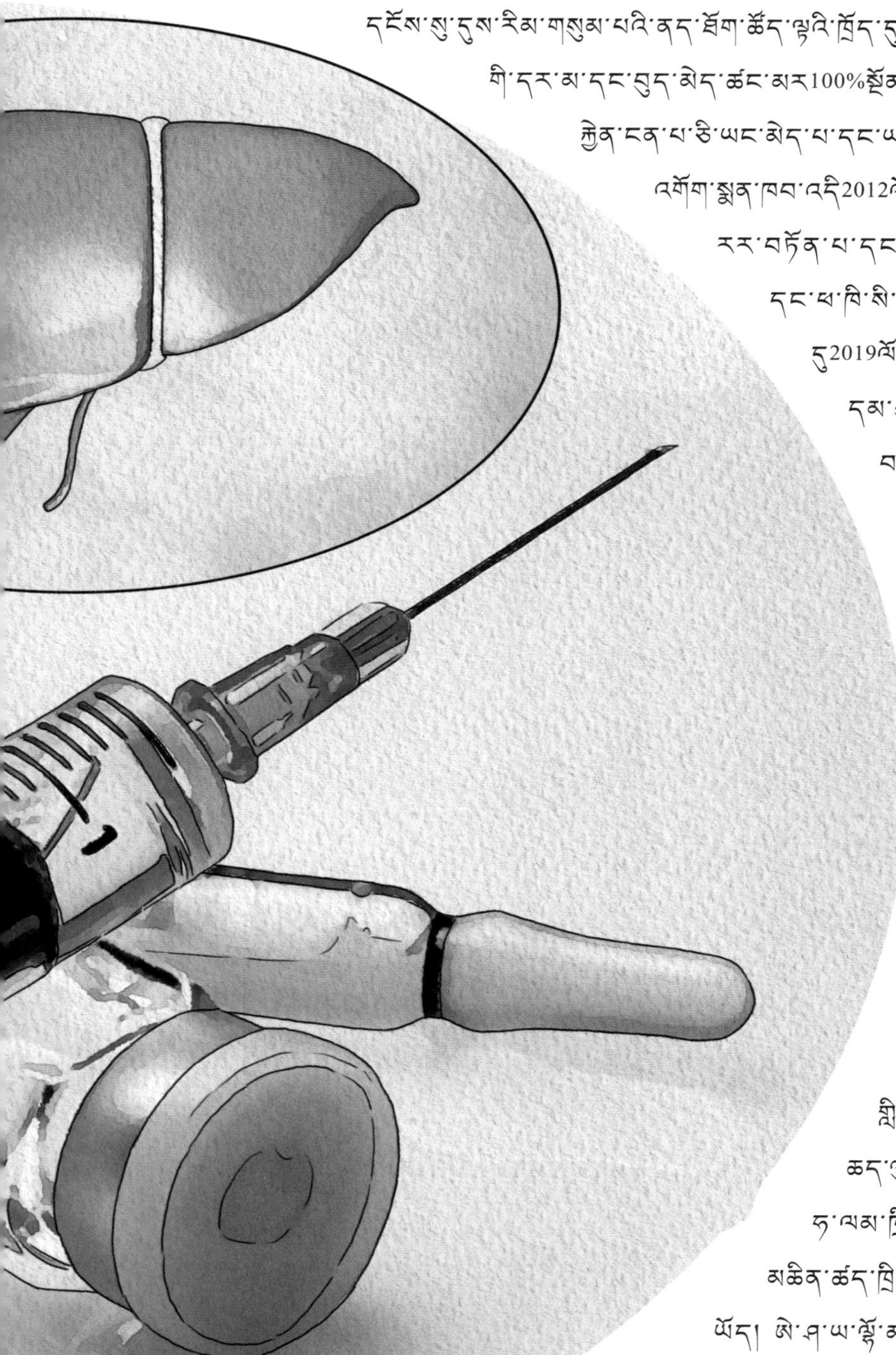

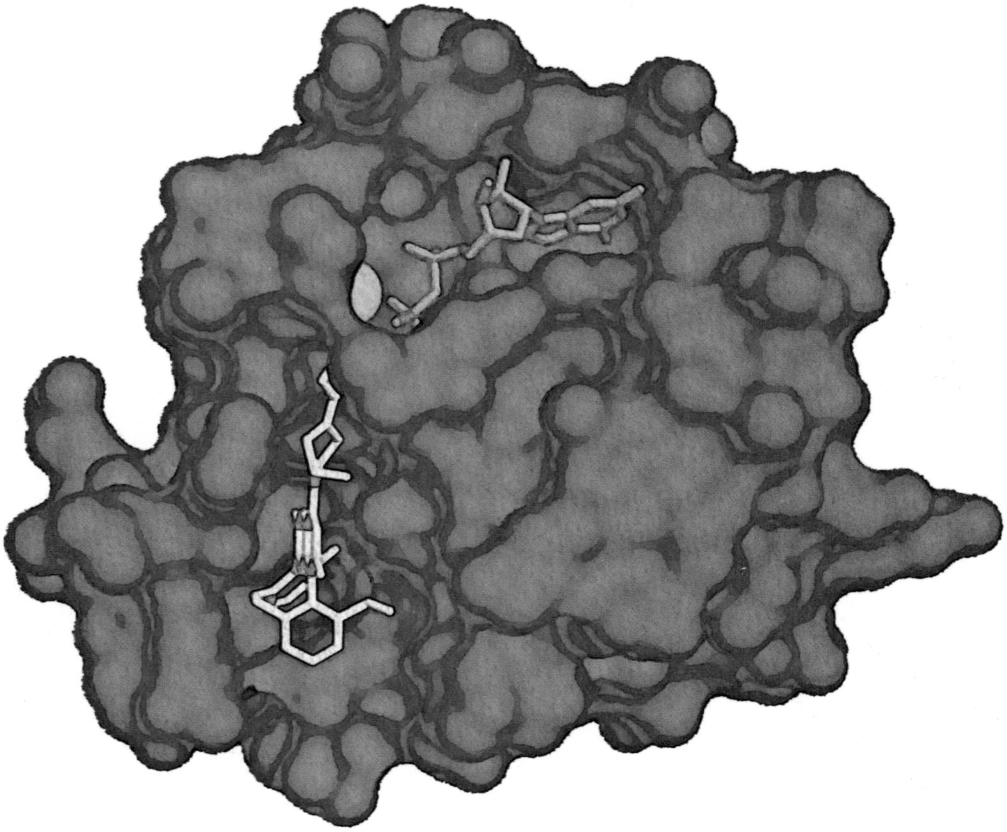

42 致癌蛋白作用新机制

འབྲས་སྐྲན་འབྱུང་བའི་སྤྲི་དཀར་ནུས་པའི་ལམ་སྲོལ་གསར་བ།

据2009年12月24日的《细胞》杂志封面论文报道，中国科学家首次揭示了致癌蛋白作用的一种新机制。它将在理论和方法上引发蛋白质与RNA相互作用研究方面的革命，让人类首次看清致癌蛋白在细胞内的几乎所有靶标上的作用，并对理解PTB蛋白的致癌机制和推动抗癌药物开发具有重要意义。

为什么该成果会获得这么高的评价呢？原来，PTB蛋白是一种在癌细胞中起重要作用的蛋白，它在癌细胞中有很高的表达。以往的研究证明，PTB蛋白可通过结合特定的RNA序列来抑制靶基因的可变剪接，从而控制靶基因产生的蛋白质种类。这一结论，甚至已被写进了许多教科书里。但我国科学家则惊讶地发现：原来这PTB蛋白不仅能直接抑制靶基因的可变剪接，还能直接促进靶基因的可变剪接，从而打破了教科书的定论。难怪，权威专家会认为，该成果对前人已绘制好的RNA加工地形图提出了新挑战，并成功地重绘了新地图，在相关领域具有引领作用。

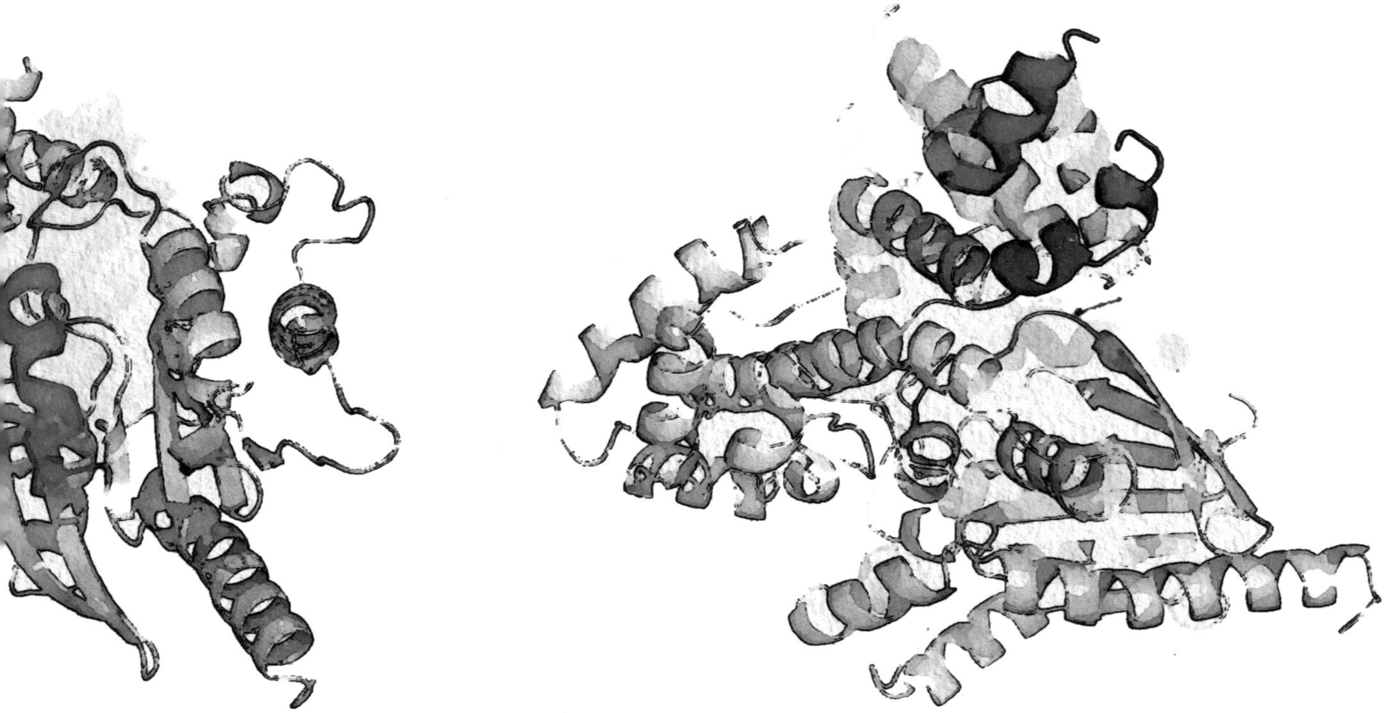

2009ལོའི་ཟླ12པའི་ཚེས24ཉིན་གྱི《ཕྲ་ཕུང》དུས་དེབ་ཀྱི་མདུན་ཤོག་དཔྱད་རྩོམ་དུ་བཀོད་པ་ལྟར་ན། ཀྲུང་གོའི་ཚན་རིག་པས་ཐོག་མར་འབྲས་སྐྲན་སྤྲི་དཀར་གྱི་ནུས་པ་སྐྱེད་པའི་ལམ་སྲོལ་གསར་བ་ཞིག་གསལ་སྟོན་བྱས་ཤིང་། དེས་རིགས་པའི་གཞུང་ལུགས་དང་བྱེད་ཐབས་ཐོག་ནས་སྤྲི་དཀར་དངRNAཕན་ཚུན་ནུས་པར་ཞིབ་འཇུག་བྱེད་པའི་ཐད་ཀྱི་གསར་བརྗེ་བསླངས་ནས། མིའི་རིགས་ཀྱིས་འབྲས་སྐྲན་སྤྲི་དཀར་གྱི་ཕྲ་ཕུང་ནང་གི་འབེན་རྟགས་ཚང་མའི་ནུས་པ་ཐེངས་དང་པོར་མཐོང་ཐུབ་པར་མ་ཟད། PTBསྤྲི་དཀར་གྱི་འབྲས་སྐྲན་སྐྱེད་ལུགས་ཤེས་རྟོགས་དང་སྨན་འགོག་སྨན་རྫས་གསར་སྤེལ་དང་སྐྱུལ་འདེད་གཏོང་བར་དོན་སྙིང་གལ་ཆེན་ལྡན།

ཀྲུབ་འབྲས་དེར་གདེང་འཛོག་འདི་འདྲ་མཐོན་པོ་ཐོབ་དོན་ཅི་ཡིན་ཞེ་ན། མ་གཞིརPTBསྤྲི་དཀར་ནི་འབྲས་སྐྲན་ཕྲ་ཕུང་ཁྲོད་དུ་ནུས་པ་གལ་ཆེན་ཐོན་པའི་སྤྲི་དཀར་ཞིག་ཡིན་ལ། དེ་ནི་འབྲས་སྐྲན་ཕྲ་ཕུང་ཁྲོད་དུ་མཚོན་སྣང་ཧ་ཅང་མཐོན་པོ་ཡོད། སྔོན་ཆད་ཀྱི་ཞིབ་འཇུག་ལས་ར་སྤྲོད་བྱས་པ་ལྟར་ན། PTBསྤྲི་དཀར་གྱིས་དམིགས་བསལ་གྱི་གོ་རིམRNAདང་ཟུང་འབྲེལ་བྱས་ནས་འབེན་རྒྱུད་རྒྱུའི་འགྱུར་ཅན་འབྲེལ་མཐུད་ཆོད་འཛིན་བྱས་ཏེ། འབེན་རྒྱུད་རྒྱུ་ལས་ཐོན་པའི་སྤྲི་དཀར་གྱི་རིགས་ཆོད་འཛིན་བྱེད་ཐུབ། སྔོམ་ཚིག་འདི་ཉིད་སློབ་དེབ་མང་པོའི་ནང་དུའང་བཀོད་ཡོད་མོད། འོན་ཀྱང་རང་རྒྱལ་གྱི་ཚན་རིག་པ་རྣམས་ཀྱིས་ཧ་ལས་པའི་སྒོ་ནས་ཤེས་རྟོགས་བྱུང་བ་ལྟར་ན། PTBསྤྲི་དཀར་འདིས་ཐད་ཀར་འབེན་རྒྱུད་རྒྱུ་ཡི་འགྱུར་ཅན་འབྲེག་གཅོད་ཆོད་འཛིན་བྱེད་ཐུབ་པར་མ་ཟད། ད་དུང་འབེན་རྒྱུད་རྒྱུ་ཡི་འགྱུར་ཅན་འབྲེལ་མཐུད་ལ་ཐད་ཀར་སྐྱུལ་འདེད་བྱེད་ཐུབ་པས། སློབ་དེབ་ཀྱི་བཤད་ཚུལ་མེད་པར་བཟོས། དབང་གྲགས་ལྡན་པའི་ཆེད་མཁས་པས་འདོད་ཚུལ་ལྟར་ན། ཀྲུབ་འབྲས་འདིས་སྔོན་རབས་པས་བྲིས་ཟིན་པའིRNAལས་སྟོན་གྱི་ས་དབྱིབས་རི་མོར་འགྲན་སློང་གསར་བ་བྱས་པར་མ་ཟད། ས་བཀྲ་གསར་བ་ཞིག་སྣར་ཡང་བྲིས་ཡོད་པས། འབྲེལ་ཡོད་ཁྱབ་ཁོངས་སུ་སྣེ་ཁྲིད་ནུས་པ་ལྡན་པར་ངེས་འཛིན་བྱེད་བཞིན་ཡོད།

43 银屑病、白癜风和麻风病的易感基因

སྐྲང་ཤུ་ནད། ཤ་བཀྲའི་ནད། མཛེ་ནད་ཚོར་སླ་བའི་རྒྱུད་རྒྱུ།

据“2010年中国十大科学进展”报道，中国科学家先后发现了银屑病、白癜风和麻风病的易感基因，深入揭示了这些复杂疾病的分子发病机制，为相关疾病预测、新药研发及推动个性化医疗奠定了基础，也使我国在疾病易感基因研究方面处于世界领先水平。这些成果已在《自然》等著名学术刊物上发表，极大地推动了国际皮肤病研究，还为其他学科开展易感基因研究提供了成功典范。

银屑病、白癜风和麻风病都是常见的皮肤复杂疾病，与肿瘤、糖尿病和高血压等类似，它们的发病机制也相当复杂，既与遗传有关，也受环境影响。本成果则聚焦于遗传因素的影响，比如，仅仅是针对银屑病，就发现了6个新的易感基因，其中2个基因与早发型银屑病密切相关。进一步的分析还表明，其中3个基因在中、美、德三国的银屑病易发性方面，既有相似性，又有差异性。该研究涵盖了亚、欧和美等国际人群，突破了疾病易感基因研究人群的单一性局限，使相关研究结果更具代表性和科学性。

“2010ལོའི་ཀྲུང་གོའི་ཚན་རིག་གོང་འཕེལ་ཆེན་པོ་བཅུ”ཡི་སྤེལ་བའི་གནས་ཚུལ་ལྟར་ན། ཀྲུང་གོའི་ཚན་རིག་པས་སྔ་རྗེས་སུ་སྐྲང་ཤུ་ནད་དང་ཤ་བཀྲའི་ནད། མཛེ་ནད་བཅས་ཚོར་སླ་བའི་རྒྱུད་རྒྱུ་ཞིག་ཤེས་རྟོགས་བྱུང་བ་དང་། གཏིང་ཟབ་སྒོས་རྙོག་འཛིང་ཆེ་བའི་ནད་རིགས་འདི་དག་གི་ཆ་རྡུལ་ནད་གཞིའི་ལམ་སྲོལ་གསལ་སྟོན་བྱས་ནས། འབྲེལ་ཡོད་ནད་གཞིར་སྔོན་དཔག་དང་སྨན་གསར་ཞིབ་འཇུག རང་གཤིས་ཅན་གྱི་སྨན་བཅོས་ལ་སྐུལ་འདེད་གཏོང་བ་བཅས་ལ་རྨང་གཞི་བཏིང་ཡོད་ཅིང་། རང་རྒྱལ་གྱི་ནད་གཞི་ཐོག་སླ་བའི་རྒྱུད་རྒྱུའི་ཞིབ་འཇུག་ནི་འཛམ་གླིང་གི་སྔོན་ཐོན་ཆུ་ཚད་དུ་སླེབས་ཡོད། གྲུབ་འབྲས་འདི་ཉིད《རང་བྱུང》སོགས་གྲགས་ཅན་རིག་གཞུང་དུས་དེབ་ཐོག་ཏུ་སྤེལ་ནས། རྒྱལ་སྤྱིའི་པགས་ནད་ཞིབ་འཇུག་ལ་སྐུལ་འདེད་ཤུགས་ཆེན་བཏང་བར་མ་ཟད། རིག་ཚན་གཞན་དག་གིས་ཚོར་སླ་བའི་རྒྱུད་རྒྱུ་ཞིབ་འཇུག་བྱེད་པར་གྲུབ་འབྲས་ཐོབ་པའི་དཔེ་མཚོན་མགོ་འདོན་བྱས་ཡོད།

སྐྲང་ཤུ་ནད་དང་ཤ་བཀྲའི་ནད། མཛེ་ནད་སོགས་ནི་རྒྱུན་མཐོང་གི་སྐྱི་པགས་ཀྱི་རྙོག་འཛིང་ཆེ་བའི་ནད་རིགས་ཡིན་ལ། སྐྲན་ནད་དང་གཅིན་སྙི་ཟ་ཁུའི་ནད། ཁྲག་ཤེད་མཐོ་བ་སོགས་དང་མཚུངས་པར། འདི་དག་གི་ནད་གཞིའི་གྲུབ་ཚུལ་ཡང་ཧ་ཅང་རྙོག་འཛིང་ཆེ་བས། རྒྱུད་བཤུས་དང་འབྲེལ་བ་ཡོད་ལ་ཁོར་ཡུག་གི་ཤུགས་རྐྱེན་ཡང་ཐེབས་བཞིན་ཡོད། གྲུབ་འབྲས་དེས་རྒྱུད་བཤུས་རྒྱུ་རྐྱེན་གྱི་ཤུགས་རྐྱེན་གཅིག་བསྡུས་བྱས་ཡོད་དེ། དཔེར་ན། སྐྲང་ཤུ་ནད་ཁོ་ནར་དམིགས་ནས་ཚོར་སླ་བའི་རྒྱུད་རྒྱུ་གསར་བ6རྙེད་པ་དང་། འདིའི་ཁྲོད་དུ་རྒྱུད་རྒྱུ2དང་འབྱུང་སྔ་རང་བཞིན་གྱི་སྐྲང་ཤུ་ནད་དང་འབྲེལ་བ་དམ་པོ་ཡོད། སྔར་ལས་ལྷག་པར་དབྱེ་ཞིབ་བྱས་པས་ད་དུང་གསལ་པོར་བསྟན་དོན། དེའི་ནང་གི་རྒྱུད་རྒྱུ3ནི་ཀྲུང་གོ་དང་ཨ་རི། འཇར་མན་བཅས་རྒྱལ་ཁབ་གསུམ་གྱི་སྐྲང་ཤུ་ནད་འབྱུང་སླ་བའི་ཐད་ནས། འདྲ་མཚུངས་རང་བཞིན་ལྡན་ལ་ཁྱད་པར་རང་བཞིན་ཡང་ཡོད། ཞིབ་འཇུག་དེའི་ཁོངས་སུ་ཨེ་ཤ་ཡ་དང་ཡོ་རོབ། ཨ་རི་སོགས་རྒྱལ་སྤྱིའི་མི་ཚོགས་ཚུད་ཡོད་པས། ནད་གཞི་ཐོག་སླ་བའི་རྒྱུད་རྒྱུ་ཞིབ་འཇུག་མི་ཚོགས་ཀྱི་ཕྱོགས་རྐྱང་པའི་ཚོད་འཛིན་ལས་བརྒལ་ཏེ། འབྲེལ་ཡོད་ཞིབ་འཇུག་གྲུབ་འབྲས་ལ་མཚོན་བྱེད་རང་བཞིན་དང་ཚན་རིག་རང་བཞིན་ལྡན་ནོ། །

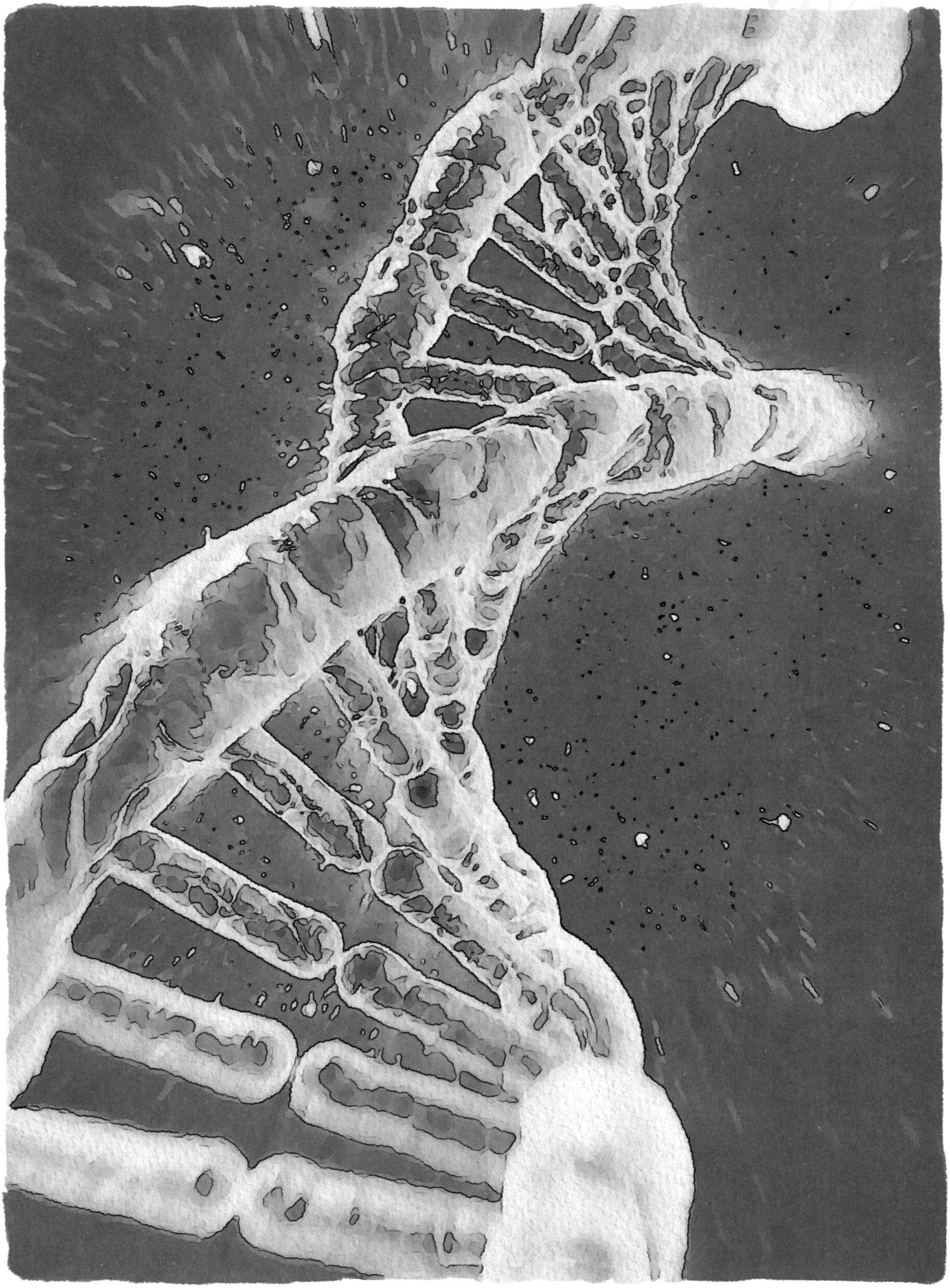

44 胰岛素耐受新因

ཁན་སྒྲིང་རྒྱ་བཟོད་ཐུབ་པའི་རྒྱུ་རྐྱེན་གསར་བ།

据2009年2月26日的《自然》杂志报道，中国科学家发现了一种导致胰岛素耐受的新原因，用专业术语来说就是，β－II型抑制因子的复合体信号缺损就可以导致胰岛素耐受。该成果为研究胰岛素耐受的分子病理机制提供了一种新视角，并为治疗胰岛素耐受和II型糖尿病提出了新的可能方案。

什么是胰岛素耐受呢？以糖尿病人的胰岛素耐受为例来说就是指，某些糖尿病人存在胰岛素抵抗，即，这样的人即使是在皮下注射了胰岛素，也很难达到生理上的有效疗效，至少需要应用胰岛素增敏剂。

什么是胰岛素抵抗，它的原因又是什么呢？它就是指，由于各种原因导致的胰岛素促进葡萄糖摄取和利用的效率下降，于是，为了维持血糖的稳定，机体就不得不自动地代偿性地分泌过多胰岛素，从而就产生了高胰岛素血症。胰岛素抵抗容易导致代谢综合征和II型糖尿病。关于胰岛素抵抗的原因，过去人们已发现了一些宏观原因，比如，遗传因素和肥胖等。本成果则发现了另一个更深层次的分子级原因。

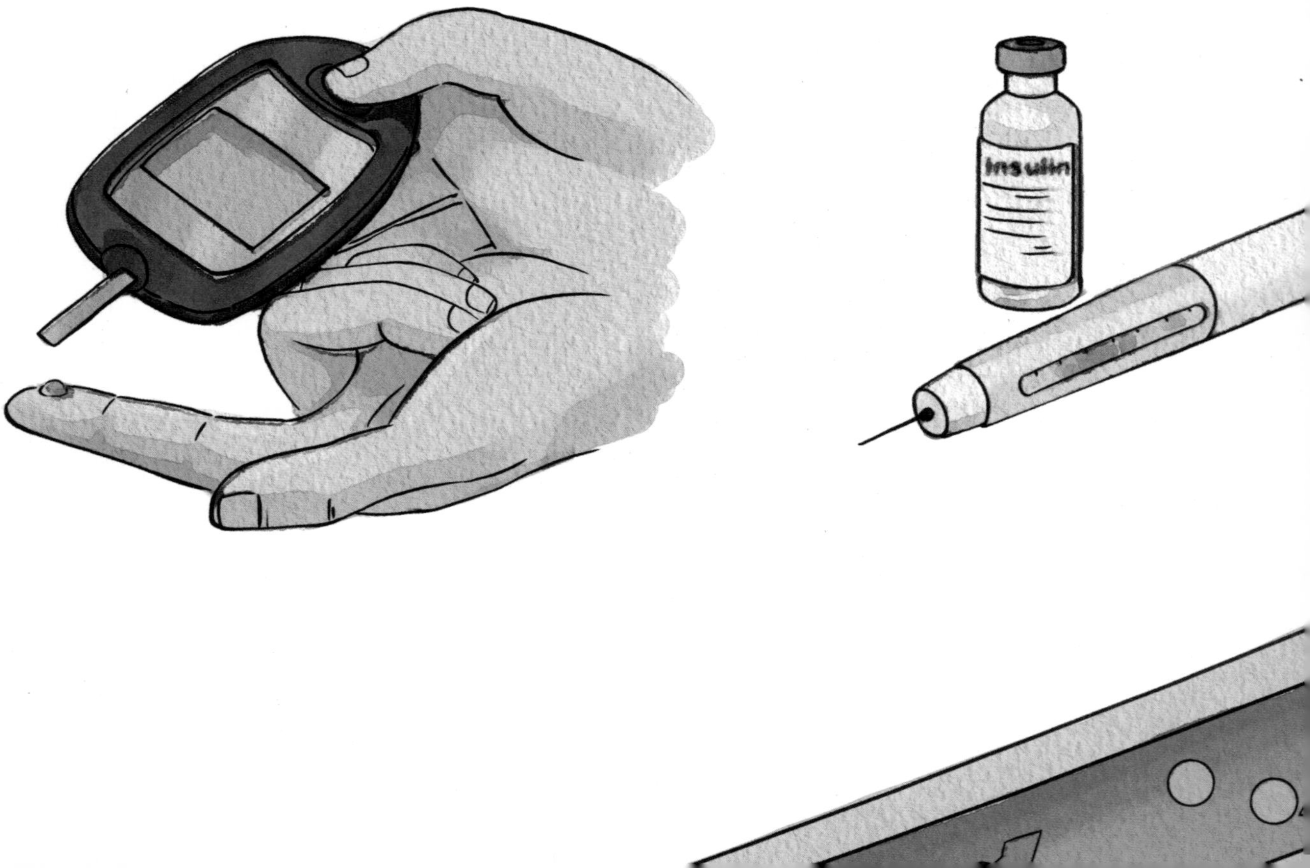
Insulin

2009ལོའི་ཟླ2པའི་ཚེས26ཉིན་གྱི《རང་བྱུང》དུས་དེབ་སྟེང་དུ་སྤེལ་བའི་གནས་ཚུལ་ལྟར་ན། གྲུང་གོའི་ཚན་རིག་པས་ཤན་གླིང་རྒྱུ་བཙོད་ཐུབ་པའི་རྒྱུ་རྐྱེན་གསར་བ་ཞིག་རྙེད་བྱུང་། ཆེད་ལས་ཀྱི་ཐ་སྙད་སྤྱད་ནས་བཤད་ན། B–IIརིགས་ཀྱི་ཚོད་འགོག་རྒྱུ་གྲངས་ཀྱི་མཉམ་འདུས་གཟུགས་ཀྱི་བརྡ་རྟགས་ལ་སྐྱོན་བྱུང་ན་ཤན་གླིང་རྒྱུ་བཙོད་ཐུབ་པ་ཡིན། གྲུབ་འབྲས་དེས་ཤན་གླིང་རྒྱུ་བཙོད་ཐུབ་པའི་ཆ་རྐྱལ་ནད་ལུགས་ལམ་སྲོལ་ལ་ཞིབ་འཇུག་བྱེད་པར་ལྟ་ཕྱོགས་གསར་བ་ཞིག་མངོ་འདོན་བྱས་པར་མ་ཟད། ཤན་གླིང་རྒྱུའི་བཙོད་ཐུབ་པ་དངIIཅན་གྱི་གཅིན་སྙི་ཟ་ཁུའི་སྨན་བཅོས་བྱེད་པར་རྟུས་གཞི་གསར་བ་ཞིག་བཏོན་ཡོད།

ཅི་ཞིག་ལ་ཤན་གླིང་རྒྱུ་བཙོད་ཐུབ་ཟེར་རམ་ཞེ་ན། གཅིན་སྙི་ཟ་ཁུའི་ནད་པའི་ཤན་གླིང་རྒྱུ་བཙོད་ཐུབ་ཚད་ལ་དཔེ་བཞག་ན། གཅིན་སྙི་ཟ་ཁུའི་ནད་པ་ལ་ལར་ཤན་གླིང་རྒྱུའི་འགོག་རྐོལ་བྱེད་པ་སྟེ། མི་དེའི་རིགས་ལ་མཚོན་ན་སྐྱི་འོག་ཏུ་ཤན་གླིང་རྒྱུའི་སྨན་ཁབ་བརྒྱབ་ཀྱང་ལུས་ཁམས་སྟེང་དུ་སྨན་བཅོས་ཕན་ནུས་ཐོན་དཀའ་བ་དང་། ཉུང་མཐར་ཡང་ཤན་གླིང་རྒྱུའི་སྐྱེན་འགྱུར་སྨན་རྫས་བཀོལ་དགོས།

ཅི་ཞིག་ལ་ཤན་གླིང་རྒྱུ་འགོག་རྐོལ་ཟེར་བ་དང་། དེའི་རྒྱུ་རྐྱེན་ཡང་ཅི་ཞིག་ཡིན་ནམ་ཞེ་ན། དེ་ནི་རྒྱུ་རྐྱེན་སྣ་ཚོགས་ཀྱི་དབང་གིས་བསྐྱངས་པའི་ཤན་གླིང་རྒྱུས་རྒྱུན་འབྲུམ་ཏྟགས་སྟུད་ལེན་དང་བཀོལ་སྤྱོད་ཀྱི་ལས་ཆོད་ཇེ་དམའ་རུ་གཏོང་བ་ཡིན། ཁྲག་མངར་གཏན་འཇགས་ཡོང་བའི་ཆེད་དུ། ལུས་ཕུང་གིས་རང་འགུལ་གྱིས་ཚབ་འཁྱིན་རང་བཞིན་གྱིས་ཤན་གླིང་རྒྱུ་མང་པོ་ཟགས་ཐོན་མི་བྱེད་ཐབས་མེད་བྱུང་བས། ཁྲག་མཐོ་བའི་ཤན་གླིང་རྒྱུ་བྱུང་བ་ཡིན། ཤན་གླིང་རྒྱུའི་འགོག་རྐོལ་གྱིས་བརྗེ་ཚབ་ཕྱོགས་བསྡུས་རྟགས་ཅན་དངIIཅན་གྱི་གཅིན་སྙི་ཟ་ཁུའི་ནད་འབྱུང་སླ། ཤན་གླིང་རྒྱུའི་འགོག་རྐོལ་གྱི་རྒྱུ་རྐྱེན་སྐོར་ལ། སྔོན་ཆད་མི་རྣམས་ཀྱིས་སྤྱི་ཁོག་གི་རྒྱུ་རྐྱེན་འགའ་རྙེད་ཡོད་དེ། དཔེར་ན། རྒྱུད་བཤུས་ཀྱི་རྒྱུ་རྐྱེན་དང་ཚོན་རྒྱུགས་སོགས་ཡིན། གྲུབ་འབྲས་འདིས་རིམ་པ་ལྷག་ཏུ་ཟབ་པའི་ཆ་རྐྱལ་རིམ་པའི་རྒྱུ་རྐྱེན་གཞན་ཞིག་རྙེད་ཡོད་དོ། །

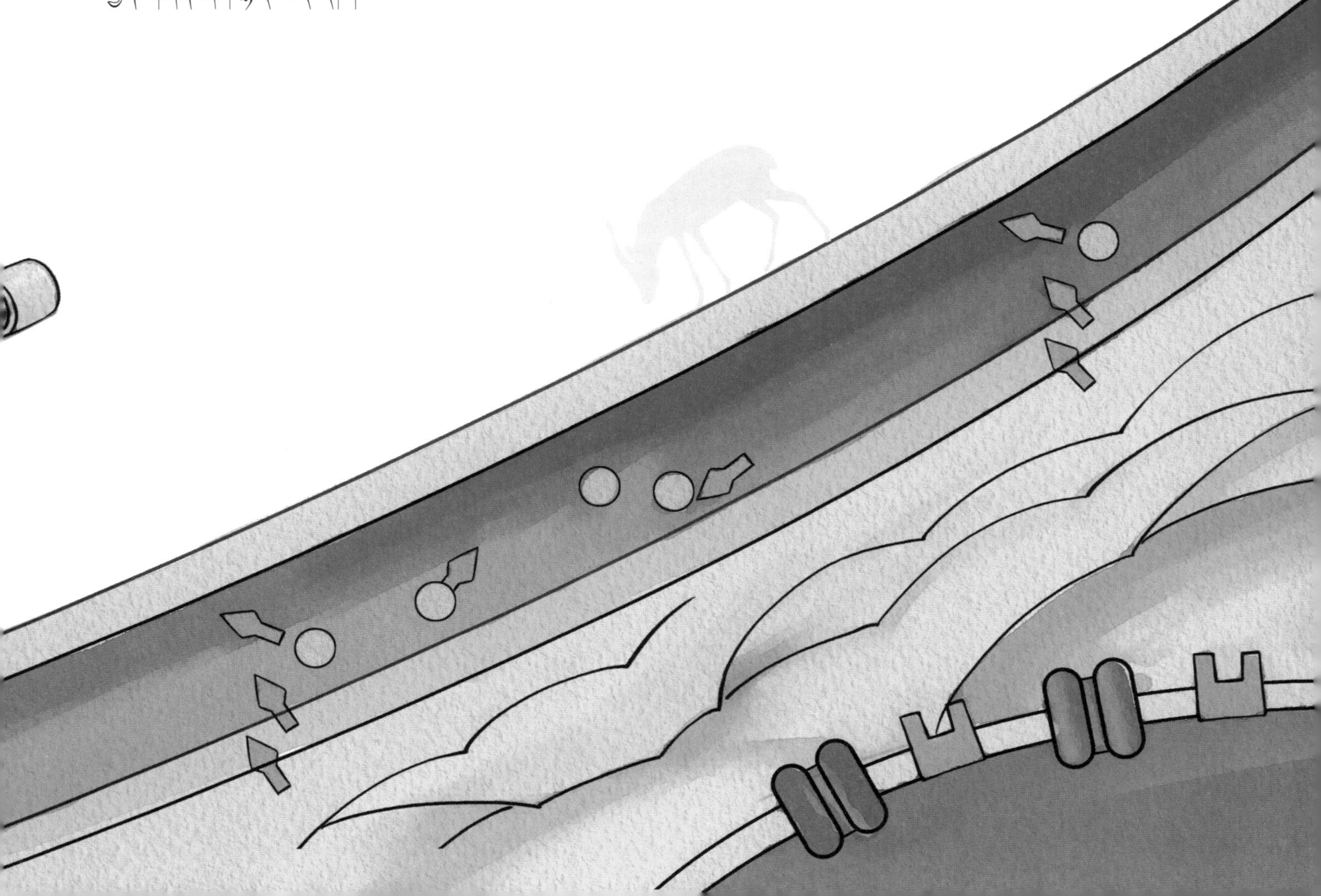

45 植物光合膜蛋白晶体结构

རྩི་ཤིང་གི་འོད་འདྲེས་སྐྱི་མོའི་སྤྲི་དཀར་བདར་གཟུགས་སྒྲིག་གཞི།

据2004年3月19日的《自然》杂志封面文章报道，中国科学家成功测定了一个重要的光合膜蛋白晶体结构，率先破解了这一国际公认的颇具挑战性的科技前沿难题，使中国在高等植物光合膜蛋白三维结构测定方面后来居上，成功超越了许多发达国家的多家实验室。这也是国际上首次采用X射线晶体学方法解析出的绿色植物捕光复合物高分辨率空间结构，从而推动我国光合作用机理与膜蛋白三维结构研究达到了国际领先水平。难怪，专家们认为该成果是“光合作用研究的重大突破”，还赞扬它“对理解植物光合作用必不可少”等。

该成果的主要内容包括三个方面：

一是发现了膜蛋白结晶的第三种全新方式，即膜蛋白在晶体中先组装形成若干个二十面体形状的空心球体，然后这些球再在晶体中周期排列；

二是首次揭示了色素分子在复合物中的排布规律；

三是以0.272纳米的分辨率，提供了蛋白质分子等近三万个独立原子的高精度三维坐标数据。目前，这些数据已存入国际蛋白质数据银行。

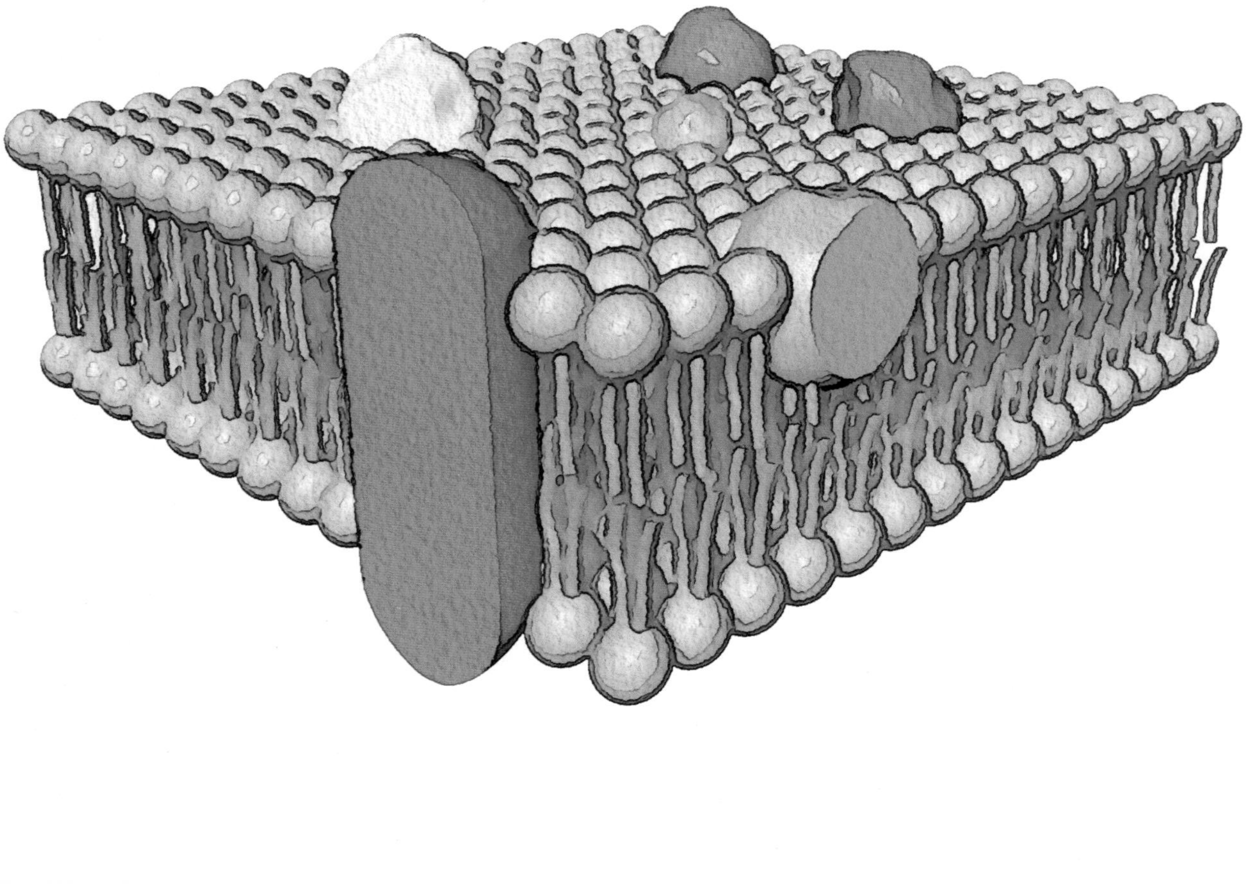

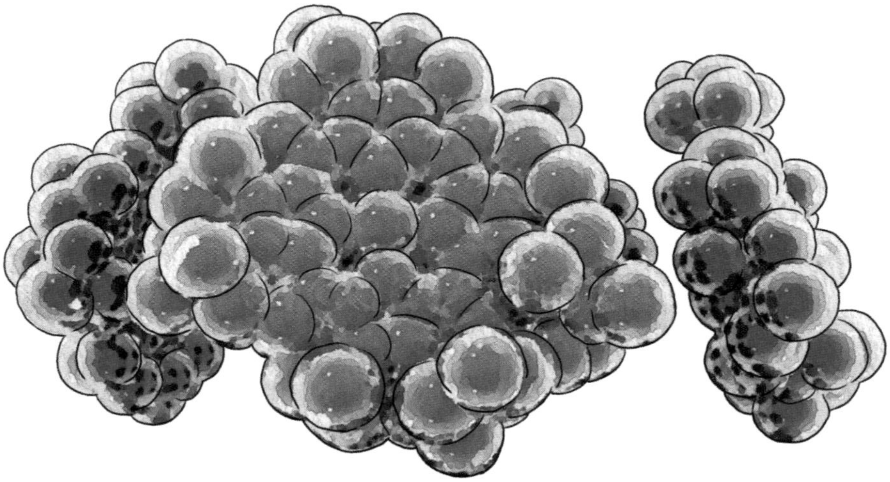

2004ལོའི་ཟླ3པའི་ཚེས19ཉིན་གྱི《རང་བྱུང》དུས་དེབ་ཀྱི་མདུན་ཤོག་སྟེང་དུ་བཀོད་པའི་གསར་འགྱུར་ལྟར་ན། ཀྲུང་གོའི་ཚན་རིག་པས་འོད་འདྲེས་སྐྱི་མོའི་སྤྲི་དཀར་བདར་གཟུགས་ཀྱི་གྲུབ་ཚུལ་གལ་ཆེན་ཞིག་ལ་བདེ་བླག་ངང་འཇལ་གཙོད་བྱས་པ་དང་། རྒྱལ་སྤྱིའི་སྟེང་ཁས་ལེན་པའི་འགྲན་རྩོད་རང་བཞིན་ལྡན་པའི་ཚན་རྩལ་མདུན་གྲལ་གྱི་དཀའ་གནད་འདི་སྔོན་ལ་སེལ་ནས། ཀྲུང་གོས་མཐོ་རིམ་རྩི་ཤིང་གི་འོད་འདྲེས་སྐྱི་མོའི་སྤྲི་དཀར་གྱི་རྩ་གསུམ་སྒྲིག་གཞི་འཇལ་གཙོད་ཐད་ཀྱི་རྗེས་ནས་སྔོན་ལ་སླེབས་པར་བྱས་ཏེ། དར་རྒྱས་ཆེ་བའི་རྒྱལ་ཁབ་མང་པོའི་ཚོད་ལྟ་ཁང་མང་པོ་ལས་བདེ་བླག་ངང་ཐོན་རྒྱལ་བྱུང་སོང་། འདི་ཡང་ཐོག་དང་པོར་རྒྱལ་སྤྱིའི་སྟེངXའགྲོ་འོད་ཀྱི་བདར་གཟུགས་རིག་པའི་བྱེད་ཐབས་སྤྱད་དེ་དབྱེ་ཞིབ་བྱས་པའི་ལྷང་མདོག་རྩི་ཤིང་གི་འོད་འཛིན་འདྲེས་སྦྱོར་དངོས་ཟས་ཀྱི་དབྱེ་འབྱེད་ཚད་མཐོ་བའི་བར་སྟོང་སྒྲིག་གཞི་ཡིན་པས། རང་རྒྱལ་གྱི་འོད་སྦྱོར་ནུས་པའི་གྲུབ་ཚུལ་དང་སྐྱི་མོའི་སྤྲི་དཀར་གྱི་རྩ་གསུམ་སྒྲིག་གཞི་ཞིབ་འཇུག་རྒྱལ་སྤྱིའི་སྔོན་ཐོན་ཆུ་ཚད་དུ་སླེབས་པར་སྐུལ་འདེད་བཏང་བ་རེད། ཆེད་མཁས་པ་རྣམས་ཀྱིས་གྲུབ་འབྲས་འདི་ནི"འོད་སྦྱོར་ནུས་པར་ཞིབ་འཇུག་བྱེད་པའི་འགག་སྒྲོལ་གལ་ཆེན་ཞིག་ཡིན"པར་འདོད་པ་དང་། ད་དུང་འདི་ལ"རྩི་ཤིང་གི་འོད་སྦྱོར་ནུས་པར་གོ་བ་ལེན་རྒྱུར་མེད་དུ་མི་རུང་བ་ཞིག་ཡིན"ཞེས་བསྟོད་བསྔགས་སོགས་བྱས་འདུག

གྲུབ་འབྲས་དེའི་ནང་དོན་གཙོ་བོ་ཕྱོགས་གསུམ་དུ་འདུས་ཡོད་པ་སྟེ།

གཅིག་ནི་སྐྱི་མོའི་སྤྲི་དཀར་གྱི་བདར་གཟུགས་རྣམ་པ་གསར་བའི་བྱེད་ཐབས་གསུམ་པ་ཤེས་རྟོགས་བྱུང་སྟེ། སྐྱི་མོའི་སྤྲི་དཀར་འདི་བདར་གཟུགས་ཁྲིད་དུ་ཐོག་མར་ཚོ་སྒྲིག་བྱས་ཏེ་གདོང་གཟུགས་ཀྱི་ཁོག་སྟོང་ཟླུམ་གཟུགས་ཉི་ཤུ་ལྷག་གྲུབ་པ་དང་། དེ་ནས་ཟླུམ་གོར་འདི་དག་བདར་གཟུགས་ནང་དུ་དུས་འཁོར་སྒྲིག་དགོས།

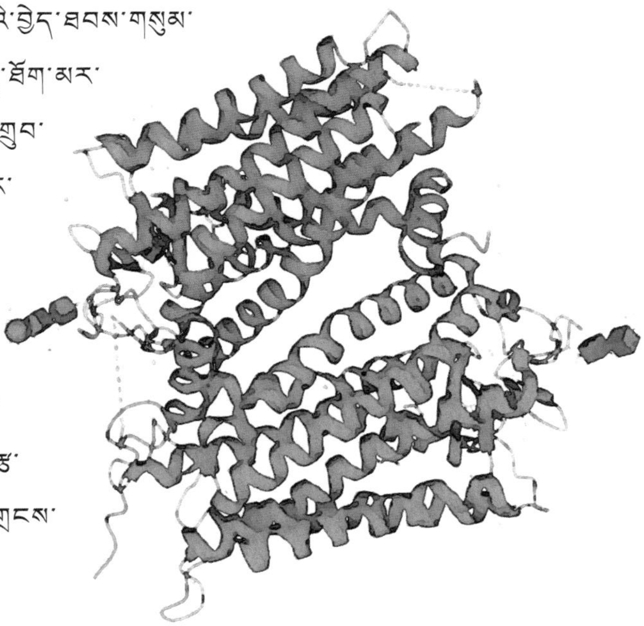

གཉིས་ནི་ཚོས་རྒྱུ་ཆ་རྟུལ་གྱིས་འདྲེས་སྦྱོར་དངོས་ཟས་ཁྲོད་ཀྱི་ཕྱིར་གཏོང་ཚོས་ཉིད་ཐོག་མར་གསལ་སྟོན་བྱས།

གསུམ་ནི་ནཱ་སྨི0.272ཡི་དབྱེ་འབྱེད་ཚད་ཀྱིས་སྤྲི་དཀར་ཆ་རྟུལ་སོགས་རང་ཚུགས་ཀྱི་མ་རྟུལ་ཁྲི་གསུམ་ཙམ་གྱི་ཞིབ་ཚད་མཐོ་བའི་རྩ་གསུམ་གནས་ཚད་གཞི་གྲངས་འདོན་སྤྲོད་བྱས་ཡོད། མིག་སྔར་གཞི་གྲངས་འདི་དག་རྒྱལ་སྤྱིའི་སྤྲི་དཀར་གཞི་གྲངས་དཔྱལ་ཁང་དུ་བཙལ་ཡོད།

结　语

མཇུག་གི་གཏམ།

掩卷沉思，在一个个令世人瞩目的科技成果背后，是一代又一代科技工作者艰苦付出搭建的厚重基石，他们在攀登科技高峰的艰难旅程中，攻克多项世界级难题，为世界科技进步和人类文明的发展贡献出大国力量，实现了我国科技水平从“跟跑”到“并跑”到部分技术领域“领跑”的突破和跨越，擦亮了令国人骄傲、让世界惊艳的中国载人航天、中国基建、中国高铁、中国北斗、中国电商、中国新能源汽车、中国超算等“国家名片”，彰显出中国精度、中国速度、中国高度。但是，当前新一轮科技革命和产业变革突飞猛进，学科交叉融合不断发展，科学技术和经济社会发展加速渗透融合，在建设世界科技强国的新征程上，如果没有更为强劲的科技后进力量，没有薪火相传、新老交替的脉搏跳动，未来发展的道路便会困难重重。

少年兴则科技兴，少年强则国家强。千秋作卷，山河为答，“故今日之责任，不在他人，而全在我少年”。青年是国家的希望，是民族的未来，护卫盛世中华，也全在我青年。在应对国际科技竞争、实现高水平科技自立自强、建设世界科技强国开启新征程之际，激发青少年好奇心、想像力、探求欲，培育具备科学家潜质、愿意为科技事业献身的青少年，展现“人人皆可成才、人人尽展其才”的生动局面，是实现中华民族伟大复兴的中国梦之希望所在，也是支撑科技强国建设的核心要素之一。

གླེགས་བམ་ཁ་ཟུམ་སྟེ་ཞིབ་ཏུ་བསམ་བློ་རེར་བཏང་ན། འཛམ་གླིང་སྐྱེ་བོ་ཀུན་གྱིས་དོ་སྣང་བྱེད་པའི་ཚན་རྩལ་གྲུབ་འབྲས་རེ་རེའི་རྒྱབ་ཏུ། རབ་དང་རིམ་པའི་ཚན་རྩལ་ལས་བྱེད་པས་དཀའ་སྤྱད་འབད་བརྩོན་བྱས་ནས་བསྒྲུབ་པའི་མཐུག་ཅིང་ཟླུ་བའི་སྣང་རྗོ་རེ་རེ་ཡོད། ཁོ་ཚོ་ཚན་རྩལ་གྱི་ཡང་རྩེར་འཛེག་པའི་དཀའ་ཚེགས་ཆེ་བའི་འགྲུལ་བཞུད་ཁྲིད་དུ། འཛམ་གླིང་རིམ་པའི་དཀའ་གནད་མང་པོ་སེལ་ཏེ། འཛམ་གླིང་གི་ཚན་རྩལ་ཡར་ཐོན་དང་མིའི་རིགས་ཀྱི་ཤེས་རིག་གོང་དུ་འཕེལ་བར་རང་རེའི་རྒྱལ་ཁབ་ཆེན་པོའི་སྟོབས་ཤུགས་ཕུལ་ཏེ། རང་རྒྱལ་གྱི་ཚན་རྩལ་ཆུ་ཚད་དེ་"རྗེས་སུ་རྒྱུག་པ"ནས་"མཉམ་དུ་རྒྱུག་པ"དང་ལག་རྩལ་ཁྱབ་ཁོངས་ཁག་ཅིག་གི་"སྔོ་ཁྲིད་རྒྱུག་པ"བར་གྱི་ཚད་བཀལ་དང་མཆོང་སྐྱོད་མངོན་འགྱུར་བྱུང་བ་དང་། རྒྱལ་སྲིད་སྟོབས་པ་བསྐྱེད་པ་དང་འཛམ་གླིང་ཏང་སངས་དགོས་པའི"རྒྱལ་ཁབ་ཀྱི་མིང་བྱང"སྟེ་ཀྲུང་གོའི་མི་བཞུགས་འཇིག་རྟེན་འཕུར་སྐྱོད་དང་། ཀྲུང་གོའི་སྣང་གཞིའི་སྒྲིག་བཀོད་འཛུགས་སྐྲུན། ཀྲུང་གོའི་མྱུར་བགྲོད་ལྕགས་ལམ། ཀྲུང་གོའི་བྱང་སྐར་སྲུན་བདུན། ཀྲུང་གོའི་གློག་རྡུལ་སྟོང་དོན། ཀྲུང་གོའི་ནུས་རྒྱུ་གསར་བའི་རླངས་འཁོར། ཀྲུང་གོའི་རིམ་འདས་རྩིས་རྒྱུག་སོགས་བྱུང་སྟེ། ཀྲུང་གོའི་ཞིབ་ཚད་དང་ཀྲུང་གོའི་མྱུར་ཚད། ཀྲུང་གོའི་མཐོ་ཚད་བཅས་མངོན་པར་མཚོན་ཡོད། འོན་ཀྱང་མིག་སྔར་གྱི་རིམ་པ་གསར་བའི་ཚན་རྩལ་གསར་བརྗེ་དང་ཐོན་ལས་འཕོ་འགྱུར་བྱ་འཕུར་བ་ལྟར་གོང་དུ་འཕེལ་བཞིན་ཡོད་པ་དང་། རིག་གཞུང་ཚན་ཁག་བསྡོལ་བསྡེབས་མཉམ་འདྲིས་ཟམ་མི་ཆད་པར་འཕེལ་རྒྱས་སུ་འགྲོ་བ། ཚན་རིག་ལག་རྩལ་དང་དཔལ་འབྱོར་སྤྱི་ཚོགས་འཕེལ་རྒྱས་ཀྱི་མཉམ་འདྲིས་ཇེ་མགྱོགས་སུ་སོང་བའི་སྐབས་ཀྱིས། འཛམ་གླིང་གི་ཚན་རྩལ་སྟོབས་ལྡན་རྒྱལ་ཁབ་འཛུགས་སྐྲུན་བྱེད་པའི་རྒྱང་སྐྱོད་ཀྱི་ལམ་བུ་གསར་བའི་སྟེང་དུ། གལ་ཏེ་ཚན་རྩལ་གྱི་རྗེས་སྐྱོད་སྟོབས་ཤུགས་སྔར་བས་ཆེན་པོ་མེད་པ་དང་། ཤིང་ཟད་མེ་བརྒྱུད་དང་སྙིང་ཚབ་གསར་མཐུད་ཀྱི་འཕར་རྩ་འགྲུལ་རྒྱུར་མེད་ཚེ། འབྱུང་འགྱུར་འཕེལ་རྒྱས་ཀྱི་ལམ་བུར་དཀའ་ངལ་མང་པོ་འཕྲད་སྲིད་ངེས།

དེ་སྐད་དུ། ན་ཆུང་དར་ན་ཚན་རྩལ་དར། ན་ཆུང་སྟོབས་ན་རྒྱལ་ཁབ་སྟོབས་ཞེས་དང་། ལོ་ངོ་སྟོང་ཕྲག་རིང་དུ་བྲིས་པའི་རི་མོ། དོན་གྱི་བརྗོད་བྱར་རི་དང་གཙང་པོ་ཡིན་ཞེས་དང་། "དེར་བརྟེན་དེ་རིང་གི་འགན་འཁྲི་ནི་མི་གཞན་ལ་མེད། ངེད་ན་གཞོན་ཡོངས་ལ་ཡོད"ཅེས་པ་བཞིན། ན་གཞོན་ནི་རྒྱལ་ཁབ་ཀྱི་རེ་བ་ཡིན་པ་དང་། མི་རིགས་ཀྱི་མ་འོངས་པ་ཡིན་པས། བསྐལ་བཟང་དུས་ཀྱི་ཀྲུང་ཧྭ་སྲུང་སྐྱོང་བྱ་རྒྱུ་དེའང་ང་ཚོའི་ན་གཞོན་འགན་དུ་བབས་ཡོད། དེ་ཡང་རྒྱལ་སྤྱིའི་ཚན་རྩལ་འགྲན་རྩོད་ལ་ཁ་གཏད་འཛུལ་བ་དང་། ཆུ་ཚད་མཐོ་བའི་ཚན་རྩལ་རང་ཚུགས་རང་སྟོབས་མངོན་འགྱུར་བྱུང་བ། འཛམ་གླིང་གི་ཚན་རྩལ་སྟོབས་ལྡན་རྒྱལ་ཁབ་འཛུགས་སྐྲུན་བཅས་ཀྱི་རྒྱང་སྐྱོད་ལམ་བུ་གསར་བ་འབྱེད་པའི་དུས་སུ། གཞོན་ནུ་ལོ་ཆུང་རྣམས་ཀྱི་ཁྱད་མཚར་པོའི་སྣང་བ་དང་། བསམ་པའི་བཀོད་ཤུགས། འཚོལ་ཞིབ་འདོད་པ་བཅས་སྐྱུལ་སློང་བྱས་ཏེ། ཚན་རིག་པའི་མི་མངོན་པའི་ནུས་པ་ལྡན་པ་དང་ཚན་རྩལ་བྱ་གཞག་གི་ཆེད་དུ་ནུས་ཤུགས་གང་ཡོད་འདོན་པའི་གཞོན་ནུ་ལོ་ཆུང་སྐྱེད་སྲིང་བྱེད་པ། "མི་ཚང་མ་ཤེས་ལྡན་པར་འགྱུར་ཐུབ་པ་དང་མི་ཚང་མས་རང་ཉིད་ཀྱི་འཛོན་ཐང་འདོན་ཐུབ་པའི"གསོན་ཉམས་ལྡན་པའི་རྣམ་པ་མངོན་པ་བྱ་རྒྱུ་དེ་ནི་ཀྲུང་ཧྭ་མི་རིགས་རླབས་ཆེན་བསྐྱར་དར་གྱི་ཀྲུང་གོའི་ཕུགས་འདུན་མངོན་འགྱུར་བྱེད་པའི་རེ་བ་ཡིན་ལ། ཚན་རྩལ་སྟོབས་ལྡན་རྒྱལ་ཁབ་འཛུགས་སྐྲུན་ལ་འདེགས་སྐྱོར་བྱེད་པའི་རྩ་བའི་རྒྱུ་རྐྱེན་གཙོ་བོའི་གྲས་ཤིག་ཀྱང་ཡིན་ནོ། །

孩子们，我们下一辑再见啦

བྱིས་པ་ཚོ། ང་ཚོ་དེབ་ཕྲེང་རྗེས་མར་མཇལ་ཡོང་།